EXPOSITIONS INTERNATIONALES

LONDRES 1871

FRANCE

COMMISSARIAT GÉNÉRAL

PARIS : HOTEL DE CLUNY, RUE DU SOMMERARD
LONDON : 52, ONSLOW SQUARE, S. W.

EXPOSITIONS INTERNATIONALES

LONDRES 1871

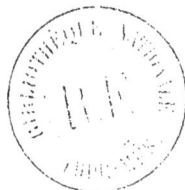

FRANCE

COMMISSION SUPÉRIEURE

RAPPORTS

PARIS

IMPRIMERIE DE JULES CLAYE

7, RUE SAINT-BENOIT

—

1872

INDEX

DOCUMENTS OFFICIELS.

a

RAPPORTS.

FRANCE

COMMISSION SUPÉRIEURE

RAPPORT

ADRESSÉ A S. E. LE MINISTRE DE L'AGRICULTURE ET DU COMMERCE

Président de la Commission supérieure des Expositions internationales

PAR LES COMMISSAIRES GÉNÉRAUX

MM. J. OZENNE ET E. DU SOMMERARD

Février 1872

COMMISSION SUPÉRIEURE

RAPPORT

ADRESSÉ A S. E. LE MINISTRE DE L'AGRICULTURE ET DU COMMERCE

Président de la Commission supérieure des Expositions internationales

PAR LES COMMISSAIRES GÉNÉRAUX

MM. J. OZENNE ET E. DU SOMMERARD

Paris, le 15 février 1872.

MONSIEUR LE MINISTRE,

L'Exposition qui vient de se clore pour rouvrir sur de nouvelles bases le 1ᵉʳ mai prochain n'est que le point de départ d'une série d'Expositions internationales organisées, sous la présidence de S. A. R. le prince de Galles, par les commissaires de la reine qui ont été chargés de préparer et de mener à bonne fin le grand concours universel ouvert à Londres sous la direction du prince Albert en l'année 1851.

L'idée de ces Expositions internationales se renouvelant d'année en année pendant un laps de temps déterminé, de manière à faire passer sous les yeux du public toutes les grandes industries prises une à une dans leur développement le plus complet, est essentiellement nouvelle. Le programme adopté par la Commission anglaise est basé sur un principe fondamental, celui de l'application de l'art à l'industrie; aussi voyons-nous chaque année venir se joindre aux industries désignées les beaux-arts proprement dits et tous les objets

DES EXPOSITIONS INTERNATIONALES DE LONDRES.

industriels présentés au point de vue de la forme et du dessin plutôt qu'à celui de la fabrication.

L'Exposition de 1871 comportait donc tout d'abord six classes rangées sous le titre de première division, BEAUX-ARTS : la peinture, la sculpture, la gravure, lithographie et photographie, l'architecture, les produits classés sous la désignation d'*Application de l'art à l'industrie,* et enfin les dessins industriels.

La deuxième division se composait des grandes industries de la laine et de la céramique, en y comprenant les machines en usage dans les manufactures, les matières premières mises en œuvre, tout ce qui, en un mot, de près ou de loin, se rattache à ces industries.

Venait ensuite une troisième division, celle du matériel et des méthodes d'enseignement.

Puis enfin une section spéciale comprenait les inventions de toutes sortes et les découvertes scientifiques d'origine récente.

Le programme ainsi tracé, l'Exposition internationale de 1871 devait amener un nombre considérable d'exposants ; car le groupe de la céramique, à lui seul, n'embrasse pas moins de deux cent vingt industries spéciales s'y rattachant d'une manière intime, et celui de la laine compte un nombre d'industries affluentes non moins important.

La Commission britannique, pour arriver à un pareil ensemble dans un local relativement restreint malgré son immense étendue, avait pris pour base dans ces deux industries seulement l'exposition de simples spécimens. Un classement régulier avait été adopté, classement dans lequel les produits des diverses contrées qui avaient répondu à l'appel des commissaires de la reine se trouvaient installés d'une manière méthodique, en dehors de la participation des exposants eux-mêmes, aux frais et par les soins de la Commission.

En même temps, des galeries parfaitement éclairées et décorées avec un goût auquel il convient de rendre hommage étaient mises à la disposition des commissaires étrangers pour l'installation des œuvres d'art et des produits industriels présentés au point de vue de la forme et du dessin.

Les documents publiés dès l'année 1870 et insérés au *Journal officiel*, le rapport de la Commission du budget de 1871, ont à plusieurs reprises porté à la Connaissance du public le programme des Expositions de Londres. Nous avons dit comment, les galeries internationales mises à la disposition des contrées étrangères ne nous semblant pas constituer un emplacement suffisant pour l'installation des produits présentés par nos nationaux, le gouvernement, en présence de cette série d'Expositions se renouvelant d'année en année pendant un laps de temps déterminé, avait décidé la construction de bâtiments annexes édifiés aux frais de la France et destinés à donner à nos envois tout le développement que comporte l'importance de la production de nos arts et de nos industries.

(marge : GALERIES INTERNATIONALES RÉSERVÉES A LA FRANCE.)

Ces bâtiments, d'une extrême simplicité, commencés dans les derniers jours du mois de juillet 1870, s'élevaient pendant la guerre, et tandis que, renfermés dans Paris, nous ne songions plus à l'Exposition, la première dépêche, qui nous arrivait le 4 février 1871, avait pour but de nous annoncer que nos galeries étaient édifiées, et que le local dont les plans avaient été arrêtés six mois avant était prêt à recevoir nos installations.

En même temps, au lendemain de la levée du siége de Paris, nos principaux producteurs, quelques-uns de nos artistes les plus éminents, se réunissaient et demandaient au gouvernement encore installé à Bordeaux [1] de décider la participation de la France à l'Exposition internationale de Londres, se déclarant prêts, dans un sentiment de patriotisme auquel on ne saurait trop rendre hommage, à tous les sacrifices, pour prouver que la France n'était pas déchue du rang qui lui appartient, et qu'elle occupait toujours la première place dans les arts et dans les productions qui en relèvent.

Le 15 mars, le gouvernement revenait de Bordeaux et nous étions mandés par le ministre, le regrettable M. Lambrecht, pour recevoir ses instructions. Elles consistaient à partir immédiatement pour Londres,

(marge : PARTICIPATION DE LA FRANCE A L'EXPOSITION DE 1871.)

1. Voir page LXXV.

à remercier la Commission royale pour la confiance qui nous avait été témoignée et pour la sympathie dont notre pays était l'objet, à prendre possession des galeries construites par la France et donner l'assurance formelle d'un concours actif pour l'Exposition de 1871.

Les commissaires de Sa Majesté, tout en appelant de leurs vœux la participation immédiate de la France à l'œuvre qu'ils avaient entreprise, désespéraient d'une manière à peu près complète de notre concours pour cette première année. Les graves événements qui venaient de se passer avaient, aux yeux de tous, paralysé la production de la France, nos industries étaient bouleversées, nos arts anéantis; aussi avait-on déjà à peu près disposé d'une des galeries internationales réservées à notre pays, et dès notre arrivée à Londres des propositions nous furent-elles adressées par les représentants des pays étrangers pour la location de notre annexe et des galeries préparées pour recevoir les produits de nos nationaux.

Aussitôt que les commissaires de Sa Majesté furent informés que nous ne venions pas pour liquider notre situation, mais pour affirmer hautement l'intention du gouvernement français de prendre part à l'Exposition internationale, le concours le plus sympathique, le plus bienveillant nous fut assuré de tous côtés. Malheureusement, le lendemain même du jour où nous prenions possession, les plus tristes nouvelles arrivaient de Paris; l'insurrection s'emparait de la capitale et le gouvernement se retirait sur Versailles. On comprend aisément l'effet produit à Londres par de pareilles nouvelles et les embarras qu'elles étaient de nature à nous créer; fallait-il persévérer activement et poursuivre l'œuvre que nous avions mission de mener à bonne fin, convenait-il mieux d'attendre, de se retrancher dans l'immobilité, sinon de battre en retraite?

L'hésitation n'était pas permise, nous étions au 19 mars; l'Exposition devait ouvrir ses portes au public le 1er mai, et pour faire cesser toute indécision et affirmer publiquement l'intention bien arrêtée par le gouvernement français, nous adressions le jour même aux commissaires de Sa Majesté une lettre publiée immédiatement par la presse anglaise et par laquelle nous affirmions une fois de plus la volonté bien arrêtée de la France de répondre à l'appel qui lui avait été adressé par la Commission royale.

Cette démarche était à peine faite que des dépêches de France nous parvenaient à Londres, dépêches par lesquelles notre honorable collègue M. Ozenne, retenu à Versailles par les devoirs de sa charge, nous signifiait l'intention bien arrêtée du gouvernement de donner suite à ses engagements, et nous transmettait en son nom tout pouvoir pour triompher des obstacles nés des circonstances et pour mener à bonne fin l'œuvre dont nous avions la charge. Les détails dans lesquels entraient les dépêches étaient une preuve évidente de l'intérêt porté par le gouvernement à cette affaire, en même temps que de la bienveillante sollicitude du ministre de l'agriculture et du commerce.

L'hésitation, si elle n'avait pu se produire à la réception des nouvelles de Paris, était donc moins admissible encore en présence des instructions du gouvernement de Versailles; mais là n'était pas la difficulté. Il s'agissait d'assurer les moyens de transport, les communications avec la capitale et surtout la sortie de Paris des œuvres d'art et des produits industriels destinés à l'Exposition.

Il était évident que de nombreux obstacles seraient à vaincre, que des lenteurs impossibles à apprécier se produiraient, et pourtant la cérémonie d'inauguration de l'Exposition était toujours fixée au 1er mai, les galeries internationales devaient être parcourues après la cérémonie officielle par un cortége composé de l'élite de la société anglaise et il fallait à tout prix que les galeries réservées à la France ne fussent pas indignes du pays auquel elles étaient affectées.

Il n'y avait donc pas un instant à perdre, et puisque, par la force des choses, nous ne pouvions faire arriver de France en temps utile les œuvres d'origine nationale destinées aux galeries françaises, puisqu'en un mot nous ne pouvions constituer une exposition en France, il fallait sans hésiter la constituer en Angleterre, et la constituer d'une manière digne du pays que nous représentions.

Les collections anglaises sont riches en trésors d'art de toute nature; un grand nombre de tableaux, de dessins, de sculptures de nos artistes les plus célèbres, sont aujourd'hui la propriété d'opulents amateurs dont la bienveillance nous était assurée par suite de relations anté- rieures. Obtenir de chacun d'eux qu'il voulût bien se dessaisir momentanément des œuvres les plus choisies de nos maîtres, des pro- duits de nos arts industriels les plus remarquables, œuvres et produits à peu près inconnus du public et renfermés dans des collections parti- culières de Londres, Manchester et Liverpool, etc., c'était constituer une exposition française d'un intérêt exceptionnel et de nature à assu- rer le succès le moins contestable.

SÉANCE TENUE A MARLBOROUGH- HOUSE SOUS LA PRÉSIDENCE DE S. A. ROYALE LE PRINCE DE GALLES.

Une fois cette idée arrêtée, il s'agissait de la mettre à exécution immédiate, et c'est là, hâtons-nous de le dire, que nous devions trouver dans la Commission royale le concours le plus empressé et le plus bien- veillant.

Dès le jour même, des convocations étaient adressées par S. A. R. le prince de Galles à tous les membres de la Commission royale et à quelques-uns des principaux collectionneurs d'œuvres d'art qui se réunissaient à Marlborough-House, résidence officielle du prince.

Nous voudrions pouvoir reproduire ici les quelques paroles, empreintes de la plus exquise bienveillance pour un pays ami, pro- noncées dès l'ouverture de cette réunion par Son Altesse Royale en nous invitant à développer nos propositions ; l'appui cordial et cha- leureux qui leur a été prêté par le premier ministre, M. Gladstone, déclarant qu'il regardait comme un devoir pour tout ami de la France de répondre à notre appel en mettant à notre disposition tout ce qu'il possédait en fait d'œuvres d'origine française, dans l'espoir, ajoutait-il, que, quand même ces œuvres ne seraient pas dignes d'une Exposition aussi solennelle, l'exemple du premier ministre trouverait de nombreux imitateurs.

Bornons-nous, en raison des limites imposées à ce rapport, à rendre hommage à l'unanime bienveillance dont notre pays a été l'objet et à l'adhésion absolue que nous avons rencontrée de la part de chacun. C'est à cette bienveillance que nous sommes en grande partie redevables du succès obtenu, et nous sommes heureux d'en rendre ici publiquement le témoignage.

La séance de Marlborough-House à peine terminée, tous les journaux anglais en reproduisaient le compte rendu, en publiant la lettre que nous avions adressée à S. A. R. le président de la Commission royale, et dès le lendemain non-seulement les collections les plus importantes de l'Angleterre s'ouvraient pour nous livrer les œuvres les plus saillantes de notre école moderne, mais les envois de France commençaient à se produire, et de nombreux tableaux sortis de Paris, et confiés par leurs auteurs aux soins de M. Durand-Ruel, précédaient les expéditions directes retardées par les circonstances, et qui devaient suivre peu de jours après, grâce aux efforts faits par plusieurs artistes restés à Paris, et dont le concours a été aussi efficace qu'il était difficile au milieu du désordre qui régnait dans la capitale.

Dès lors, l'ouverture de l'exposition française était assurée : les galeries réservées à notre pays étaient prêtes au jour dit, et le public, OUVERTURE DE L'EXPOSITION. à la vue de nos chefs-d'œuvre d'art pressés l'un contre l'autre, à la vue de ces vitrines dans lesquelles se trouvaient exposés nombre des produits les plus saillants de nos manufactures, ne se lassait pas d'exprimer hautement ses sympathies pour la France et son admiration pour la vitalité de notre pays et pour sa force de production qui s'affirmaient aux yeux de tous d'une manière incontestable au lendemain des plus tristes revers.

Nous devons rendre un juste tribut de reconnaissance aux personnes qui ont bien voulu nous seconder en nous confiant les œuvres d'art françaises qui ont si puissamment contribué au succès de l'exposition. La liste en a été publiée au catalogue de la section française. Nous croyons devoir le reproduire ici [1]. Le public s'est chargé de son côté de rendre hommage à leur goût éclairé et au

1. Page XXI.

choix irréprochable des œuvres en leur possession. Quelle que soit la confiance que nous ayons pu inspirer, ce n'est pas un acte peu méritoire de la part du possesseur que de se séparer pendant plusieurs mois d'œuvres d'une grande valeur pour les remettre entre les mains du commissaire d'un pays étranger, de suspendre ainsi la jouissance des trésors d'art qui font l'ornement d'une résidence, de courir les chances d'un déplacement et souvent d'un voyage lointain, et c'était un devoir pour nous de livrer à la publicité les noms des personnes qui ont ainsi témoigné leur sympathie pour la France.

C'est également ici le cas de rappeler combien nos exposants ont eu à se louer, à l'Exposition de 1871, de la bienveillance de l'héritier de la couronne d'Angleterre. L'ouverture des galeries de l'annexe française, retardée par les circonstances impérieuses qu'il est inutile de rappeler, n'avait pu avoir lieu le 1er mai, en même temps que l'inauguration des galeries des beaux-arts; S. A. R. le prince de Galles a voulu y présider en personne, assisté de tous les membres de la famille royale. Nous avons eu l'honneur, Monsieur le Ministre, de vous faire part des dispositions que nous avions prises pour donner toute la solennité possible à cette inauguration, pour laquelle quinze cents lettres d'invitation avaient été envoyées par nos soins. Nous croyons inutile de les reproduire à nouveau. Mais nous ne pouvions parler des résultats de l'Exposition de 1871 sans nous souvenir du bienveillant appui et de la gracieuse sollicitude pour les intérêts français que n'a cessé de nous témoigner l'héritier du trône, et dont les exposants de notre pays ont su apprécier toute la portée.

DES ŒUVRES D'ART ET DES PRODUITS INDUSTRIELS DE LA FRANCE A L'EXPOSITION DE LONDRES.

Dans un précédent rapport que nous avons eu l'honneur de vous adresser de Londres, Monsieur le Ministre, à la date du 25 septembre 1871, c'est-à-dire quelques jours avant la clôture de l'Exposition, rapport qui a été publié en partie au *Journal officiel*, nous avons eu l'honneur d'appeler votre attention sur les succès que les produits français y ont obtenus et sur les résultats inespérés, en raison des circonstances dans lesquelles cette Exposition s'est ouverte, qu'elle a produits pour tous ceux de nos nationaux qui y ont pris part. Nos artistes et nos industriels, excités par un sentiment de patriotisme auquel on ne saurait trop applaudir, n'ont pas hésité, nous l'avons dit, à s'imposer de lourds sacrifices pour venir prouver à l'Angleterre et à l'Europe entière que la France tenait plus que jamais le premier rang dans tous les arts et dans toutes les industries où le goût, la forme et le dessin jouent le rôle principal, industries dans lesquelles nous n'avons pas encore de rivaux.

Nous pouvons affirmer, Monsieur le Ministre, en nous reportant aux termes mêmes de notre rapport, que si des sacrifices ont été faits, si des difficultés ont été vaincues, le résultat moral a été considérable, et qu'en outre l'Exposition de cette année a été pour nos nationaux une large et heureuse compensation aux pertes et aux souffrances des neuf mois qui l'ont précédée, en même temps qu'elle donnait à tous la mesure des ressources et de la puissance productrice de notre pays.

Il est difficile, ainsi que nous le disions, de pouvoir préciser d'une manière exacte l'importance des relations qui se créent dans une exposition et de définir les avantages qui en résultent pour les artistes aussi bien que pour les industriels qui y prennent part ; cependant nous pouvons affirmer, d'après des éléments qui ne sont pas discutables, que les résultats obtenus par les exposants français à Londres en 1871 ont dépassé toute attente, et la preuve la plus simple de ce que nous avançons se retrouve dans ce fait que plusieurs de nos fabricants encouragés par le succès qui s'est prononcé en leur faveur se sont décidés à fonder des établissements à Londres, et que la plus grande partie des produits non vendus pendant le cours de l'Exposition n'ont pas fait retour en France.

Nous croyons inutile de revenir sur ce sujet, bien qu'à notre avis, si les Expositions internationales ont pour objet la poursuite d'un but plus élevé que celui de simples transactions commerciales, cette question, nous ne devons pas l'oublier, est loin d'être indifférente aux artistes qui n'ont pas de meilleure occasion de soumettre leurs œuvres à l'appréciation du public, aux industriels qui ont besoin d'y trouver des avantages matériels immédiats pour compenser les frais de toute nature que ces Expositions leur occasionnent, sans attendre les résultats des relations qui se créent et de la notoriété qu'elles leur donnent.

Nous avons dit à ce sujet, dans notre précédent rapport, qu'une innovation avait été tentée par nos soins pour faciliter les relations des artistes et des industriels avec le public et pour faciliter le placement des œuvres envoyées de France pour l'Exposition internationale de 1871.

Dans toutes les Expositions officielles qui ont précédé celle-ci, soit en France, soit à l'étranger, les artistes exposants étaient livrés à eux-mêmes. Le catalogue portait le nom et l'adresse de chacun et c'était au public à faire les démarches nécessaires et à ouvrir une correspondance avec les auteurs des ouvrages exposés toutes les fois qu'il y avait lieu à une proposition d'achat. L'artiste lui-même, étranger à toutes les petites transactions commerciales, embarrassé pour le mode de recouvrement à employer, se trouvait complétement isolé, et nous avons vu les Expositions les plus importantes à l'étranger se terminer sans résultats appréciables au point de vue financier pour la plupart des artistes français qui y avaient pris part. Le producteur qui travaille dans son atelier, celui qui dirige ses usines ne peut suivre une Exposition, se mettre à tout moment à la disposition du public. Il s'en suivait que la plupart des ventes de tableaux ou d'œuvres d'art qui avaient lieu s'opéraient par l'entremise d'agents étrangers dont le concours indispensable à l'artiste lui était toujours onéreux.

Supprimer toute charge pour les artistes exposants, pour les industriels non représentés par des agents spéciaux à Londres, nous a paru constituer un des premiers devoirs du commissariat général et l'expérience d'une première année nous a prouvé combien nous étions dans le vrai. En conséquence, dès l'ouverture de l'Exposition, un bureau spécial était ouvert par nos soins dans la partie réservée à la France et fonctionnait régulièrement sous la direction du commissaire général de séjour à Londres.

Il débarrassait les artistes français pour lesquels, ainsi que nous le disions, les transactions commerciales sont toujours un obstacle et une difficulté à l'étranger surtout, de tous les soins de la vente et du recouvrement des fonds, et rendait les mêmes offices aux industriels dont les produits avaient été envoyés directement à Londres sous le couvert de la Commission française et sans l'entremise d'un correspondant spécial.

Les services rendus à nos artistes, à nos industriels par le bureau de la Commission française, ont été appréciés par les intéressés ; il nous paraît superflu d'ajouter que ces services étaient essentiellement gratuits, et que toute somme versée à la caisse du bureau français était immédiatement et intégralement expédiée au destinataire sans qu'il eût à s'en préoccuper en aucune manière.

Toutefois, il est, dans ces questions de vente, un point sur lequel nous croyons devoir ajouter quelques mots, parce qu'il touche à nos relations avec la Commission royale anglaise, et prouve combien ces relations ont été cordiales des deux côtés et empreintes d'un caractère de bienveillance réciproque.

Le règlement général de l'Exposition interdit le déplacement et l'enlèvement de tout objet vendu, avant le 1er octobre, jour de la clôture. La France comme les autres pays devait se soumettre à cette réglementation en usage d'ailleurs dans toutes les Expositions internationales précédentes; mais les galeries de l'annexe française, construites aux frais de notre gouvernement, se trouvaient dans des conditions exceptionnelles, et par suite des circonstances désastreuses pour notre industrie dans lesquelles s'était ouverte l'Exposition de Londres, nous n'avions pas hésité à favoriser les intérêts de nos nationaux en autorisant la vente et l'enlèvement des objets vendus, à la condition expresse de leur remplacement immédiat.

Ce privilége, parfaitement légitime du moment où les galeries de l'annexe française se trouvaient dans des conditions spéciales, a soulevé pour la Commission royale anglaise, en raison des avantages qu'en ont retirés nos nationaux, de sérieuses difficultés de la part du commerce de détail anglais. Des meetings ont été convoqués à Londres, sous la présidence de personnages importants, et, comme il arrive en pareil cas en Angleterre, une agitation factice a été produite autour de la Commission royale.

D'un autre côté, plusieurs pays étrangers, encouragés par l'exemple de la France, venaient d'obtenir la concession de terrains pour la construction de galeries annexes dans le but de donner à leurs nationaux les mêmes avantages dont jouissaient les exposants français. Certaines de ces galeries avaient déjà été rétrocédées à des compagnies; il était dès lors à craindre de voir dénaturer le but et la portée des Expositions internationales.

En présence de cette situation et des difficultés suscitées de toutes parts à la Commission royale, nous n'avons pas hésité un instant à renoncer au nom de nos exposants à un privilège qui n'était qu'une tolérance amenée, nous le répétons, par les tristes circonstances pour notre industrie dans lesquelles s'était ouverte l'Exposition de 1871.

Nous devons ajouter que cette renonciation qui dégageait la Commission royale d'embarras considérables, et lui rendait toute sa liberté d'action, a reçu l'approbation unanime de nos exposants du moment où elle avait en même temps pour effet de conserver à l'exposition française la dignité qui lui convient.

CLASSEMENT ET CATALOGUE. Les commissaires de S. M. la Reine, en annonçant la publication d'un catalogue officiel et en adressant aux commissaires étrangers des feuilles préparées à l'avance avec l'indication de tous les renseignements à produire, tant pour les exposants d'œuvres d'art que pour ceux de produits industriels, prenaient un engagement moral qui n'a pu être tenu aussi complétement que nous aurions pu le désirer. — Dès le jour de l'ouverture de l'Exposition internationale, 1er mai, l'éditeur du catalogue officiel publiait un livret assez complet des produits du Royaume-Uni, il est vrai, mais d'une insuffisance notoire sur les expositions étrangères. Et cependant les galeries des beaux-arts français étaient prêtes au jour indiqué, et tous les renseignements relatifs aux artistes de notre pays avaient été livrés en temps utile.

Sur l'observation faite à la Commission anglaise que ces renseignements n'avaient pas été livrés à la publicité, il était répondu
qu'une seconde édition les comprendrait tous dans un index biogra-
phique commun aux exposants de toutes les puissances. Cet index
s'est fait attendre et c'est dans le mois d'août seulement qu'il a pris
place dans une des éditions du catalogue ; encore était-il rédigé d'une
manière fort incomplète en ce qui concerne les exposants français. —
D'un autre côté, le commissariat général de France recevait de la
Commission royale anglaise avis que les produits exposés dans les
annexes ne seraient pas admis au catalogue, inconséquence étrange
puisque presqu'en même temps la Commission britannique reconnais-
sait que les annexes faisaient partie intégrante de l'Exposition internationale, puisqu'elles étaient comprises dans le droit d'entrée payé
par le public ; puisque, nous pouvons l'ajouter en ce qui concerne la
France, elles formaient une des attractions les plus puissantes et
les plus complètes de l'Exposition internationale.

Il devenait dès lors indispensable de publier un catalogue de la
section française ; catalogue qui, à notre avis, devait être répandu à
très-bas prix et au plus grand nombre d'exemplaires possible, dans
l'intérêt de nos artistes et de nos industriels ; catalogue qui, s'il
paraissait tardivement par suite de l'exécution défectueuse et incomplète du livret officiel, aurait du moins l'avantage de constater les
résultats de l'Exposition française.

Dans la notice qui précède ce catalogue, nous avons cru devoir
rappeler les faits qui se sont produits relativement à l'ouverture de
l'Exposition ; nous y avons inséré également les statuts et règlements
publiés par la Commission britannique en même temps que les modifications que nous y avions proposées et qui, acceptées dès 1870 par
la Commission royale, dans une séance tenue à Marlborough-House et
présidée par S. A. R. le prince de Galles, ont eu pour effet de changer
complétement, en faveur de notre pays, les conditions de sa participation aux Expositions internationales et de mettre à notre disposition des espaces relativement considérables si on les compare à ceux
qui nous avaient été réservés dans le principe.

En dehors de ces documents officiels, il en est d'autres que nous avons jugé utile de porter à la connaissance du public, tels que l'exposé des motifs du projet de loi soumis au Corps législatif, concernant les Expositions internationales de Londres, la lettre adressée au ministre du commerce président de la Commission supérieure le 1er mars 1871, par une délégation des artistes et des industriels français, pour lui demander la reprise des préparatifs de l'Exposition de 1871, à la suite des événements de la guerre, la réponse du ministre adressée de Bordeaux au nom du gouvernement, le 9 mars, — et enfin la note publiée au *Journal officiel* la même semaine, pour annoncer la participation immédiate de la France à l'Exposition internationale de Londres.

Le catalogue proprement dit est divisé en quatre parties : les œuvres d'art de toutes classes, les produits industriels exposés tant au point de vue de l'art qu'à celui de la fabrication, les inventions scientifiques, l'éducation et les travaux des écoles.

Le nombre des œuvres d'art d'origine française qui s'y trouvent mentionnées ne comprend pas moins de 912 numéros, et encore ce nombre est-il fort dépassé, attendu que des séries tout entières de dessins ou de peintures, formant une même suite, se trouvent décrites sous un numéro unique.

Dans cette liste, la peinture proprement dite compte pour 680 ; les dessins, aquarelles, fusains, etc., pour 107 ; la sculpture pour 111. La gravure et l'architecture comportent en outre, ainsi que les travaux de décoration, un certain nombre de cadres représentant les envois d'une vingtaine d'exposants.

A la suite des classes de beaux-arts viennent les produits industriels exposés tant au point de vue de l'art qu'à celui de la fabrication. Le nombre de ces produits est considérable et les galeries de l'annexe leur sont en grande partie consacrées, ainsi que les vitrines des galeries internationales réservées à la France. Ils ont été classés sous une série de cent numéros affectés à chacun des exposants principaux. Cent quinze numéros sont en outre attribués aux exposants des séries ayant pour titres « *Inventions et découvertes, Éducation, Travaux des écoles.* »

Ici, comme dans la série des produits industriels, il ne pouvait y avoir lieu de donner au catalogue la description des objets exposés. C'eût été entreprendre une tâche considérable, en raison du nombre et de la variété des produits, en même temps que peu utile pour le public, puisque les objets exposés dans l'annexe française pouvaient être déplacés et enlevés, sauf remplacement par des œuvres analogues, mais non toujours similaires. Chaque envoi principal est donc compris sous un seul et même numéro, quel que soit le nombre des objets qu'il comporte.

Nous avons dit plus haut avec quelle gracieuse bienveillance quelques-uns des principaux collectionneurs d'œuvres d'art modernes avaient accueilli la demande que nous leur avions adressée sous les auspices de S. A. R. le prince de Galles, au moment où les retards occasionnés par les événements d'avril et de mai nous donnaient de sérieuses craintes pour l'arrivée des œuvres françaises retenues à Paris. Il s'agissait pour l'honneur du pays, en même temps que pour répondre aux intentions du gouvernement, d'ouvrir les galeries internationales réservées à la France au jour fixé par les commissaires de la Reine, 1er mai, et non-seulement les galeries devaient être prêtes et ouvertes au public, mais encore il était de la plus haute importance, en présence des calamités qui frappaient le pays, de montrer, comme le précisaient nos instructions, que si la France avait souffert des malheurs de la guerre, elle était loin d'être abattue, et qu'elle tenait toujours le rang qui lui appartenait dans ces grands concours internationaux. Les collections particulières de l'Angleterre renferment un grand nombre des œuvres de nos artistes modernes, et il y avait un sérieux intérêt à montrer au public quelques-uns de ces beaux produits de l'art français dont plusieurs sont peu connus, comme nous le disions plus haut, et se trouvent recélés dans des collections inaccessibles au public. Nous rentrions en outre ainsi exactement dans les prescriptions du règlement anglais.

Il était entendu, du reste, qu'au fur et à mesure de l'arrivée des envois de France, les œuvres d'art qui nous étaient confiées seraient remises à leurs propriétaires pour faire place aux tableaux, aux sculptures et aux ouvrages de toute nature qui nous arriveraient de Paris. Je me hâte de dire que nos efforts pour presser ces arrivages ont été couronnés de succès, et que, même avant l'ouverture des galeries, ouverture dont la section française a eu en grande partie les honneurs, nous avions à restituer un certain nombre des objets qui nous avaient été confiés. Depuis ce jour, les restitutions ont été plus considérables encore, et nous n'avons conservé que les ouvrages hors ligne qui sont l'honneur de notre école, et qui ont été justement admirés du public.

Nous devions, en témoignage de gratitude envers les personnages qui avaient consenti à se dessaisir momentanément en faveur de l'exposition française des trésors d'art qu'ils avaient bien voulu nous permettre de choisir dans leurs collections, ne pas terminer le catalogue sans livrer leurs noms au public. La liste en eût été plus longue si nous n'avions pas dû borner nos choix à des ouvrages exceptionnels et dignes, nous le répétons, de représenter l'art français dans ses éléments essentiels.

Les œuvres capitales de Paul Delaroche, la *Marie-Antoinette* et la *Sainte Cécile;* les délicieux panneaux de Meissonier; les ouvrages considérables d'Eugène Delacroix, dont onze de premier ordre; ceux de Decamps, de Louis David, de Prudhon; les toiles si recherchées de Rosa Bonheur; les tableaux de Léon Coigniet, de Robert Fleury; les grands paysages de Daubigny, de Jules Dupré, de Corot, de Français et de Rousseau; les animaux de Troyon; les œuvres de Gérome, de Fromentin, de Jean-Baptiste et d'Eugène Isabey, de Marilhat, qui font la richesse des collectionneurs anglais, avec nombre de productions françaises non moins notables, et pour lesquelles nous sommes forcés de renvoyer au catalogue, ne pouvaient que donner un grand relief à l'exposition française et n'ont pas peu contribué à faire valoir les ouvrages envoyés de France, et qui ont complété cette Exposition sans précédents pour notre école française.

Le catalogue de la section française donne la notice de chacune des œuvres qui nous ont été confiées avec l'indication du nom de son possesseur. Nous demandons la permission d'y renvoyer le lecteur en nous bornant à indiquer ici les noms des personnes qui ont bien voulu nous apporter leur bienveillant concours.

Ce sont :

La Marquise de WESTMINSTER.	ARTHUR WESTMACOTT, Esq.
La Baronne BURDETT-COUTTS.	J. G. WOODHOUSE, Esq.
La Baronne MAYER DE ROTHSCHILD.	THOMAS LUCAS, Esq.
Lady ASHBURTON.	G. SIMPSON, Esq.
La Baronne d'ERLANGER.	NEVILLE HART, Esq.
Très-Hon. W. E. GLADSTONE, M. P.	C. S. SEYTON, Esq.
THOMAS BARING, Esq., M. P.	H. WALLIS, Esq.
H. W. J. BOLCKOW, Esq., M. P.	J. WELLS, Esq.
Sir JAMES ALDERSON.	GEO. ELLIS, Esq.
Sir GERALD FITZ-GERALD.	F. T. TURNER, Esq.
JAMES REISS, Esq.	JOHN GRAHAM, Esq.
J. S. FORBES, Esq.	THEOD. MARTIN, Esq.
W. F. LARKINS, Esq.	CH. CURTIS, Esq.
CH. BUTLER, Esq.	S. A. R. le Comte de PARIS.
ARNOLD BARUCHSON, Esq.	Le DUC de PRASLIN.
THOMAS BARTLETT, Esq.	Le Comte de LAMBERTYE.
F. Y. COURTENAY, Esq.	

Aux termes des règlements publiés par les commissaires de la DES RAPPORTS. Reine, des rapports devaient être rédigés sur les diverses classes de produits exposés ; ces rapports devaient être publiés avant le 1er juin 1871, et chaque puissance étrangère devait avoir la faculté de nommer, pour les diverses classes dans lesquelles elle aurait exposé, un délégué officiel chargé de collaborer aux rapports.

Nous avons le regret de constater que cette partie du programme de la Commission britannique a reçu une exécution des moins complètes. Les rapports publiés par les commissaires de Sa Majesté ont été rédigés sans la participation des pays étrangers ; aucune demande de collaboration ne nous a été adressée ; aucun rapport ne nous a été communiqué avant son impression, et nous sommes restés complétement étrangers à la rédaction et à la publication des rapports anglais ; aussi nous abstiendrons-nous de les apprécier. Nous ne pouvons nous étonner de voir que la plupart de nos produits industriels qui ont été si hautement prisés par le public anglais y soient à peu près passés sous silence, puisque, d'apèrs le règlement, les rapports devaient être livrés le 1er juin à la publicité, et que nos galeries de l'annexe française n'étaient ouvertes au public que dix-neuf jours plus tard ; mais il n'en a pas été ainsi des galeries des beaux-arts français prêtes dès le 1er mai. Sans nous plaindre de ce silence regrettable, nous avons tenu à le constater et à signaler au public la manière fâcheuse dont cette partie du programme de la Commission britannique a été remplie[1].

DES RAPPORTS FRANÇAIS.

Il y avait un intérêt réel pour notre pays à apprécier au point de vue français les résultats de cette Exposition internationale, et nous n'avons pas hésité à confier à plusieurs écrivains d'une notoriété incontestable l'appréciation des divisions les plus importantes de l'Exposition de 1871.

Ces rapports, qui sont l'objet du volume dont ces quelques lignes ne forment que l'avant-propos, ont été rédigés sur place, et nos rapporteurs ont tenu à honneur de ne pas passer sous silence les progrès accomplis dans les autres pays, tout en s'attachant plus spécialement au point de vue français, ainsi qu'ils en avaient la mission.

Ils sont au nombre de quatre :

Les BEAUX-ARTS proprement dits, par M. Ad. Viollet-le-Duc, dont les études sur les arts sont hautement appréciées par les lecteurs du *Journal des Débats;*

Les PRODUITS INDUSTRIELS présentés au point de vue de la forme et du dessin; en un mot, l'application de l'art à l'industrie, par M. Anatole Gruyer, connu de tous les érudits par ses travaux sur l'histoire de la vie et des œuvres de Raphaël;

La CÉRAMIQUE, par M. de Luynes, l'éminent professeur au Conservatoire des arts et métiers;

1. La Commission royale d'ailleurs, en présence des réclamations soulevées de tous côtés par ces rapports dits *officiels,* vient de renoncer à ce mode de procéder pour l'année 1872 et remplace cette publication par celle d'un *Guide* rédigé sous sa direction et embrassant toutes les parties de l'Exposition. Espérons que cette fois le résultat répondra mieux aux excellentes intentions des commissaires de Sa Majesté.

Et enfin une étude sur les méthodes et le matériel d'enseignement, ainsi qu'un rapport sur le groupe des inventions et des découvertes scientifiques, par M. Focillon, directeur de l'École municipale Colbert, dont les connaissances spéciales dans une carrière vouée à l'enseignement supérieur font autorité en pareille matière.

Ces rapports, qui ont pour but de déterminer la part que la France a prise à l'Exposition de 1871, de constater les progrès réalisés et les résultats obtenus, doivent être considérés comme de simples comptes rendus, l'absence de toute récompense et la suppression de tout jury international dégageant les rapporteurs de la nécessité de justifier les médailles et les mentions décernées aux exposants, ainsi qu'il était d'usage de le faire dans les Expositions internationales précédentes.

Nous venons de voir, Monsieur le Ministre, que l'un des articles du règlement publié par les commissaires de la Reine supprimait les récompenses, médailles et mentions en usage dans les Expositions précédentes, tout en décidant qu'il serait délivré à chaque exposant admis par les commissaires de son pays un certificat ou diplôme d'honneur.

MÉDAILLES OFFERTES PAR LA COMMISSION FRANÇAISE.

Les commissaires généraux du gouvernement français n'ont pas cru devoir s'en tenir à cette réglementation, aussi bien en ce qui concerne leurs nationaux qu'envers la Commission britannique elle-même, et sur leur proposition vous avez bien voulu décider qu'une médaille d'un modèle uniforme serait frappée en souvenir de l'Exposition internationale de 1871, et qu'un exemplaire en serait remis à chacun des artistes, chacun des industriels qui, au milieu des tristes circonstances dans lesquelles cette Exposition s'est ouverte, n'ont pas hésité à répondre à l'appel que nous leur avons adressé; le nombre de ces médailles a dépassé le chiffre de sept cents.

Vous avez bien voulu nous autoriser aussi à faire frapper trois grandes médailles en or destinées à S. A. R. le prince de Galles, président de la Commission britannique, au marquis de Ripon, président du Comité exécutif anglais et au major général Scott, secrétaire des commissaires de la Reine, chargé des pouvoirs de la Commission; ainsi que des médailles commémoratives en argent destinées aux membres de la Commission exécutive anglaise (general Purposes Committee) et à ceux de la Commission supérieure de France.

Nous avions à rendre un témoignage public de gratitude aux personnes domiciliées en Angleterre qui avaient bien voulu contribuer au succès de l'exposition française en nous confiant des œuvres d'origine nationale; des médailles ont été frappées au nom de chacune d'elles; quelques autres enfin ont été décernées aux principaux officiers de la Commission britannique dont l'active assistance ne nous a pas fait défaut pendant toute la durée de l'Exposition.

Nous devons ajouter, Monsieur le Ministre, que cette marque de souvenir du gouvernement français a été accueillie de la manière la plus favorable en Angleterre, et nous aurons l'honneur de mettre sous vos yeux les lettres qui nous ont été adressées par les personnages éminents qui composent la Commission royale et qui nous ont donné mission d'être auprès du gouvernement français les interprètes de leurs sentiments de gratitude.

Nous avons l'honneur d'être,

Monsieur le Ministre,

Vos très-obéissants et très-dévoués serviteurs,

Les commissaires généraux,

J. OZENNE.   E. DU SOMMERARD.

DOCUMENTS OFFICIELS

RELATIFS

A L'EXPOSITION INTERNATIONALE DE 1871

A LONDRES

———

NOTA. — Ces documents ont été publiés au catalogue français de l'Exposition internationale de 1871 ; nous avons cru utile de les reproduire en partie avec les modifications qui ont été apportées aux règlements anglais sur la demande des
commissaires généraux du gouvernement français.

EXPOSITIONS INTERNATIONALES

DES

PRODUITS DE L'ART ET DE L'INDUSTRIE

ET DES

DÉCOUVERTES SCIENTIFIQUES

SOUS LA DIRECTION DES

COMMISSAIRES DE SA MAJESTÉ POUR L'EXPOSITION DE 1851

(La première de la série ayant lieu en 1871)

COMMISSAIRES DE LA REINE.

S. A. R. LE PRINCE DE GALLES, K. G., *Président*.

Son Altesse Royale le prince Christian, K. G.

Son Altesse Royale le prince de Teck, G. C. B.

Le duc de Buccleuch, K. G.

Le duc de Buckingham et Chandos.

Le marquis de Ripon, K. G., Lord Président du Conseil.

Le comte de Derby.

Le comte Granville, K. G.

Le comte Russell, K. G.

Lord Portman.

Lord Overstone.

Très-hon. W. E. Gladstone, M. P.

Très-hon. Benjamin Disraeli, M. P.

Très-hon. Robert Lowe, M. P.

Très-hon. Sir Stafford H. Northcote, Bart., C. B., M. P.

Très-hon. H. A. Bruce, M. P.

Très-hon. CHICHESTER S. FORTESCUE, M. P., président du "Board of Trade."

Très-hon. W. E. FORSTER, M. P., vice-président du Comité du Conseil d'éducation.

Très-hon. Sir ALEXANDER Y. SPEARMAN, Bart.

Très-hon. A. S. AYRTON, M. P., premier commissaire des travaux publics.

Sir CHARLES LYELL, Bart.

Sir RODERICK I. MURCHISON, Bart., K. C. B.

Sir THOMAS BAZLEY, Bart., M. P.

Major général Sir T. M. BIDDULPH, K. C. B.

Sir FRANCIS GRANT, P. R. A.

Sir FRANCIS R. SANDFORD.

Sir WILLIAM TITE, M. P.

THOMAS BARING, Esq., M. P.

ALEX. BERESFORD HOPE, Esq., M. P.

EDGAR A. BOWRING, Esq., C. B., M. P.

THOMAS FAIRBAIRN, Esq.

THOMAS FIELD GIBSON, Esq.

CHARLES B. VIGNOLES, Esq., président de l'Institut des ingénieurs civils.

JOSEPH PRESTWICH, Esq., F. R. S., président de la Société géologique.

Docteur LYON PLAYFAIR, C. B., M. P.

Colonel HENRY F. PONSONBY.

HENRY THRING, Esq.

Secrétaire des commissaires de Sa Majesté : HENRY Y. D. SCOTT, major général.

FRANCE

COMMISSION SUPÉRIEURE

EXPOSITIONS INTERNATIONALES

RECONSTITUÉE PAR DÉCRET EN DATE DU 30 DÉCEMBRE 1871

PRÉSIDENTS.

LE MINISTRE DE L'AGRICULTURE ET DU COMMERCE.
LE MINISTRE DE L'INSTRUCTION PUBLIQUE, DES CULTES ET DES BEAUX-ARTS.

MEMBRES DE LA COMMISSION.

MM. VITET (Louis), vice-président de l'Assemblée nationale, membre de l'Institut.

le comte de CHAMBRUN, député à l'Assemblée nationale.

CORDIER, député à l'Assemblée nationale.

DUCLERC (Eugène), député à l'Assemblée nationale.

DESEILLIGNY, député à l'Assemblée nationale.

FERAY (d'Essonnes), député à l'Assemblée nationale.

le marquis de TALHOUET, député à l'Assemblée nationale.

WOLOWSKI, député à l'Assemblée nationale, membre de l'Institut.

le SECRÉTAIRE GÉNÉRAL du ministère de l'agriculture et du commerce, COMMISSAIRE GÉNÉRAL.

MM. le SECRÉTAIRE GÉNÉRAL du ministère de l'instruction publique, des
    cultes et des beaux-arts.

le DIRECTEUR des beaux-arts.

le DIRECTEUR GÉNÉRAL des douanes.

le DIRECTEUR des consulats et affaires commerciales, au ministère
    des affaires étrangères.

DU SOMMERARD, directeur du musée des Thermes et de l'hôtel de
    Cluny, COMMISSAIRE GÉNÉRAL.

le SOUS-DIRECTEUR du commerce extérieur.

le PRÉSIDENT de la chambre de commerce de Paris.

le PRÉSIDENT du tribunal de commerce de Paris.

le PRÉSIDENT de la Société des agriculteurs de France.

le baron DE ROTHSCHILD (Alphonse), président de la Compagnie du
    chemin de fer du Nord.

RONDELET, membre du conseil municipal de la ville de Paris.

ROY, membre du comité consultatif des arts et manufactures.

SIÉBER, membre du comité consultatif des arts et manufactures.

SAINTE-CLAIRE-DEVILLE (Henry), membre de l'Institut, professeur de
    la faculté des sciences.

LEVASSEUR, membre de l'Institut, professeur au collége de France.

GÉROME, membre de l'Institut. -

GUILLAUME, membre de l'Institut.

DELABORDE (Henry), membre de l'Institut.

MEISSONIER, membre de l'Institut.

LEFUEL, membre de l'Institut.

Baron DE SOUBEYRAN, membre de l'Assemblée nationale.

VIOLLET-LE-DUC, architecte.

DE LASTEYRIE (Ferdinand), membre de l'Institut.

MONTAGNAC, ancien député.

MAME (Alfred), imprimeur-éditeur.

ROUVENAT, fabricant de joaillerie et de bijouterie.

BOUTAREL, manufacturier.

SECRÉTAIRES DE LA COMMISSION.

Le chef du cabinet du ministère de l'agriculture et du commerce.

Le chef du cabinet du ministère de l'instruction publique, des cultes et
    des beaux-arts.

COMMISSAIRES GÉNÉRAUX.

M. Ozenne, secrétaire général du ministère de l'agriculture et du commerce.

M. du Sommerard, directeur du musée des Thermes et de l'hôtel de Cluny.

Commissariat général.

Paris : Hôtel de Cluny, rue du Sommerard.
London : 52, Onslow Square, S. W.

COMMISSAIRES ÉTRANGERS

POUR

LES EXPOSITIONS INTERNATIONALES DE LONDRES

CONFÉDÉRATION ARGENTINE.

Senor Constant Santa Maria.

AUTRICHE.

M. le chevalier François de Wertheim, conseiller I. R., membre du musée I. R. des arts et de l'industrie à Vienne.

M. Charles Czaslawsky, membre de la chambre de commerce à Vienne.

M. le Dr François Migerka, secrétaire de la chambre de commerce à Brunn.

M. Charles Loew, directeur de la Compagnie des manufactures des laines à Vienne.

M. Ferd. Barany, inspecteur autrichien.

HONGRIE.

M. le chevalier Charles-Louis Posner.

M. Odon Steinacker, secrétaire de la chambre de commerce et d'industrie à Bude, Pesth.

M. Ferd. Barany, inspecteur des objets hongrois.

BADE.

M. Herr Turban, conseiller du ministère du commerce.

BAVIÈRE.

Prof. Konrad Knoll, président de la Société des artistes à Munich.

BELGIQUE.

S. A. R. MONSEIGNEUR LE COMTE DE FLANDRE, président honoraire.
M. LE BARON T'KINT DE ROODENBEKE, sénateur, président.
M. COBR VANDERMAEREN, commissaire délégué.

COLOMBIE.

M^r. JAMES L. HART, F. R. G. S., consul pour les États-Unis de Colombie.

DANEMARK.

M. C. G. HÜMMEL, conseiller d'État et directeur de l'École polytechnique à Copenhague.
M. C. A. GOSCH, secrétaire privé à l'ambassade danoise, à Londres.

FRANCE.

M. OZENNE, secrétaire général du ministère de l'agriculture et du commerce, commissaire général des Expositions internationales.
M. DU SOMMERARD, directeur du Musée des Thermes et de l'hôtel de Cluny, commissaire général des Expositions internationales.

HESSE.

HERR A. SCHLEIERMACHER, conseiller du ministère des finances et président du bureau central de l'industrie.

ITALIE.

SIGNOR A. BACCANI, commissaire spécial des Expositions internationales.

NORWÉGE.

M. O. PIHL.

PÉROU.

M. JULES JARRIEZ.

ROME.

M. H. E. LE CARDINAL BERARDI, ministre du commerce.

RUSSIE.

M. BOUTOWSKI, conseiller privé, directeur du département du commerce et des manufactures.

SAN SALVADOR.

Mr. J. L. Hart, consul de San Salvador.

SAXE-WEIMAR.

M. le comte Kalckreuth.
Mr. T. J. Gullick.

ESPAGNE.

Señor A. Borrego, ministre plénipotentiaire.
Señor H. L. C. Bebb.
Señor J. Zapatero.
Señor Antonio Martinez.

SUÈDE.

S. A. R. le prince Oscar, président.
M. le baron A. H. Fock.

SUISSE.

M. Albert Streekeisen, consul général pour la Suisse.

ÉTATS-UNIS.

M. N. M. Beckwith.

WURTEMBERG.

M. le Dr Von Steinbeis, président du "Board of Trade."
M. Charles Sevin, commissaire délégué.

RÈGLEMENT GÉNÉRAL

PUBLIÉ PAR LES COMMISSAIRES DE LA REINE.

NOTA. — Le Règlement général ainsi que les règles spéciales à chaque classe ont été considérablement modifiés en ce qui concerne la France, sur la demande des commissaires français.

A.

Les commissaires de Sa Majesté britannique pour l'Exposition de 1851 font savoir que la première des Expositions internationales annuelles d'œuvres choisies des beaux-arts, de l'art industriel et d'inventions scientifiques, sera ouverte à Londres, à South Kensington, le lundi 1er mai 1871, et fermée le 30 septembre de la même année.

B.

Les expositions auront lieu dans des édifices permanents, construits à cet effet, dans le voisinage des galeries de la Société royale d'horticulture.

C.

Les productions de tous les pays seront admises sur un certificat de juges compétents constatant qu'elles sont d'un mérite suffisant pour figurer à l'Exposition.

D.

La première exposition se composera des classes suivantes, pour chacune desquelles on nommera un rapporteur et un comité séparés :

GROUPE I. — BEAUX-ARTS APPLIQUÉS OU NON A L'INDUSTRIE.

CLASSE 1. Peintures en tous genres : à l'huile, à la détrempe, à la cire ; aquarelles ; peintures sur émail, sur verre, sur porcelaine ; mosaïques, etc.

CLASSE 2. Sculpture, modelages, sculptures repoussées et ciselées, en marbre, en pierre, en bois, en terre cuite, en métal, en ivoire, en verre, en pierres précieuses et en toute autre matière.

CLASSE 3. Gravure, lithographie, photographie, etc.

CLASSE 4. Architecture : projets, dessins et modèles.

CLASSE 5. Tapisseries, tapis, broderies, châles, dentelles, etc., exposés, non comme produits industriels, mais comme objets d'art.

CLASSE 6. Dessins industriels en tous genres.

CLASSE 7. Reproduction de peintures, de mosaïques, d'émaux anciens ; reproduction d'anciennes œuvres d'art par le moulage, l'électrotypie, etc.

GROUPE II. — INDUSTRIE.

CLASSE 8. Céramique : faïences, grès-cérames, porcelaines, biscuits, etc., y compris les terres cuites en usage dans les constructions, ainsi que les matières premières, les machines et les procédés nouveaux employés dans cette industrie.

CLASSE 9. Industrie des laines : produits de laine cardée et de laine peignée, ainsi que les matières premières, l'outillage et les procédés nouveaux employés dans cette industrie.

CLASSE 10. Matériel et méthodes d'enseignement :

Section 1. Bâtiments scolaires, mobiliers d'école, etc.

Section 2. Livres, cartes, sphères, instruments, etc.

Section 3. Appareils gymnastiques, y compris les jeux et les jouets.

Section 4. Tableaux et spécimens des méthodes pour l'enseignement des beaux-arts et des sciences physiques et naturelles.

Section 5. Travaux d'élèves pour montrer les résultats obtenus par les diverses méthodes d'enseignement.

GROUPE III. — INVENTIONS ET DÉCOUVERTES SCIENTIFIQUES.

GROUPE IV. — HORTICULTURE.

La Société royale d'horticulture organisera des Expositions internationales de plantes rares et nouvelles, de fruits, de légumes et de cultures spéciales, qui coïncideront avec les expositions ci-dessus mentionnées.

La Société royale d'horticulture publiera un règlement spécial relatif à l'Exposition horticole.

E.

Les exposants des groupes II et III seront autorisés à envoyer un spécimen des divers produits de leur industrie se distinguant par leur nouveauté ou leur supériorité.

F.

Les produits seront groupés par classes, et non par nationalités, comme dans les Expositions internationales antérieures.

G.

Un tiers de la superficie totale sera exclusivement réservé aux exposants étrangers, qui devront, pour l'admission de leurs produits, obtenir des certificats de leurs gouvernements respectifs. Les divers États constitueront eux-mêmes leurs jurys d'admission. Les deux autres tiers du local seront affectés aux produits du Royaume-Uni et aux produits envoyés directement de l'étranger pour être soumis à la décision du jury d'admission des exposants britanniques. Les produits refusés devront être enlevés dans les délais spécifiés, mais aucun produit exposé ne pourra être retiré avant la clôture de l'Exposition.

H.

Les exposants ou leurs agents devront livrer *franco,* et dans le local même de l'Exposition, aux employés désignés à cet effet, les produits déballés et prêts à être mis en place:

I.

Les commissaires de Sa Majesté fourniront gratuitement l'emplacement, les vitrines, les étagères et autres aménagements, la force motrice, eau ou vapeur, ainsi que la transmission principale, et, excepté en ce qui concerne les machines, feront installer les produits par les employés mêmes de l'administration. (Cet article ne s'applique qu'aux objets exposés dans les galeries internationales.)

J.

Les commissaires de Sa Majesté prendront tout le soin possible des produits exposés, mais ils ne seront en aucune façon responsables des pertes ni des avaries.

K.

On pourra indiquer le prix des produits exposés, et l'on engage même les exposants à le mentionner. Des agents spéciaux veilleront aux intérêts des exposants.

L.

Une étiquette indiquera le motif pour lequel le produit a été exposé, tel que supériorité, nouveauté, bon marché, etc.

M.

Les pièces ci-jointes indiquent les jours fixés pour la réception des produits de chaque classe, et, afin de faciliter l'installation générale, les exposants sont invités à se conformer rigoureusement aux dispositions spécifiées. Les produits envoyés ou présentés après les délais stipulés seront refusés.

N.

Immédiatement après l'ouverture de l'Exposition, il sera rédigé, sur les diverses classes de produits exposés, des rapports qui seront publiés avant le 1er juin 1871.

O.

Chaque puissance étrangère aura la faculté de nommer, pour les diverses classes dans lesquelles elle aura exposé, un rapporteur officiel chargé de collaborer aux rapports.

P.

Il ne sera pas décerné de récompenses, mais il sera délivré à chaque exposant un diplôme d'admission.

Q.

Le catalogue sera publié en anglais et les diverses puissances étrangères auront la faculté de le faire traduire et de le publier.

HENRY Y. D. SCOTT,

Major général, secrétaire.

RÈGLEMENT SPÉCIAL

APPLICABLE AUX EXPOSANTS ÉTRANGERS

QUI ENVOIENT LEURS PRODUITS PAR L'ENTREMISE DES COMMISSIONS DE LEURS PAYS RESPECTIFS.

I. Conformément aux dispositions de l'article H du Règlement général, les commissions étrangères remettront dans le bâtiment même de l'Exposition, entre les mains des employés spéciaux et francs de toute charge, les produits déballés et prêts à être mis en place.

II. Les commissions étrangères auront jusqu'au 31 mai pour notifier leur acceptation de l'espace alloué à leurs nationaux.

III. Les commissions étrangères adresseront, avant le 1er novembre 1870, aux commissaires de Sa Majesté, un tableau spécifiant la répartition de l'espace attribué à chacun des différents groupes, classes et sections.

IV. Les commissions étrangères devront envoyer les renseignements nécessaires à la rédaction du catalogue avant le 1er janvier 1871.

V. L'article G du Règlement général accordant aux exposants étrangers la faculté d'envoyer directement leurs produits à Londres pour y être soumis à la décision d'un jury anglais désigné à cet effet, il est indispensable que les commissions étrangères fournissent, dans les délais stipulés, les tableaux ci-dessus mentionnés.

VI. L'article E du Règlement général accorde aux inventeurs et aux fabricants d'appareils et instruments scientifiques la faculté d'exposer un spécimen de chacun de leurs produits se distinguant par sa nouveauté ou son excellence.

VII. Les commissaires de Sa Majesté se chargent de faire installer par leurs employés tous les produits exposés. Afin de leur faciliter l'installation des produits dont le poids ou le volume entraînerait l'établissement de fondations ou de constructions spéciales et nécessiterait une main-d'œuvre considérable, les commissions étrangères sont invitées à fournir, avant le 1er septembre 1870, tous les renseignements nécessaires à ce sujet. Les produits compris dans cette catégorie devront être rendus à l'Exposition dans les délais stipulés ci-dessous. Les commissaires fourniront les fondations nécessaires, mais le montage sera à la charge des exposants.

VIII. Tous les autres produits devront être rendus en février, aux dates spécifiées ci-dessous pour chacun d'eux :

> Machines, 1er, 2, 3 et 4 février ;
> Inventions scientifiques, 6 et 7 février ;
> Matériel de l'enseignement, etc., 8 et 9 février ;
> Céramique et matières premières, 10 et 11 février ;
> Lainages de peigne et de carde et matières premières, 13 et 14 février ;
> Sculpture, 15 et 16 février ;
> Peinture appliquée à l'industrie, 17 février ;
> Sculpture appliquée à l'industrie, 18 et 20 février ;
> Gravure, lithographie, photographie, etc., 21 février ;
> Architecture, projets, dessins et modèles, 22 février ;
> Tapisseries, tapis, broderies, etc., 23 février ;
> Dessins industriels en tous genres, 24 février ;
> Reproductions de peinture, de mosaïques, d'émaux, etc., 25 février ;
> Peinture, 27 et 28 février.

IX. Les commissions étrangères qui voudraient ne faire qu'un seul envoi de tous les produits de leurs nationaux pourront anticiper sur les délais ci-dessus fixés ; mais en aucun cas il ne leur sera permis de les outre-passer. (Voir l'article M du Règlement général.)

X. Les commissions étrangères sont invitées, dans le but de faciliter la préparation des rapports qui, conformément aux dispositions des articles N et O du Règlement général, doivent être publiés avant le 1er juin 1871, à désigner le plus tôt possible, pour chacune des classes spécifiées ci-dessous, un rapporteur qui, arrivant à Londres le lundi 1er mai, jour de l'ouverture, serait prêt à commencer le travail relatif auxdits rapports le mardi 2 mai :

> Peinture en tous genres.
> Sculpture en tous genres.
> Gravure en tous genres.

Photographie.
Architecture.
Beaux-arts appliqués à l'industrie.
Reproduction des œuvres d'art anciennes et du moyen âge.
Inventions scientifiques.
Céramique.
Matériel et procédés de la céramique.
Lainages de peigne et de carde.
Matériel et procédés de l'industrie des lainages.
Matériel et méthodes d'enseignement.
Horticulture.

XI. Les rapporteurs pourront, en cas d'absence, se faire remplacer par un délégué.

XII. Les dépenses relatives aux rapports seront à la charge des commissaires de Sa Majesté.

XIII. Il est adressé un exemplaire du projet de catalogue aux commissions étrangères, qui sont invitées à réunir tous les renseignements possibles sur les exposants, artistes ou industriels. On ne négligera rien pour compléter les renseignements obtenus sur les exposants, afin de donner aux notices annexées au rapport sur les expositions annuelles le plus de valeur possible aux yeux du public et de l'exposant lui-même, et afin de permettre d'apprécier à sa juste valeur l'honneur d'avoir été admis à l'Exposition.

BEAUX-ARTS

RÈGLEMENT GÉNÉRAL

BEAUX-ARTS APPLIQUÉS OU NON A L'INDUSTRIE

I. Les classes suivantes sont établies pour les beaux-arts appliqués ou non à l'industrie :

CLASSE 1. Peintures en tous genres, à l'huile, à la détrempe, cire; aquarelles; peinture sur émail, sur verre, sur porcelaine : mosaïque, etc.

CLASSE 2. Sculpture, modelage, sculptures repoussées et ciselées, en marbre, en pierre, en bois, en terre cuite, en métal, en ivoire, en verre, en pierres précieuses et en toute autre matière.

CLASSE 3. Gravure, lithographie, photographie, etc.

CLASSE 4. Architecture : projets, dessins et modèles.

CLASSE 5. Tapisseries, tapis, broderies, châles, dentelles, etc., exposés non comme produits industriels, mais comme objets d'art.

CLASSE 6. Dessins industriels en tous genres.

CLASSE 7. Reproductions de peintures, d'émaux, de mosaïques anciennes; reproductions d'anciennes œuvres d'art, en plâtre, par l'électro- typie, etc.

II. Aucun artiste ne peut, à moins d'être dans des conditions spéciales, exposer plus de deux œuvres dans une même classe; encore faut-il qu'au moins une des deux soit exposée pour la première fois à Londres; mais il peut exposer dans toutes les classes; ainsi il pourra soumettre à l'examen du jury deux peintures à l'huile, deux aquarelles, deux peintures sur émail, etc., ainsi que deux sculptures en marbre, deux en bois, etc.

III. Les peintures et les sculptures peuvent être en soi une œuvre d'art ou faire partie d'un objet usuel, tel qu'un éventail, un panneau, un meuble, etc., sous réserve toutefois d'avoir le caractère d'une œuvre d'art.

IV. Les œuvres des artistes morts ne sont admises qu'à titre de copie ou de reproduction (classe 7).

V. Toutes les œuvres d'art, sauf les reproductions d'œuvres anciennes, devront avoir été exécutées depuis 1862.

VI. Un même exposant pourra faire figurer à l'Exposition toutes les reproductions d'œuvres anciennes pour lesquelles il aura obtenu un certificat d'admission.

VII. Chaque cadre ne pourra renfermer qu'un tableau ou un dessin ; exception est faite toutefois en faveur des miniatures et des pierres précieuses sculptées de très-petites dimensions, dont on pourra garnir des cadres d'une superficie maxima de 30 pouces carrés anglais (environ 2 décimètres carrés, $0^m,01875$), et qui seront considérées comme n'étant qu'une seule œuvre ; mais différentes compositions, quoique se rapportant à un même sujet et réunies dans un même cadre, devront être désignées comme étant des œuvres différentes.

VIII. Les cadres des peintures et des dessins doivent être dorés. La trop grande largeur et les saillies trop prononcées des moulures des cadres pourraient empêcher les tableaux d'occuper la place que leur mérite leur assignerait d'ailleurs ; il faut éviter les cadres de forme ovale, parce qu'il est difficile de les placer.

IX. Ne seront point admis les diagrammes d'histoire naturelle, ni aucun dessin n'ayant pas d'arrière-plan, excepté toutefois les dessins d'architecture.

X. Le prix des ouvrages destinés à la vente, décrit soigneusement ainsi qu'il est dit à l'article 8, pourra être communiqué au secrétaire.

XI. Une étiquette soigneusement fixée au produit portera le nom de l'artiste et l'indication du sujet.

XII. Tous les produits appartenant aux groupes des beaux-arts devront être livrés, dans le bâtiment même de l'Exposition, entre les mains des agents spéciaux, francs de toute charge, déballés et prêts à être mis en place, dans les délais stipulés ci-dessous :

Sculptures, 15 et 16 février ;
Peintures appliquées à l'industrie, 17 février ;

Sculptures appliquées à l'industrie, 18 et 20 février;
Gravures, lithographie, photographie, etc., 21 février;
Architecture, projets, dessins et modèles, 22 février;
Tapisseries, tapis, broderies, etc., 23 février;
Dessins industriels en tous genres, 24 février;
Reproductions de peintures, de mosaïques, d'émaux, etc., 25 février;
Peintures, 27 et 28 février.

XIII. Chaque produit, quand il sera exposé, portera une étiquette préparée sous la surveillance des commissaires de Sa Majesté et indiquant :

1° Le sujet;
2° Le nom de l'artiste;
3° Sa demeure;
4° Tous renseignements, etc.

XIV. Les commissions étrangères sont invitées, pour faciliter la rédaction
du catalogue et la préparation des étiquettes nécessaires, à fournir les renseignements ci-dessus demandés, le 1er janvier 1871, au plus tard.

CÉRAMIQUE

RÈGLEMENT GÉNÉRAL

S'APPLIQUANT AUX PRODUITS DE LA CÉRAMIQUE

CONSIDÉRÉS

AU POINT DE VUE DE L'INDUSTRIE ET NON COMME OBJETS D'ART.

I. Seront admissibles tous les produits de la céramique : faïences, grès-cérames, porcelaines, biscuits, etc., y compris les terres cuites en usage dans les constructions, ainsi que les matières premières, les machines et les procédés nouveaux de fabrication employés dans cette industrie.

II. Les fabricants engagés dans les industries ci-dessous spécifiées et dans toutes les industries annexes de la fabrication céramique auront la faculté d'envoyer des spécimens de leurs produits respectifs [1] :

Fabricants de briques et de tuiles.
Potiers en grès.
    — pour arts industriels.
Fabricants de tuyaux de cheminées.
    — de porcelaine et de faïence.
Doreurs sur porcelaine.
Raccommodeurs de porcelaine.
Fabricants de boutons et de plaques de porcelaine pour portes.
    — de figures de porcelaine.
    — d'ornements en porcelaine.

---

1. Cette nomenclature des industries du Royaume-Uni peut servir de guide aux commissions étrangères.

Peintres et doreurs sur porcelaine.
Fabricants de jouets en porcelaine.
— de tuiles et de tuyaux de drainage.
— de statues et statuettes en faïence.
— de faïences.
— de noir égyptien.
— de tuiles vernissées.
— de pots de fantaisie.
— de briques réfractaires.
— de cruches.
— de pots de fusion et de creusets.
— de moufles.
— de biscuits.
— de poteries à l'usage des plombiers.
— de lettres en porcelaine.
Potiers.
Graveurs sur poteries.
Fabricants de bouteilles de grès.
— de pilons et de mortiers de grès.
Potiers en grès.
Fabricants de grès-cérame.
— de terres cuites.
— de pipes.
— de vases.

III. Chaque fabricant de ce groupe pourra soumettre au jury un spécimen des diverses produits de son industrie, même quand ce produit serait une pièce séparée.

IV. Le but de l'Exposition étant de faire connaître les produits se distinguant comme excellence, nouveauté, invention, etc., chaque fabricant devra limiter au strict nécessaire le nombre des produits exposés; en conséquence, il ne sera pas admis de doubles spécimens.

V. Il est donc à désirer que les exposants n'envoient qu'un seul spécimen du même produit; ainsi, par exemple, une tasse, une soucoupe et une assiette d'un même service à thé; un seul plat, etc., d'une même série ou d'un même dessin; un plat, une soupière, un plat à légumes, etc., d'un même service de table; un pot d'une même série; un vase à fleurs, un tuyau de drainage, une tuile d'un même dessin, etc., un pot à eau et une cuvette. Mais ils peuvent envoyer plusieurs spécimens de séries ou de dessins différents, et un spécimen de chaque dessin, si les produits de même forme portent des dessins différents.

VI. Ne seront point admis les doubles spécimens ornés d'un même dessin et dont la dimension seule varie.

VII. Chaque produit devra porter une étiquette soigneusement attachée, indiquant le nom du produit lui-même et celui du fabricant.

VIII. Tous les produits appartenant à la classe de la céramique devront être livrés, dans le bâtiment même de l'Exposition, aux mains des employés spéciaux, déballés et prêts à être mis en place, le 10 et le 11 février 1871.

IX. Chaque produit, lorsqu'il sera exposé, portera une étiquette préparée par les soins des commissaires de Sa Majesté et indiquant :

1° Le nom du produit;
2° Les matières constituantes du produit;
3° Le nom de l'exposant;
4° Son adresse ;
5° Si l'importance du produit le comporte, le nom du dessinateur et celui de l'ouvrier;
6° Les motifs pour lesquels le produit a été admis à l'Exposition, tels que :

      Composition,
      Forme,
      Ornementation extérieure,
      Nouveauté,
      Excellence,
      Bon marché;
7° Le prix, si l'exposant le désire ;
8° Tous renseignements, etc.

X. Les commissions étrangères sont invitées, pour faciliter la rédaction du catalogue et la préparation des étiquettes nécessaires, à fournir les renseignements ci-dessus demandés le 1er janvier 1871, au plus tard.

NOUVELLES MATIÈRES PREMIÈRES APPLIQUÉES A L'INDUSTRIE DE LA CÉRAMIQUE.

XI. Sont admissibles à l'Exposition les matières premières nouvelles employées dans l'industrie céramique et les applications nouvelles des anciennes matières premières.

XII. Les fabricants engagés dans les industries ci-dessous dénommées ou dans toute industrie intéressée dans la préparation des produits employés dans la céramique pourront envoyer des spécimens de leur fabrication :

    Marchands de sels de soude.
          — de hornstein.
          — de kaolin.
          — d'argile.
          — de silex.
          — de manganèse.
          — de calcaire.
          — et fabricants de terre de pipe.
    Raffineurs de safre.

XIII. Il est à désirer que les échantillons des produits soient du plus petit volume possible, de manière à pouvoir être exposés dans des flacons ou dans des étagères vitrées.

XIV. Chaque produit devra porter une étiquette soigneusement attachée, indiquant le nom du fabricant et celui du produit lui-même.

XV. Tous les produits appartenant à la classe des matières premières employées dans l'industrie de la céramique devront être livrés, dans le bâtiment même de l'Exposition, aux mains des employés spéciaux, déballés et prêts à être mis en place, le 10 et le 11 février 1871.

XVI. Chaque produit, lorsqu'il sera exposé, portera une étiquette préparée par les soins des commissaires de Sa Majesté et indiquant :

1° Le nom et la provenance de la matière première ;
2° Le nom de l'exposant ;
3° Son adresse ;
4° Les motifs pour lesquels le produit a été admis à l'Exposition, tels que :

        Valeur et importance,
        Nouveauté,
        Excellence,
        Bon marché.

5° Le prix, à moins que l'exposant ne s'y oppose ;
6° Tous autres renseignements, etc.

XVII. Les commissions étrangères sont invitées, pour faciliter la rédaction du catalogue et la préparation des étiquettes nécessaires, à fournir les renseignements ci-dessus demandés le 1er janvier, au plus tard.

MATÉRIEL NOUVEAU EMPLOYÉ DANS L'INDUSTRIE DE LA CÉRAMIQUE.

XVIII. Seront admissibles, soit comme pièces d'ensemble, soit comme pièces détachées, le matériel et les procédés nouveaux, ainsi que les modifications partielles de machines et de procédés employés dans l'industrie de la céramique. Les exposants pourront mettre leurs machines en mouvement et faire fonctionner leurs procédés.

XIX. Les fabricants engagés dans les industries ci-dessous dénommées ou dans toute autre industrie du Royaume-Uni se rattachant à la céramique pourront envoyer leurs produits :

Constructeurs de fours.
Fabricants de machines à malaxer.
— de machines en général.
— de moules à briques.
— de moulins à broyer.
— d'outillage de briqueterie.
— de tours à potier.

XX. Le montage des machines admises à l'Exposition sera exécuté sur place par les exposants; mais les commissaires de Sa Majesté, à moins qu'il n'en soit autrement stipulé au moment de l'admission des produits, fourniront les fondations requises.

XXI. Chaque produit devra porter une étiquette soigneusement attachée et indiquant le nom du produit lui-même, ainsi que celui du fabricant.

XXII. Tous les produits appartenant à la présente classe devront être livrés dans le bâtiment de l'Exposition les 1er, 2, 3 ou 4 février 1871.

XXIII. Chaque produit, lorsqu'il sera exposé, portera une étiquette préparée par les soins des commissaires de Sa Majesté et indiquant :

1° Le nom du produit;
2° Sa destination;
3° Le nom de l'exposant;
4° Son adresse;

d

5° Les motifs pour lesquels le produit a été admis à l'Exposition, tels
que :

  Nouveauté de l'invention,
  Supériorité,
  Économie,
  Bon marché;

6° Le prix, à moins que l'exposant ne s'y oppose;
7° Tous renseignements, etc.

XXIV. Les commissions étrangères sont invitées, pour faciliter la rédaction du catalogue et les étiquettes nécessaires, à fournir les renseignements
demandés ci-dessus le 1er janvier 1871, au plus tard.

INDUSTRIE DES LAINES

RÈGLEMENT GÉNÉRAL

APPLICABLE

AUX INDUSTRIES DES LAINES CARDÉES ET PEIGNÉES.

I. Seront admissibles les produits de laine cardée et de laine peignée en tous genres, ainsi que les matières premières et l'outillage employés dans l'industrie des laines.

II. Les fabricants engagés dans les industries ci-dessous dénommées ou dans toute industrie se rattachant à l'industrie des lainages ont la faculté d'envoyer des spécimens de leur fabrication spéciale, quoique ceux-ci ne représentent pas en eux un produit fini. Ainsi un coupeur de poil, un fabricant de malfil, ou un filateur pourront exposer leurs produits respectifs [1].

a. LAINE CARDÉE.

Fabricants de drap militaire.
— de baies.
Coupeurs de poil.
Fabricants de drap de billard.
— de couverture.
Fileurs de fil à couvertures.
Apprêteurs de draps.
Rameurs de draps.

---

1. Cette liste des industries du Royaume-Uni peut servir de guide aux commissions étrangères.

Gaufreurs de draps.
Courtiers et marchands de draps.
Apprêteurs-finisseurs de draps.
Friseurs de draps.
Fouleurs de draps.
Fabricants de draps.
Foulonniers de draps.
Imprimeurs sur drap.
Passeurs de draps à l'imperméable.
Ouvriers en draperie.
    — presseurs à froid.
Fabricants de doeskins.
    — de domets.
    — de droguet.
Imprimeurs sur droguet.
Teinturiers et dégraisseurs.
Fabricants de feutres.
Imprimeurs sur feutres.
Agents pour flanelle.
Commissionnaires pour flanelle.
Fabricants de flanelle.
Imprimeurs sur flanelle.
Fabricants de tontisse.
Moulins à foulon.
Fabricants de couvertures pour chevaux.
Presseurs à chaud.
Fabricants de feutres pour cylindres repasseurs.
    — de karsaie.
    — de draps à la mécanique.
    — de fantaisies pour femmes.
    — de crêpes pour chapeaux.
    — de draps pour la marine.
    — de baies imprimées.
    — de feutre pour marteaux de piano.
    — de serges à doublures.
    — de blanchets.
    — de couvertures de voyage.
    — de malfil.
    — de feutres pour cylindres lustreurs et cylindres apprêteurs.
    — de drap de sellerie.
Batteurs et nettoyeurs.
Fabricants de pannes.
    — de feutre à doublage pour navires.

Fabricants de shoddy (effilocheurs).
— de tapis de table.
— de tweed.
— de lainage pour tapissiers.
— d'étoffes à gilets.
Cardiers.
Fabricants d'articles pour impressions.
Agents en draperie.
Fabricants de tapis.
— de filés pour tapis.
— d'étoffes de laine pour bottines.
— de draperie.
Passeurs de tissus à l'imperméable.
Teinturiers en pièces.
Commissionnaires en draperie.
Fabricants de lisières.
— d'étoffes de laine.
— de tontisse.
Fileurs de laine.
Fabricants de beiges.
Marchands de déchets de laine.
Tisserands.
Fabricants de filé.

b. LAINE PEIGNÉE.

Fabricants d'alpaga.
Fileurs d'alpaga.
Fabricants de bandes et de galons.
— de cordons de sonnette.
— de laine de Berlin.
— d'alépine.
— de passementerie pour tailleurs.
— d'étamine.
— de tapis.
Dessinateurs de tapis.
Tisseurs de tapis.
Fabricants de filés pour tapis.
— de cachemire.
— de cachemirette.
— de chalis.
— de chenille.
— de passementerie pour voitures.

Garnisseurs de voitures.
Fabricants de tapisserie et de passementerie pour voitures.
— de damas.
— de franges et de dentelles.
— d'articles pour sellerie.
— de galons sans envers.
— de tapis de foyer.
— de laine d'agneau.
— de lasting.
— de lindsey (tiretaine).
— de galons pour livrée.
Peigneurs à la machine.
Fabricants de mérinos.
Fileurs de laines mérinos.
Fabricants de broderies militaires.
— de ceintures militaires.
— de tissus de poil de chèvre.
— de moirés laine.
— de popeline.
— de mousseline de laine.
— de beiges.
— de satin de laine.
— de serge.
— de ras de Châlons.
— de franges et de bordures de châle.
Dégraisseurs de châles.
Repriseurs de châles.
Fabricants de châles.
— de glands.
— de garnitures.
— de garnitures pour tapissiers.
— d'étoffes à gilets.
— de passementeries.
Peigneurs.
Fileurs en peigné.
Teinturiers en filés.
Apprêteurs-finisseurs d'étoffes.
Fabricants de tissus de laine peignée.
Filateurs de laine peignée.
Marchands de déchets.
Fabricants de filés.

Courtiers de Blackwell-Hall.
Cylindreurs.
Brodeurs.
Dessinateurs de broderies.
Marchands de rognures de drap.
Fabricants de lisières.
— de bandes pour garnitures de cardes, etc.
— de peluche.

III. On devra se borner à exposer des échantillons d'une grandeur suffisante pour permettre de juger du dessin et de la nature du tissu; il ne sera exposé que des produits composés de laine cardée, de laine peignée, de crin, de coton, de soie ou d'autres matières textiles pures ou mélangées.

IV. Les exposants sont invités à ne point envoyer des pièces de drap entières, non plus que des rouleaux de tapis, ni des pièces d'étoffe complètes; les échantillons devront, autant que possible, ne pas dépasser trois pieds (1^m,70), à moins que le dessin ne l'exige. Les produits seront exposés dans des châssis vitrés dont les cadres ne doivent pas avoir plus de deux pouces (0^m,05) d'épaisseur et un pouce et demi (0^m,038) de largeur. Les cadres doivent être peints en noir.

V. Ne seront pas admis deux mêmes échantillons, excepté quand le dessin sera d'une couleur différente.

VI. Chaque produit devra porter une étiquette soigneusement attachée, indiquant le nom du fabricant et celui du produit lui-même.

VII. Tous les produits appartenant au groupe des lainages devront être livrés, dans le bâtiment même de l'Exposition, aux mains des employés spéciaux, déballés et prêts à être mis en place, les 13 et 14 février 1871.

VIII. Chaque produit, lorsqu'il sera exposé, portera une étiquette préparée par les soins des commissaires de Sa Majesté et indiquant :

1° Le nom du produit;
2° Les matières constituantes du produit;
3° Le nom de l'exposant;
4° Son adresse;

5° Les motifs pour lesquels le produit a été admis à l'Exposition, tels que :

> Supériorité de la fabrication,
> Beauté du dessin,
> Solidité de la teinture,
> Habileté déployée dans l'application de nouvelles matières premières,
> Nouveauté comme produit,
> Bon marché ;

6° Le prix, à moins que l'exposant ne s'y oppose ;

7° Tous renseignements, etc.

IX. Les commissions étrangères sont invitées, pour faciliter la rédaction du catalogue et la préparation des étiquettes nécessaires, à fournir les renseignements ci-dessus le 1er janvier 1871, au plus tard.

APPLICATION DE NOUVELLES MATIÈRES PREMIÈRES A L'INDUSTRIE DES LAINAGES.

X. Seront admissibles les matières premières nouvelles non employées jusqu'à ce jour dans l'industrie des lainages, et appliquées à la fabrication, au nettoyage, à la préparation et à la teinture.

XI. Les fabricants engagés dans les industries ci-dessous dénommées et relatives à la préparation des matières premières employées dans l'industrie des lainages pourront envoyer des échantillons de leurs produits :

> Fabricants d'alcalis.
> Marchands de laine d'alpaga.
> Fabricants d'alun.
> — d'ammoniaque.
> — de rocou.
> — d'eau-forte.
> — d'arsenic.
> — de chlorure de chaux liquide.
> — de chlorure de chaux en poudre.
> — de bleu.
> — de cendres bleues et vertes.
> Marchands de poils de chameau.
> Fabricants de carmin.
> — de couleurs chimiques.
> — de chlore.
> Raffineurs de cobalt.

Fabricants de couleurs.
— de couperose.
— de créosote.
— d'orseille.
— de teintures.
— de garancine.
Marchands de poils de chèvre.
Fabricants de bleu d'indigo.
— d'extrait d'indigo,
— d'indigo.
Marchands de manganèse.
— de laine mérinos.
Raffineurs d'indigo.
Fabricants de bleu.
— de mordants.
— d'ocres.
— d'acide sulfurique.
— d'orseille bleue et violette.
— de smalt.
— de sels de soude.
— de cristaux de soude.
Marchands de soude.
Fabricants d'acide chlorhydrique.
— de sulfate d'ammoniaque.
— de sulfate de baryte.
— de sulfate de cuivre.
Épurateurs de térébenthine.
Fabricants d'outremer.
— de mélanges pour le lavage.
— de cristaux pour le dégraissage.
Commissionnaires en laine.
Marchands de laine.
Assortisseurs de laine.
Raffineurs de safre.

XII. Chaque produit devra porter une étiquette soigneusement attachée et indiquant le nom du fabricant et celui du produit lui-même.

XIII. Les matières premières employées dans l'industrie des lainages devront être livrées, dans le bâtiment même de l'Exposition, aux mains des employés spéciaux, déballées et prêtes à être mises en place, les 13 et 14 février 1871.

XIV. Chaque produit, lorsqu'il sera exposé, portera une étiquette préparée par les soins des commissaires de Sa Majesté et indiquant :

1° Le nom du produit;
2° Son usage ;
3° Le nom de l'exposant ;
4° Son adresse ;
5° Les motifs pour lesquels le produit a été admis, tels que :

> Préparation spéciale au point de vue de l'industrie des lainages,
> Supériorité,
> Qualités et propriétés particulières,
> Valeur et importance commerciale,
> Nouveauté comme produit ou application,
> Bon marché;

6° Son prix, à moins que l'exposant ne s'y refuse ;
7° Tous renseignements, etc.

XV. Les commissions étrangères sont invitées, pour faciliter la rédaction du catalogue et la préparation des étiquettes nécessaires, à fournir les renseignements ci-dessus demandés le 1er janvier 1871, au plus tard.

MATÉRIEL NOUVEAU APPLIQUÉ A L'INDUSTRIE DES LAINAGES.

XVI. Seront admissibles le matériel et les appareils nouveaux employés dans l'industrie des lainages, soit pour le nettoyage, la préparation et la fabrication, et les améliorations partielles des machines ou des procédés pourront être exposées comme pièces détachées.

XVII. Les fabricants engagés dans les industries dénommées ci-dessous, et relatives à la construction des appareils et machines employés dans l'industrie des lainages, pourront exposer leurs produits :

> Fabricants de bobines.
> Tourneurs de bobines.
> Fabricants de cardes.
> — de rubans de carde.
> — de presses à drap.
> — d'ailettes.
> — de fourches pour tissage.
> — de harnais ou lisses.

Fabricants de serans ou peignes.
— d'équipages ou harnais de la chaîne.
— de lames ou lisses.
Coupeurs de cartons.
Monteurs d'équipages Jacquard.
Fabricants de métiers Jacquard.
— de métiers.
Monteurs de métiers.
Passeurs et noueurs.
Menuisiers pour machines.
Fabricants de machines.
— de peignes et de battants.
— de navettes.
— de taquets.
— de broches.
— de volants pour fileur.
— de moules pour glands et franges.
— de harnais rentrayeurs.
Menuisiers pour tisserands.
Fabricants de courroies pour métiers à tisser.
— d'articles de tisserands.
— d'ourdissoirs.
— de garnitures de cardes à laine.
— de peignes à laine.
— de cardes à laine.
— de machines à laine.

XVIII. Chaque produit devra porter une étiquette soigneusement attachée et indiquant le nom du fabricant ainsi que celui de la machine.

XIX. Tous les produits compris dans la présente classe devront être livrés, dans le bâtiment même de l'Exposition, aux mains des employés spéciaux, déballés et prêts à être mis en place, les 1er, 2, 3 et 5 février 1871.

XX. Chaque produit, lorsqu'il sera exposé, portera une étiquette préparée par les soins des commissaires de Sa Majesté et indiquant :

1° Le nom du produit;
2° Son usage;
3° Le nom de l'exposant;
4° Son adresse;

5° Les motifs pour lesquels le produit a été admis, tels que :

> Caractère ingénieux,
> Nouveauté,
> Amélioration qu'il présente sur les machines du même genre,
> Économie au point de vue de la production,
> Rendement supérieur,
> Bas prix ;

6° Le prix, sauf objection de la part de l'exposant ;
7° Tous renseignements, etc.

XXI. Les commissions étrangères sont invitées, pour faciliter la rédaction du catalogue et la préparation des étiquettes nécessaires, à communiquer les renseignements ci-dessus le 1ᵉʳ janvier 1871, au plus tard.

MATÉRIEL

ET MÉTHODES D'ENSEIGNEMENT

RÈGLEMENT GÉNÉRAL

APPLICABLE

AU MATÉRIEL ET AUX MÉTHODES D'ENSEIGNEMENT.

I. Cette classe se subdivise comme suit :

1° Bâtiments scolaires, mobiliers d'école, etc.;

2° Livres, cartes, sphères, instruments, etc.;

3° Appareils gymnastiques, y compris les jeux et jouets;

4° Tableaux et spécimens des méthodes pour l'enseignement des beaux-arts, de l'histoire naturelle et des sciences;

5° Travaux d'élèves pour montrer les résultats obtenus par les diverses méthodes d'enseignement.

II. Les fabricants engagés dans les industries relatives au matériel et aux méthodes d'enseignement seront admis à exposer leurs produits dans les catégories suivantes [1] :

1° BATIMENTS SCOLAIRES ET MOBILIERS D'ÉCOLE, ETC.

Fabricants d'abaques.
—   de tableaux noirs.
—   de porte-modèle.
—   de chevalets.

---

1. Ce tableau des industries du Royaume-Uni peut servir de guide aux commissions étrangères.

Fabricants d'étagères et vitrines pour collections.
—   de châssis pour tableaux de lecture.
—   d'encriers.
—   d'appareils d'école.
—   de modèles de bâtiments d'école.
—   de pendules d'école.
—   de pupitres.
—   de petit mobilier.
—   de bancs.

2° LIVRES, CARTES, SPHÈRES, INSTRUMENTS, ETC.

Marchands de cartes marines.
Fabricants de cahiers.
—   de sphères.
—   d'encre en poudre.
—   d'écritoires et marchands de cartes géographiques.
Coloristes de cartes géographiques et de gravures.
Graveurs de cartes géographiques.
Monteurs de cartes géographiques.
Imprimeurs de cartes géographiques.
Fabricants d'instruments de mathématiques.
Copistes de musique.
Graveurs de musique.
Fabricants de crayons.
—   de plumes.
—   de porte-plume.
Éditeurs.
Fabricants de plumes d'oie.
—   de cartes géographiques en relief.
—   d'ardoises d'école.
—   de crayons d'ardoise.
—   de plumes de fer.
Topographes.
Fabricants d'encre à écrire.

3° APPAREILS GYMNASTIQUES, Y COMPRIS LES JOUETS ET LES JEUX.

Fabricants de matériel de tir à l'arc.
—   de tables de trictrac.
—   de balles et de ballons.
—   de cordes à arc.
—   de bicycles.
—   d'échiquiers.

Fabricants de matériel de *cricket*.
— de croquet.
— de cartes géographiques découpées (patience).
— de poupées.
— de ballons.
— de jouets dorés.
— de jouets en verre.
— d'appareils gymnastiques.
— de cerceaux.
— de billes.
— de pédomètres.
— de casse-tête.
— de chevaux à bascule.
— de patins.
— de quilles.
— de cibles.
— de toupies.
— de jouets.

4° TABLEAUX ET SPÉCIMENS DE L'ENSEIGNEMENT DES BEAUX-ARTS,
DE L'HISTOIRE NATURELLE ET DES SCIENCES.

Fabricants de figures anatomiques.
— d'aquariums.
— de couleurs fines.
— de baromètres.
— de crayons de mine de plomb.
Collections botaniques.
Fabricants de pinceaux en poil de chamois.
— d'appareils chimiques.
— de couleurs en godets.
— de pastels.
— de planches à dessin.
— d'instruments à dessin.
— de modèles de dessin.
— d'appareils électriques.
Collections géologiques.
Fabricants de lanternes magiques.
— d'aimants.
— d'instruments de musique.
— de mannequins articulés.
— de microscopes.
Minéralogistes.

Naturalistes.

Fabricants d'instruments nautiques.

— d'instruments d'optique.

— de sphères célestes et terrestres.

— d'instruments de physique et de chimie.

— de moulages en plâtre.

Préparateurs de plantes.

— d'objets microscopiques.

Fabricants de stéréoscopes.

— de cadrans solaires.

— d'appareils de télégraphie.

— de télescopes.

— de thermomètres.

— de petites serres portatives.

III. Les fabricants dénommés ci-dessus auront la faculté d'envoyer tous les produits nouveaux de leurs industries respectives.

IV. Le but de l'Exposition étant de faire connaître les produits remarquables comme excellence, nouveauté, invention, etc., chaque fabricant devra envoyer le moins de produits possible; en conséquence, il ne sera point admis de doubles spécimens.

V. Les modèles de bâtiments d'école, d'appareils de chauffage et de ventilation devront être sur une échelle qui, aussi réduite que possible, permettra toutefois de se rendre bien compte de la construction et du fonctionnement des divers organes. Il est généralement préférable d'envoyer des dessins (plan, coupe et élévation) qui sont beaucoup plus faciles à exposer.

VI. Les échantillons de mobilier, tels que bancs et pupitres, ne doivent pas être trop volumineux; ainsi, par exemple, les pupitres et bancs ne doivent pas avoir plus de 4 pieds (1^m,20) de long.

VII. Les produits devront, autant que possible, être exposés sous des étagères vitrées dont les cadres ne devront pas avoir plus de 2 pouces (0^m,05) d'épaisseur sur 1 pouce et demi (0^m,038) de largeur; les cadres devront être en noir.

VIII. Une étiquette soigneusement attachée au produit indiquera le nom du fabricant et celui du produit lui-même.

IX. Tous les produits appartenant aux quatre premières subdivisions de la classe du matériel et des méthodes d'enseignement devront être livrés, dans le bâtiment même de l'Exposition, aux mains des employés spéciaux, déballés et prêts à être mis en place, les 8 et 9 février 1871.

X. Chaque produit exposé portera une étiquette préparée par les soins des commissaires de Sa Majesté et indiquant :

1° Le nom du produit ;
2° Son usage ;
3° Le nom de l'exposant ;
4° Son adresse ;
5° Les motifs pour lesquels le produit a été admis, tels que :

    Qualité spéciale,
    Nouveauté,
    Caractère ingénieux,
    Supériorité relative,
    Bon marché ;

6° Le prix, sauf objection de la part de l'exposant ;
7° Tous renseignements, etc.

XI. Les commissions étrangères sont invitées, pour faciliter la rédaction du catalogue et la préparation des étiquettes nécessaires, à envoyer les renseignements ci-dessus demandés le 1er janvier 1871, au plus tard.

5° TRAVAUX D'ÉLÈVES POUR MONTRER LES RÉSULTATS OBTENUS
PAR LES MÉTHODES D'ENSEIGNEMENT.

XII. Ne seront admis que :

    a. Écriture en tous genres ;
    b. Dessin linéaire et dessin d'ornement ;
    c. Modelages en argile, en terre cuite, en cire, etc.;
    d. Modèles de bâtiments et de machines, etc.;
    e. Travaux de couture, broderie, dentelle, tricot, etc.;
    f. Travaux divers exécutés dans les écoles d'aveugles, les pénitenciers, etc.

XIII. *L'écriture* comprend les dictées, les traductions, le tracé des cartes et tous les travaux d'école pouvant s'exécuter sur le papier. Les pièces exposées doivent être écrites d'un seul côté, sur de bon papier, en feuilles détachées, de 9 (0m,22) sur 12 pouces (0m,30) maximum, et formant en soi un sujet complet. Le nombre des pièces envoyées ne doit pas dépasser le chiffre de 20, et devra représenter la force moyenne de l'école, et non celle de quelques élèves hors ligne. Mention sera faite du nom de l'école, de l'âge de l'élève et de son séjour à l'école. Le but de l'Exposition n'étant pas de comparer les travaux des écoles d'un même pays, mais de permettre d'établir une comparaison entre les résultats obtenus dans les écoles des divers États, on ne pourra recevoir qu'un nombre très-limité de pièces.

XIV. Il sera publié ultérieurement des instructions spéciales relatives aux dessins, modèles, etc.

XV. Les produits appartenant aux catégories *d, e, f* ne seront admis qu'autant qu'ils se feront spécialement remarquer par leur excellence, leur originalité ou leur nouveauté.

XVI. Chaque produit devra porter une étiquette soigneusement fixée et indiquant le nom de l'exposant et celui du produit lui-même.

XVII. Tous les spécimens de travaux d'élèves devront être livrés, dans le bâtiment même de l'Exposition, aux mains des employés spéciaux, déballés et prêts à être mis en place, les 8 et 9 février 1871.

XVIII. Chaque produit exposé portera une étiquette préparée par les soins des commissaires de Sa Majesté et indiquant :
1° Le nom de l'école ;
2° L'âge de l'élève ;
3° La durée de son séjour à l'école ;
4° Les motifs pour lesquels le produit a été admis, tels que :

Excellence du travail,
Conditions particulières de la production.

XIX. Les commissions étrangères sont invitées, pour faciliter la rédaction du catalogue et la préparation des étiquettes nécessaires, à donner les renseignements ci-dessus demandés le 1er janvier 1871, au plus tard.

INVENTIONS

ET DÉCOUVERTES SCIENTIFIQUES

RÈGLEMENT GÉNÉRAL

I. Ce groupe ne sera point limité aux seules inventions et découvertes relatives aux diverses classes de produits composant chaque exposition annuelle, mais il embrassera toutes celles qui seront jugées dignes d'admission.

II. Les exposants de produits exigeant l'emploi de l'eau, de la vapeur ou du feu devront, en faisant leur demande d'admission, spécifier la quantité d'eau, de vapeur, etc., qui sera nécessaire et les mesures à prendre pour éviter les accidents et les dangers.

III. En règle générale, ne seront point admises les substances dangereuses et explosibles, ou sujettes à la combustion spontanée, ou pouvant altérer les autres produits exposés. Il sera adressé une demande d'admission spéciale pour toutes les imitations de compositions fulminantes ou dangereuses (telles que substitution de poussier de houille à la poudre de guerre dans les sections des projectiles, etc.).

IV. Le produit portera une étiquette solidement attachée, indiquant le nom de l'exposant et celui du produit lui-même.

V. Tous les produits appartenant à ce groupe devront être livrés, dans le bâtiment même de l'Exposition, aux mains des employés spéciaux, déballés et prêts à être mis en place, les 6 et 7 février 1871.

VI. Chaque produit, lorsqu'il sera exposé, portera une étiquette préparée par les soins des commissaires de Sa Majesté et indiquant :

1° Le nom du produit ;

2° Son usage;

3° Le nom de l'exposant;

4° Son adresse;

5° Les motifs pour lesquels le produit a été admis, tels que :

> Nouveauté,
> Caractère ingénieux,
> Supériorité,
> Propriétés particulières,
> Valeur et importance au point de vue de l'art, de la science ou de l'industrie,
> Bon marché;

6° Le prix, sauf objection de la part de l'exposant;

7° Tous renseignements, etc.

VII. Les commissions étrangères sont invitées, pour faciliter la rédaction du catalogue et la préparation des étiquettes nécessaires, à fournir les renseignements ci-dessus demandés le 1er janvier 1871, au plus tard.

Les règlements ci-dessus ayant été portés à la connaissance du gouvernement français, les deux commissaires généraux, M. Ozenne et M. du Sommerard, ont reçu mission de se rendre à Londres auprès de la Commission anglaise, présidée par S. A. R. le prince de Galles, et leur premier soin a été de réclamer, dans l'intérêt des artistes et des industriels français, et comme condition essentielle de la participation de la France aux Expositions internationales, des modifications importantes aux réglementations établies.

Ces modifications, qui changent entièrement les bases de l'Exposition en ce qui concerne la France, ont fait l'objet d'une note spéciale dont la teneur suit, et non-seulement il a été fait droit de la manière la plus gracieuse aux demandes des commissaires français, mais des espaces plus considérables que ceux qui leur étaient primitivement destinés leur ont été alloués dans les galeries internationales, en même temps qu'un vaste terrain leur était concédé pour la construction, aux frais de l'État, d'une annexe destinée à montrer pendant cinq années le développement des arts et des industries de la France.

NOTE

Les Commissaires français croient devoir soumettre à la Commission anglaise quelques observations au sujet de divers articles des statuts généraux et des règlements spéciaux applicables aux exposants étrangers.

Ces articles sont les suivants :

Statut F. — Les produits seront groupés *par classes et non par nationalités* comme dans les Expositions internationales précédentes.

Cette rédaction laisse un certain doute dans l'esprit, car elle semble exprimer cette idée qu'il y aurait un mélange complet dans les nationalités. Telle n'a pas été, sans doute, la pensée de la Commission anglaise. Elle a voulu dire, à notre avis, qu'il n'en serait pas comme en 1862 où des espaces généraux étaient réservés aux divers pays, espaces dans lesquels tous les produits venaient se classer indistinctement, quelle que soit la série à laquelle ils se rapportaient. Dans le système actuel, chaque galerie, ou partie de galerie, serait réservée, si nous interprétons bien le règlement, à une certaine nature de produits et les contiendrait tous, à quelque nation qu'ils appartiennent, tout en respectant cependant les nationalités, c'est-à-dire avec réserve de l'espace suffisant pour chacun des pays prenant part à l'Exposition.

Statut G. — L'article G, après avoir prescrit que « les divers États constitueront eux-mêmes leurs juges d'admission », ajoute : « Les deux autres tiers du local seront affectés aux produits du Royaume-Uni et aux produits *envoyés directement de l'étranger pour être soumis à la décision des juges nommés à cet effet.* »

Ici un nouveau doute s'élève : la Commission anglaise a-t-elle voulu dire que, tout en invitant les gouvernements étrangers à former des Comités d'admission, elle invaliderait les décisions de ces Comités en établissant à Londres un jury spécial devant lequel se présenteraient les producteurs non admis par leurs nationaux? Cela ne paraît pas possible, car on ne trouverait nulle part des hommes éminents dans leur spécialité qui consentiraient à accepter une mission ainsi définie. Cette observation a été la première qui ait été soulevée dans la Commission française, et MM. les Commissaires généraux ont répondu qu'à leur sens il ne pouvait y avoir qu'une interprétation, c'est-à-dire que les produits ne pourraient être envoyés directement de l'étranger pour être soumis à la décision des jurys anglais que pour les pays qui n'auraient constitué ni Commission, ni Comité d'admission. Cette interprétation résulte directement, du reste, et d'une manière irréfutable de la phrase : *Les divers États constitueront eux-mêmes leurs juges d'admission;* phrase parfaitement nette et dont l'interprétation ne laisserait aucun doute sans les mots qui suivent et semblent infirmer le sens primitif.

En dehors de ces deux observations sur les statuts généraux, les Commissaires français demandent à en présenter quelques-unes sur les règlements spéciaux et tout d'abord sur les articles I et VII du Règlement spécial applicable aux exposants étrangers. Ces articles portent que les Commissions étrangères remettront entre « *les mains des employés anglais* les produits déballés et prêts à être mis en place ».

Cette disposition, contraire à tous les précédents, créerait de sérieuses difficultés en France où l'exposant tient à installer lui-même ses produits. Les Commissaires français demandent que les espaces réservés aux produits français leur soient remis pour en disposer comme il conviendra, sous la réserve d'une entente parfaite avec les Commissaires de Sa Majesté britannique et tout en acceptant le concours matériel des agents subalternes de la Commission anglaise qui leur est proposé.

L'article V du Règlement est l'objet de la même observation que celle qui a été présentée ci-dessus relativement au statut G.

L'article II du Règlement des beaux-arts prescrit qu'aucun « artiste *ne peut exposer plus de deux œuvres du même genre* ». C'est une prescription sur laquelle les Commissaires français prennent la liberté, dans l'intérêt de l'œuvre générale, d'appeler l'attention des Commissaires de S. M. britannique. Elle ne présente aucun avantage et son principal inconvénient est de placer le mérite éminent sur le même pied que la médiocrité. Si la France n'avait pas renoncé à cette réglementation en 1867, elle n'eût pas pu montrer au public les collections entières des œuvres d'artistes d'un talent hors ligne, et l'admission d'un nombre plus considérable d'artistes d'un mérite secondaire exposant chacun deux ouvrages d'un intérêt moins saillant, eût été en pareil cas pour le public une compensation fort discutable. Ici encore, des Comités d'admission composés d'artistes et d'amateurs éminents assurent le succès mieux que toute réglementation restrictive.

L'article V de la céramique exprime le désir que les « exposants ne présentent *qu'un seul spécimen du même produit, et, par exemple, une tasse, une soucoupe et une assiette d'un même service à thé* ». Les Commissaires français demandent la permission d'affirmer que, dans ces conditions, le succès de l'Exposition, en ce qui concerne la France, serait fort compromis.

La Commission anglaise ne délivre pas de récompenses. Quelle peut donc être l'attraction offerte aux producteurs pour les amener aux Expositions internationales qui commencent en 1871, si ce n'est le désir de se faire connaître et, comme on dit vulgairement, de faire des affaires? S'il s'agit pour eux d'envoyer un ou deux spécimens dépareillés de leur fabrication, avec la certitude que cet envoi ne leur procurera ni récompense ni avantage pécuniaire, où sera leur mobile?

Il est indispensable, à notre avis, si l'on veut, comme nous le désirons vivement pour notre part, assurer le succès d'une œuvre qui ne sera pas sans difficultés, de ne pas commencer par lui imposer une réglementation d'une application difficile, pour ne pas dire impossible. Nous demandons, en conséquence, que les Commissaires français soient mis purement et simplement en possession des espaces dont ils disposeront, avec le concours des Comités d'admission, de la façon la plus avantageuse pour le succès de l'Exposition et de manière à donner satisfaction aux intérêts des exposants, tout en tenant compte des intentions et des désirs exprimés par la Commission britannique. Dans ces conditions, qu'ils proposent en dehors de toute restriction, et si les espaces qui leur sont alloués sont en proportion avec la situation des arts et de l'industrie en France, les Commissaires français répondent du succès en ce qui concerne leur pays.

J. OZENNE. E. DU SOMMERARD.

CORPS LÉGISLATIF

EXTRAIT DE L'EXPOSÉ DES MOTIFS DU PROJET DE LOI CONCERNANT
LES EXPOSITIONS INTERNATIONALES A LONDRES.

*Dispositions additionnelles : 1° au projet de loi portant fixation du budget géné-
ral des recettes et des dépenses de l'exercice 1871 ; 2° au projet de loi sur
les suppléments de crédit des exercices 1868, 1869 et 1870.*

L'Exposition internationale de Londres diffère essentiellement des précédentes. Elle ne doit pas, comme les Expositions anglaises de 1851 et de 1862,
comme les Expositions françaises de 1855 et de 1867, embrasser d'ensemble
et à la fois l'universalité des industries en ne faisant que les effleurer.

Les beaux-arts, les arts industriels, les inventions scientifiques et les
découvertes de la science moderne devront y occuper une place principale et
permanente pendant toute la durée de l'Exposition, c'est-à-dire pendant cinq
années, et autour de cette partie essentielle, on groupera, chaque année, un
certain nombre d'industries, en les distribuant de manière à ce qu'elles
soient toutes passées en revue successivement dans le cours de la durée de
l'Exposition.

En échelonnant ainsi sur plusieurs années les diverses industries, il sera
possible de consacrer à chacune d'elles un espace plus considérable et des
moyens d'études plus complets. Elles pourront être admises avec tous leurs
développements, depuis le produit brut jusqu'à la fabrication la plus recherchée, en y joignant l'outillage qui leur est propre, les machines qui s'y
appliquent, les substances qu'elles mettent en œuvre, les produits chimiques
qu'elles emploient, en un mot, tout ce qui, de loin comme de près, se rapporte
à chacune d'elles et concourt à sa perfection.

Les grandes industries désignées pour 1871 sont : celle des laines, qui
comprend à elle seule, d'après le catalogue anglais, plus de 225 petites industries partielles, auxquelles il est fait appel par la Commission anglaise ; et
celle de la céramique, comprenant tous les ouvrages de terre, depuis la brique
de construction jusqu'aux vases de luxe, toutes les matières premières appli-

quées à cette industrie, tous les appareils de construction, les fours, les moulins, tout l'outillage, en un mot, et tout le matériel de la fabrication.

L'Exposition de 1871 admettra également un groupe intitulé « matériel et méthodes d'enseignement », qui, d'après la classification anglaise, se divise en cinq séries, toutes d'une incontestable importance :

1° Bâtiments scolaires, mobiliers d'école ; 2° livres, cartes, sphères, instruments ; 3° appareils gymnastiques ; 4° méthodes pour l'enseignement des beaux-arts, de l'histoire naturelle et des sciences ; 5° travaux d'élèves pour montrer les résultats obtenus par les diverses méthodes d'enseignement.

Comme on vient de le dire, l'Exposition anglaise a la prétention de faire passer, sous les yeux du public, à tour de rôle, toutes les grandes industries modernes ; mais la pensée dominante des organisateurs de cette Exposition se trouve surtout dans la première partie du règlement, celle qui concerne les beaux-arts, et principalement l'application de l'art à l'industrie ; cette partie de l'Exposition sera permanente, sauf, bien entendu, le renouvellement annuel des produits.

Sous le titre de beaux-arts, les Commissaires de S. M. britannique n'entendent pas uniquement, comme dans les Expositions précédentes, la peinture, la sculpture et l'architecture ; le règlement anglais a établi pour les beaux-arts sept classes qui embrassent, avec l'art proprement dit, les industries qui relèvent de l'art et trouvent en lui l'élément essentiel de leur existence et de leur progrès.

On peut dire, sans être taxé de céder à un sentiment de vanité nationale, que c'est là un terrain sur lequel la France n'a pas cessé jusqu'à ce jour de montrer une incontestable supériorité. L'industrie d'art, s'il est permis d'employer cette expression, est née en France, s'y est développée sous l'influence du goût national et a dépassé d'une manière incontestée tout ce qui s'est fait ailleurs dans ce genre de travail.

Mais il faut bien reconnaître que, dans les dernières années, des efforts considérables ont été faits tant en Angleterre qu'en Allemagne pour battre en brèche notre prédominance, et déjà en 1862 le rapport du jury international de l'Exposition de Londres donnait sérieusement l'éveil à notre industrie et l'avertissait « qu'il ne fallait pas se faire illusion et s'endormir dans une sécurité trompeuse...; que l'avance que nous avions prise a diminué, qu'elle tend même à s'effacer...; qu'une défaite est possible, qu'elle serait même à prévoir dans un avenir peu éloigné, si nos fabricants ne faisaient pas tous leurs efforts pour conserver une supériorité qu'on ne garde qu'à la condition de se perfectionner sans cesse...; enfin, ce n'est qu'au prix de sacrifices considérables que nous parviendrons à lutter contre des adversaires qui disposent de grandes ressources et qui en font l'usage le plus libéral et le plus intelligent toutes les fois qu'il s'agit de la gloire et de la prospérité de leur pays. »

S'inspirant de ces considérations, et ne doutant pas que l'Exposition internationale à laquelle nous convie l'Angleterre ne soit pour nos industriels et pour nos artistes un puissant stimulant, le Gouvernement et la Commission supérieure qu'il a instituée n'ont pas hésité à penser qu'il y avait lieu de répondre à l'appel de l'Angleterre, de presser nos artistes et nos industriels d'entrer dans la lice qui leur est ouverte, et de vous proposer de faire les dépenses nécessaires afin de leur rendre l'accès de l'Exposition internationale de 1871 plus facile et moins onéreux.

Deux commissaires français se sont rendus à Londres et ont reçu de la Commission anglaise présidée par S. A. R. le prince de Galles le plus sympathique accueil. Sur leur demande, d'importantes modifications ont été consenties aux statuts et aux règlements généraux en ce qui concerne la section française, et les espaces primitivement destinés à la France ont été augmentés. Mais comme, malgré cette augmentation, l'espace dont nous pouvions disposer était absolument insuffisant, nos commissaires ont obtenu qu'un terrain considérable de 90 mètres sur 45, c'est-à-dire de 4,050 mètres superficiels, contigu aux galeries réservées à la France, nous fût concédé gratuitement sous la condition seule que les constructions qui y seraient élevées pour donner aux expositions d'art et d'industrie de notre pays le développement jugé nécessaire seraient faites à nos frais.

Le jardin d'horticulture français occuperait la partie centrale de ce terrain, qui, sur un espace de 1,800 mètres, serait entouré de galeries où nos industries d'art pourront se produire à l'aise pendant les cinq expositions successives. Les grandes inventions qui ne doivent avoir place à l'Exposition qu'à tour de rôle trouveront également dans cette annexe, à côté des galeries officielles, l'espace que celles-ci n'auraient pu leur fournir que d'une manière insuffisante.

La dépense des constructions de l'annexe a été évaluée à 220,000 francs d'après les devis du colonel Scott, chef des ingénieurs royaux chargés de la construction du palais de l'Exposition, qui veut bien diriger également les travaux de l'annexe française.

Cette dépense, qui s'atténuera d'un cinquième environ, à l'expiration de la dernière année de l'Exposition, par la revente des matériaux, vous le penserez assurément comme nous, messieurs, doit être supportée par le budget, et ne peut pas être récupérée sur les exposants par un prix de location. Il convient que les exposants de l'annexe soient placés dans la même situation que ceux des galeries officielles et n'aient à leur charge d'autre dépense que celle de leur installation personnelle.

C'est là, surtout, que doit se manifester la protection de l'État, et les petites sommes dépensées de la sorte deviennent, avant un long temps, une source de revenus considérables.

Nous demandons donc dès cette année la somme de 220,000 fr. nécessaire pour les constructions de l'annexe. Si elle est accordée, on se mettra à l'œuvre immédiatement, afin que les galeries qui doivent être livrées aux exposants au commencement de l'année prochaine soient terminées à temps.

LETTRE

ADRESSÉE AU MINISTRE DE L'AGRICULTURE ET DU COMMERCE,
A BORDEAUX, PAR UNE DÉLÉGATION
DES ARTISTES ET DES FABRICANTS FRANÇAIS (1er MARS 1871).

*A monsieur le Ministre présidant la Commission supérieure
de l'Exposition de Londres.*

Paris, 1er mars 1871.

MONSIEUR LE MINISTRE,

L'Exposition internationale de Londres ouvre le 1er mai 1871. La France, conviée à cette solennité par la Commission britannique, instituée sous la présidence du prince de Galles, a souscrit dès le printemps dernier l'engagement d'y prendre part.

Une Commission supérieure, présidée par le Ministre du commerce et choisie parmi les représentants les plus autorisés des arts et des industries de notre pays, a été constituée dans les premiers jours d'avril; les crédits nécessaires ont été votés par les lois de finances de 1870 et 1871 ; nos Commissaires généraux, MM. Ozenne et du Sommerard, se sont rendus plusieurs fois à Londres dans le courant de l'été dernier, et ont obtenu de la Commission anglaise des conditions exceptionnelles et des avantages sans précédents en faveur des exposants français. Non-seulement les locaux qui nous étaient alloués dans le principe ont été considérablement augmentés et modifiés sur leurs observations, mais un vaste espace contigu à la section française leur a été concédé pour la construction de galeries annexes qui permettront à nos produits de se développer et de se présenter sous leur aspect le plus avantageux.

Aujourd'hui tous les travaux commencés avant la guerre sont complétement terminés. Les galeries annexes construites aux frais de notre pays dans le courant de l'été 1870 sont toutes prêtes à recevoir nos produits; toutes les dépenses de première installation sont faites et il ne s'agit plus que de les mettre à profit.

Il nous semble superflu, monsieur le Ministre, d'appeler votre attention sur les avantages que l'Exposition de Londres présente cette année pour nos arts et pour celles de nos industries qui sont appelées à y prendre part; la sympathie qui nous est exprimée de tous côtés par le peuple anglais nous est un sûr garant que ces avantages ne seront pas illusoires.

En outre, si nos armées ont été vaincues par le nombre, il faut qu'on sache bien à l'étranger que la France n'est pas abattue, qu'elle n'est pas

déchue du rang qui lui appartient dans l'Europe civilisée, et qu'au lendemain
même de ses revers, elle est prête à donner signe de vie et à prouver la puissance de sa production.

Nous venons, en conséquence, monsieur le Ministre, vous demander de
vouloir bien décider que dès le lendemain du jour où la paix sera signée,
tous les préparatifs de cette Exposition seront repris activement. Les dépenses
les plus importantes sont faites ; il ne s'agit plus, nous le répétons, que de
les mettre à profit, et les deux mois qui restent avant l'ouverture de l'Exposition sont largement suffisants pour permettre à nos Commissaires, dont
l'activité nous est connue de longue date, de mener à bonne fin et en temps
utile l'expédition de nos produits et l'installation de la section française.

Quant à nous, nous nous déclarons prêts à tous les sacrifices pour sou-.
tenir dignement la réputation traditionnelle de notre pays dans tous les arts
de la paix, en même temps que pour répondre aux marques de bienveillante
sympathie et au chaleureux appel que nous recevons du peuple anglais et de
la Commission britannique.

Nous avons l'honneur de vous prier, etc.

Ont signé :

MM. Léon Cogniet, membre de l'Institut, Académie des beaux-arts ;
    Charles Marchal, peintre d'histoire ;
    L. J. Mène, statuaire ;
    Auguste Cain, statuaire ;
    Guichard, président de l'Union centrale des beaux-arts appliqués à
        l'industrie, président honoraire de la Chambre syndicale des dessi-
        nateurs industriels ;
    Barbedienne, président de la Chambre syndicale des industries de bronze ;
    Christofle, manufacturier, fabricant d'orfévrerie et bronze d'art ;
    Guéret frères, sculpteurs ;
    Roudillon et Marsire, ameublement d'art et décoration ;
    Ch. Rossigneux, architecte dessinateur pour les industries d'art ;
    Mazaros, sculpteur, ameublement d'art ;
    Adolphe Veyrat, membre du Tribunal de commerce de la Seine, fabricant
        d'orfévrerie d'art, bronzes, etc.;
    Lanneau, sculpteur, ameublement ;
    Th. Biais, broderies pour étoffes d'ameublement et ornements d'église ;
    Saint-Saens, compositeur ;
    Etc., etc.

RÉPONSE

ADRESSÉE DE BORDEAUX PAR LE MINISTRE DU COMMERCE AU NOM
DU GOUVERNEMENT FRANÇAIS, EN DATE DU 9 MARS 1871.

Bordeaux, le 9 mars 1871.

MONSIEUR LE SECRÉTAIRE GÉNÉRAL,

Vous m'avez transmis une pétition signée par un certain nombre de grands industriels demandant que le Gouvernement maintienne les engagements pris antérieurement vis-à-vis de l'Angleterre pour l'Exposition internationale qui doit s'ouvrir à Londres le 1ᵉʳ mai prochain ; à cette pétition vous avez joint une note signée de vous et de M. du Sommerard en qualité de Commissaires généraux près cette Exposition.

J'ai entretenu le Conseil des ministres de cette affaire ; le Conseil a pensé qu'il convenait de donner suite aux engagements pris au nom de la France et de mettre nos industriels et nos artistes à même de se présenter à l'Exposition de Londres, afin de constater que notre pays, malgré les douloureux événements qu'il vient de traverser, conserve le rang qui lui appartient.

Vous voudrez bien m'adresser les propositions que vous croirez devoir me soumettre pour la réalisation des intentions du Gouvernement.

Recevez, etc.,

Le Ministre de l'agriculture et du commerce,

Signé : LAMBRECHT.

Peu de jours après, le Gouvernement français publiait au *Journal officiel* la note suivante, confirmant la lettre du Ministre du commerce, et toutes les mesures étaient prescrites pour la participation immédiate de la France à l'Exposition internationale de 1871 :

EXPOSITION INTERNATIONALE DE LONDRES.

« L'Exposition internationale de Londres ouvre le 1ᵉʳ mai 1871. La France, conviée à cette solennité par la Commission britannique, instituée sous la présidence du prince de Galles, a souscrit dès les premiers jours de l'année 1870 l'engagement d'y prendre part. Les galeries réservées aux produits français sont prêtes à les recevoir ; un vaste bâtiment annexe augmentant dans des proportions considérables l'espace alloué à nos nationaux a été construit aux frais de l'État et tous les travaux sont aujourd'hui complétement terminés.

« En présence des avantages considérables qui doivent résulter pour nos arts et nos industries d'une Exposition qui semble avoir pour but de mettre en relief, une fois de plus, la valeur de notre production nationale, le Gouvernement ne pouvait hésiter, dès le lendemain de la ratification des préliminaires de paix par l'Assemblée nationale, à décider que les préparatifs en seraient poussés avec toute l'activité possible.

« En outre, un grand nombre d'artistes et d'industriels éminents se sont réunis et ont adressé au Ministre de l'agriculture et du commerce présidant la Commission une lettre par laquelle ils se déclarent prêts à tous les sacrifices pour soutenir dignement la réputation traditionnelle de notre pays dans tous les arts de la paix, en même temps que pour répondre au chaleureux appel et aux marques de bienveillante sympathie qui leur sont adressés par le peuple anglais et par la Commission britannique.

« Il est utile de rappeler que l'Exposition internationale de Londres doit se composer de plusieurs séries comprenant, à tour de rôle, toutes les grandes industries prises dans leur complet développement depuis le produit brut jusqu'à la fabrication la plus recherchée.

« Elle comprend en outre chaque année les beaux-arts, qui doivent y occuper une place importante, les arts industriels, les inventions scientifiques et les découvertes de la science moderne.

« Les grandes industries désignées pour l'année 1871 sont celles des laines et de la céramique, embrassant toutes les matières premières, tout l'outillage, et, en un mot, tout le matériel de fabrication.

« En conséquence, les personnes qui ont l'intention de prendre part à cette Exposition dans une ou plusieurs des séries qu'elle comporte et qui n'ont pas encore envoyé leurs demandes d'admission, sont priées de vouloir bien les adresser le plus tôt possible au Commissariat général, hôtel de Cluny, rue du Sommerard, à Paris. »

LETTRE

ADRESSÉE AU SECRÉTAIRE DES COMMISSAIRES DE LA REINE
PAR LE COMMISSAIRE GÉNÉRAL DE FRANCE, LE 31 JANVIER 1872,
AU SUJET DU DROIT DE VENTE ET D'ENLÈVEMENT
DES PRODUITS EXPOSÉS.

Commission supérieure.

Paris, le 31 janvier 1872.

CHER MONSIEUR,

Je reçois la communication que vous voulez bien m'adresser au sujet de l'annexe française à l'Exposition internationale de Londres en même temps que les extraits des journaux que vous me faites parvenir et qui comprennent le compte rendu d'un meeting tenu à Mansion House ces jours derniers, meeting dans lequel plusieurs orateurs se sont élevés avec véhémence contre un prétendu droit de vente et d'enlèvement des produits exposés qui aurait été imposé par nous aux Commissaires de Sa Majesté.

Je m'étonne de l'importance donnée par certains orateurs à des affirmations qui ne reposent sur aucun fondement; je m'étonne surtout que des faits complétement inexacts aient pu être affirmés publiquement dans une assemblée aussi considérable sans avoir été rectifiés.

Un des orateurs, auquel sa situation de correspondant d'une de nos principales Maisons de Paris semblait donner plus d'autorité et qui, en tout cas, devait paraître exactement renseigné, a annoncé, comme une révélation, des faits dont, je regrette d'avoir à le dire, il n'avait pas une parfaite connaissance.

Il a été dit que les exposants français avaient exercé une pression violente sur les Commissaires de Sa Majesté; on a parlé de bazar et de boutique; tout cela est erroné.

Jamais les Commissaires généraux du gouvernement français n'ont soulevé la question de vente dans l'annexe. Ils se sont bornés, et les procès-verbaux des séances sont là pour justifier mon dire, à demander aux Commissaires de Sa Majesté l'autorisation de construire, aux frais de leur gouvernement, une annexe pour y développer les produits de leurs nationaux, en présence de l'insuffisance des galeries qui leur étaient affectées; et les Commissaires de la reine ont accédé avec la plus parfaite bonne grâce à cette combinaison tout à l'avantage de l'œuvre internationale.

Quant à la prétendue condition de vente et d'enlèvement des produits exposés dans ces galeries, condition qui aurait été imposée par nous à la Commission royale, elle n'a jamais été formulée, je le répète; elle n'a jamais existé.

Il est vrai qu'en raison des circonstances spéciales pour la France dans lesquelles s'ouvrait l'Exposition de 1871, en raison surtout de la sympathie qui se manifestait à Londres en faveur de nos nationaux, nous avons cru, secondés par la bienveillance des Commissaires de Sa Majesté, que certaines facilités pouvaient être accordées à quelques-uns de nos exposants, tout en conservant à l'annexe française le caractère de dignité et de bonne tenue à laquelle le public, je n'hésite pas à l'affirmer, a rendu, quoi qu'on puisse dire, pleine et complète justice; mais nous n'avons jamais entendu, mon honorable collègue M. Ozenne et moi, nous prévaloir de ce précédent pour opérer une pression, comme on l'a prétendu, sur les Commissaires de Sa Majesté et leur créer des difficultés telles que celles qu'on leur oppose aujourd'hui.

Aussi nous considérons comme un devoir de pouvoir répondre aux bons procédés dont nous avons été l'objet de leur part en leur déclarant, sans hésiter, que nous renonçons, pour l'Exposition qui va s'ouvrir, à tout privilége analogue et que nous entendons nous conformer aux règles en usage dans les grandes Expositions internationales, à la condition expresse toutefois que la même marche sera suivie par toutes les nations représentées à l'Exposition internationale.

En somme, toute cette affaire qu'on a voulu élever à la hauteur d'une lutte de principes était, comme vous le voyez, résolue par avance, en ce qui concerne la France du moins, et se réduisait à une simple question de police intérieure.

Veuillez agréer, tant en mon nom qu'en celui de mon collègue, M. Ozenne, et faire agréer aux Commissaires de Sa Majesté, l'expression de nos sentiments les plus sincères.

Le Commissaire général de France,

E. du Sommerard.

To

MAJOR-GENERAL H. SCOTT,

Secretary.

I

BEAUX-ARTS

———

RAPPORT DE M. ADOLPHE VIOLLET-LE DUC

I

BEAUX-ARTS

RAPPORT DE M. ADOLPHE VIOLLET-LE-DUC.

Ceux de nos compatriotes qui doutent des forces matérielles et intelligentes de la France, qui se laissent aller au découragement, les pessimistes, en un mot, seraient bien vite rassurés et convertis à la vue des œuvres et des produits que nos artistes et nos industriels ont envoyés cette année à l'Exposition internationale de Londres. On a pu croire un instant que la vitalité de la nation française, son activité, seraient taries dans leurs sources par les calamités et les désastres qui ont accablé notre malheureux pays, que les espérances et l'ambition de tous les hommes de bonne volonté qui concourent par leurs vœux et leurs travaux à la prospérité des arts et à la gloire pacifique de la patrie seraient à jamais détruites; nos administrateurs eux-mêmes chargés d'organiser à Londres une exposition qui devait représenter, au milieu d'une crise terrible, les intérêts de nos artistes et de nos fabricants, en même temps que l'honneur du nom français, ont pu douter un instant de l'heureuse issue de leur mission et du succès de leurs efforts. Cependant, grâce à la confiance des uns et à l'activité des autres, nous avons pu rassembler les éléments d'une brillante installation et maintenir le niveau de notre initiative et de notre influence, en face d'une sérieuse concurrence et d'une rivalité soutenue.

Au moment où nos commissaires généraux songeaient à jeter les premières bases de l'exposition française à Londres, la guerre était déclarée, et la fortune nous était déjà contraire. Cependant tout était préparé ; les projets et les devis était faits. Si la France avait pris les armes, elle n'avait pas renoncé à se présenter sur un autre terrain et à engager une autre lutte, celle que soutiennent le travail et l'intelligence, la plus noble et la plus glorieuse entre toutes.

Dans cette alternative, le siége de Paris commença. Notre commissaire général, M. du Sommerard était en même temps directeur du musée de Cluny. Le devoir le retenait à Paris, à son poste. Pendant les quatre longs mois de l'investissement, ainsi que tous les habitants de la capitale, il resta sans nouvelles. Il avait tout lieu de croire que ses correspondants, ses commettants et les entrepreneurs chargés à Londres de l'exécution des travaux de construction, l'auraient oublié et abandonné. Il n'en était rien. Dès que les lettres purent être distribuées dans Paris, il reçut le consolant avis que les bâtiments de la section française étaient construits, les salles prêtes, et qu'on n'attendait plus que la Commission française, les exposants et leurs envois. On ajoutait que le gouvernement anglais et la Commission attachaient une grande importance à la représentation de la France ; il y a plus, on ne paraissait pas douter de sa présence.

A l'heure où nous parvenaient ces preuves de confiance et de bon vouloir, les témoignages de sympathie ne nous étaient pas prodigués par le reste de l'Europe. Ces encouragements, qui nous venaient de rivaux, nous étaient plus précieux, car il s'agissait de relever le courage et le moral de notre patrie vaincue.

Notre commissaire général se rendit à Londres après avoir fait rassembler à Paris tout ce que les artistes et les fabricants pouvaient envoyer, et commença son travail d'installation. Survint le 18 mars, auquel succédèrent le triomphe de l'insurrection et le règne de la Commune. La perplexité de M. du Sommerard fut grande. Devait-il retourner à Paris pour veiller aux collections du musée de Cluny ? D'un autre côté, pouvait-il quitter le poste qui lui avait été confié à Londres et abandonner les intérêts des exposants qui, de certaines provinces, malgré la guerre civile, malgré l'occupation étrangère, envoyaient leurs produits ? Une dépêche du gouvernement de Versailles le tira d'embarras ; on lui prescrivait d'organiser l'exposition à tout prix et de ne rien négliger pour lui donner toute son importance et tout son éclat. Mais la Commune désolait et ravageait Paris, elle menaçait les collections et les musées, elle retenait dans la cour de l'hôtel de Cluny une certaine quantité de caisses renfermant des objets d'art et toutes prêtes pour être expédiées à Londres. Les envois étaient complétement arrêtés.

C'est alors que M. du Sommerard eut l'idée de faire appel à tous les amateurs anglais possédant quelque objet d'art ou d'industrie de provenance française, en les priant de permettre qu'ils fussent exposés dans nos galeries. Les Anglais et quelques amateurs français résidant à Londres répondirent très-libéralement à cette démarche, et avec d'autant plus d'empressement que la Commission anglaise, présidée par le prince de Galles, désirait ardemment et sincèrement que la France fût dignement représentée. Le premier ministre, M. Gladstone, donna le premier l'exemple et envoya plusieurs tableaux de sa collection.

Nous entrerons donc en matière dans notre analyse des peintres français en citant en regard les noms des amateurs anglais qui ont contribué par le prêt de leurs tableaux à une partie du succès de notre exposition de peinture.

Nous poursuivrons cet examen avec d'autant plus de plaisir, qu'il nous a été donné de refaire connaissance avec quelques beaux ouvrages que nous n'aurions, sans doute, jamais revus sans cette circonstance. C'est ainsi qu'ont été replacés devant nos yeux quelques tableaux de notre ancienne école française, un beau portrait d'homme de Largillière, envoyé par M. Edwards; la *Famille du menuisier*, un portrait et une allégorie de Nicolas Lépicié, prêté par Mme la baronne d'Erlanger et par M. Luquet; un joli paysage d'Hubert-Robert, du même amateur; une *Bacchanale*, la *Mort de Marat*, et un très-curieux portrait d'une *Dame française*, par Louis David, prêtés par M. Luquet, par la baronne d'Erlanger et par M. Durand-Ruel; l'*Iliade* et l'*Odyssée*, esquisses, et un *Saint Jean l'Évangéliste*, de Ingres, envoyés par M. Bouruet-Aubertot et par M. Gauchez; le *Triomphe de Bonaparte, premier consul*, le *Génie des Arts*, la *Foi*, l'*Espérance* et la *Charité*, à M. C. Edwards, à M. Chantagrel et à M. Luquet, et dus au pinceau de Prud'hon; une belle étude de cheval et une *Chienne avec ses petits*, par Horace Vernet, appartenant à M. Thomas Bartlett.

Notre école moderne a été plus favorisée et mieux représentée par les amateurs anglais. C'étaient d'abord le magnifique tableau, l'*Amende honorable*, d'Eugène Delacroix, les *Convulsionnaires de Tanger*, les *Chevaux sortant de l'eau*, le *Christ sur le lac de Génésareth*, la *Mort de Goetz de Berlichingen*, du même maître, appartenant à M. C. Edwards; le *Saint Sébastien*, le *Mirabeau* et le *Marquis de Dreux-Brézé*, les *Cavaliers attaqués par des lions*, les *Lions*, appartenant à MM. Durand-Ruel, Bouruet-Aubertot, J.-B. Bryce, et sortis de l'atelier du peintre du *Dante* et du *Massacre de Scio*. Puis venaient la *Marie-Antoinette après son jugement*, la *Sainte Cécile*, un portrait de femme par Paul Delaroche, à MM. Thomas Lucas et James Reiss; puis les *Environs de Catane* et l'*Ane de Balaam*, deux beaux paysages de l'ancienne manière de Decamps, à M. Gauchez; un autre paysage de Marilhat, le *Gué*, au même amateur; la *Halte*, le *Peintre*, l'*Amateur de gravures*, le *Vieux Savant*, par M. Meissonier, l'*Avare* de M. Robert Fleury, à MM. W.-F. Bolckow, G. Simpson et Thomas Baring.

Venaient ensuite M. Biard et son tableau d'*Henriette de France*, appartenant à M. Gladstone; Mlle Rosa Bonheur, avec sa *Forêt de Fontainebleau*, à M. F.-T. Turner; ses *Cerfs*, à M. Bolckow; ses *Moutons*, à Mme la baronne d'Erlanger. Puis le *Saint Vincent de Paul remplaçant un forçat*, par M. Bonnat, à M. Wallis; une *Synagogue*, de M. Brandon, à M. de La Béraudière; l'*École juive*, de Mme Henriette Browne, à M. Bolckow; le *Chanteur de ballades*, par M. Charles Brun; les *Ombres du soir*, un *Coucher de soleil*, par M. Daubigny; une *Vue de Dinant*, par M. Hippolyte Boulenger, le *Pénitent*, par M. Adolphe Breton, à M. Forbes; la *Leçon de musique*, un *Cavalier*, le *Peintre*, le *Maître de dessin*, par M. Chavet, à MM. John Graham, Faure et Thomas Baring; un *Soleil levant*, de M. Corot; un autre, avec animaux, par M. Diaz, à M. Gauchez. Le portrait de Mlle Rosa Bonheur, par M. Édouard Dubufe, appartient à M. Bolckow. M. Laugée avait exposé celui de M. Dyce, un artiste anglais d'un talent éminent. M. Seyton avait envoyé une jolie composition de M. Fichel, la *Leçon d'escrime*, et M. Édouard Frère était représenté par quelques-uns des noms que nous avons cités plus haut, et en outre par M. Neville Hart. M. Léon Goupil et M. Soyer avaient signé deux tableaux envoyés par M. Gladstone, et M. Charles Butler nous avait prêté un Isabey. M. Arnold Baruchson détachait de sa collection un beau tableau de M. Jules Laurens, une *Rue à Tauris, en Perse*, ainsi qu'une *Vue du château de Chenonceaux*, par M. Justin Ouvrié.

Nous finirons cette revue en nous bornant à citer les noms des peintres, car, en continuant de nommer les prêteurs de tableaux, nous risquerions de signaler cinq et six fois les mêmes personnages. Le reste de la liste des artistes qui ont fait les frais de l'Exposition formée par les Anglais se compose de MM. Le Poittevin, E. Leroux, Émile Michel, Adrien Moreau, Monfallet, Gustave Moreau, Palizzi, Perrachon, Pinchart, L. Perrault Richter, Roehn, Tassaert, Trayer, Troyon, Van Marcke, Vollon, J. Coomans, de Curzon, Duverger, Mme Escallier, MM. Franquelin, Théodore Frère, Fromentin, Gérome, Gudin, Guillemin, Hébert, Charles Jacque, Jongkind, Lassalle, Landelle, Brillouin, Mme Dehaussy, M. Jacquet, etc.

Une fois Paris débarrassé de la Commune, les envois de la France recommencèrent, et, dès le mois de juillet, nous pouvions faire bonne figure et tenir notre rang.

Notre exposition de peinture ne compte pas moins de six cents quatre-vingts tableaux, et, s'ils ne sont pas tous de premier ordre, il en est bien peu qui ne méritent la place qu'ils occupent dans nos galeries.

Le grand art de décoration murale, qui a pris en France, depuis un quart de siècle, une grande importance, n'a malheureusement pas pu être représenté ici, soit par des dessins ou des *cartons*; il ne compte cette fois que par les épreuves photographiques prises d'après les peintures décoratives de M. Galand. On y remarque chez ces derniers une rare élégance et une grande distinction de goût.

L'œuvre la plus considérable de peinture d'histoire a été présentée par M. Tony Robert-Fleury, le *Dernier jour de Corinthe*, tableau exposé aux Champs-Élysées en 1870 et qui a été couronné cette même année. Après lui, viennent les tableaux de M. Monchablon, les *Remords de Caïn* et la *Vision de la sainte Vierge*; puis le *Charmeur*, de Victor Giraud, un artiste d'un beau talent que nous avons perdu ce printemps. Cette composition est une bonne étude de l'art étrusque et indiquait chez ce jeune homme les meilleures dispositions pour les recherches archéologiques dans la pratique de la peinture. Nous trouvons ensuite les tableaux de M. Émile Lévy, *Ruth et Noémi*, et ses jolies idylles; puis la grande figure de la *Vérité*, de M. Jules Lefebvre; l'*Hamadryade* et le *Bûcheron*, de M. Émile Bin; la *Rêveuse*, de M. Bouguereau; la *Cervarolle*, de M. Hébert; une figure de femme, *Solitude*, par M. Cabanel; le *Portrait du général Prim*, de notre regretté Henri Regnault, et son *Bourreau arabe*; des *Pifferari*, de M. Pils; la *Vierge à l'agneau* et les *Apprêts du marché*, deux excellents tableaux de M. Léon Perrault; les *Brigands*, grande composition de M. Layraud, son dernier envoi de Rome, acheté par un des princes de la famille royale d'Angleterre; une *Sapho* (esquisse), par M. Gustave Moreau; le *Prisonnier*, de M. Ernest Michel; une bonne composition de M. Thirion, les *Esclaves chrétiens*; la *Madeleine*, très-belle étude par M. Hugues Merle; une autre, l'*Italienne*, par M. Lafon; la *Rêverie*, de M. Hamon, une *Mauresque*, de M. Landelle; l'*Amour fuyant Psyché*, par M. Glaize; le docteur *Velpeau et ses élèves*, qu'on peut aussi appeler la *Leçon d'anatomie*, par M. Feyen-Perrin; les *Saltimbanques*, de M. Gustave Doré; un tableau, un peu faible de couleur, mais d'un dessin cherché et d'une exécution châtiée, par M. Hippolyte Dubois, et appelé les *Baigneuses*; trois jolies études de M. Delaunay : *Ischia*, une *Fileuse*, *Idylle*; une autre bonne étude par M. Dehodencq : *Jeune garçon du Maroc*; l'*Ave Maria*, de M. de Curzon;

Edie Orchiltrie, par M. Léon Cogniet; une scène de la vie arabe, comme M. Gustave Boulanger sait les rendre, intitulée le *Guide*; enfin, les spirituelles compositions ou plutôt charmantes impressions de M. Lewis Brown, *Washington*, le *Maréchal de Saxe*; et, le meilleur de tous, *Après la bataille*.

Parmi les portraits il y en a de très-bons, celui de *Madame Alboni*, par M. Pérignon; celui de *M. Dyce*, par M. Laugée, une tête d'une expression frappante; un autre, en pied, *M. Manet*, par M. Fantin-Latour; six portraits, par M. Ricard; *Mademoiselle Rosa Bonheur appuyée sur l'épaule d'un bœuf*, par M. Édouard Dubufe; une *Tête de jeune femme*, très-précieusement modelée par M. Tony Robert-Fleury; le *Portrait de Listz*, par M. Layraud, et un autre portrait, par M. Édouard Lacretelle.

Les peintres de genre sont naturellement plus nombreux et plus goûtés, et il faut dire que certains d'entre eux, parmi les nôtres, tiennent la tête de cette phalange chez les artistes de tous les pays. On n'a jamais pu atteindre ou surpasser M. Meissonier, et ceux qui l'imitent, même dans son école, restent toujours d'un degré plus bas. Cette observation n'empêche pas MM. Fichel, Plassan, Pécrus, Monfallet de nous donner de très-gracieux tableaux.

M. Meissonier aura certainement imprimé un caractère très-particulier à l'école française du xixᵉ siècle, comme les peintres flamands et hollandais au xviᵉ et au xviiᵉ, non-seulement par son rare talent de peintre, mais aussi par le soin extrême et les minutieuses recherches qu'il emploie à trouver la physionomie extérieure et profondément juste des personnages qu'il met en scène. Cette étude, qui touche non-seulement à l'archéologie, mais au sentiment physiologique, a son importance, et c'est ce qui donne à cet artiste une incontestable supériorité sur ses émules. La comparaison peut se faire ici mieux qu'ailleurs en rapprochant M. Meissonier des peintres anglais qui ont vêtu leurs personnages d'habits de soie ou de velours et leur ont donné des culottes courtes ou des hauts-de-chausses. Ces derniers paraissent toujours « déguisés », tandis que les acteurs que fait agir M. Meissonier sont toujours « habillés ». Voilà la nuance; c'est un pas qui paraît facile à faire, mais qu'on n'a pas encore su franchir. Aussi, un autre groupe de peintres de genre a-t-il eu le bon esprit de chercher et de trouver des modèles moins subtils, moins fugitifs, moins insaisissables; c'est celui que commande M. Gérome. Il est représenté cette année à Londres par MM. Léon Goupil et Lecomte-Dunouy. Les artistes qui le composent, exercés à une grande habileté de main et à une exécution serrée, s'en prennent volontiers à l'imitation des costumes, étoffes, armes, armures et autres minutieux détails, et il faut dire qu'ils s'en acquittent avec une merveilleuse adresse.

Viennent ensuite les archaïques dans un genre très-différent, l'un cherchant le style d'Holbein et les costumes de son temps, l'autre séduit par les effets violents des peintres italiens et espagnols. Ce sont MM. Tissot et Roybet.

D'autres cheminent par une voie plus ardue peut-être, mais plus droite et plus courte. Ils prennent tout franchement la nature pour guide, en choisissant cependant son côté spirituel ou pittoresque. Leurs modèles sont partout, dans un salon comme à la cuisine, sur la route, aux champs, au grenier, à l'école ou dans l'atelier de l'ouvrier. Ce sont MM. Breton, Brion, Caraud, Luminais, Édouard Frère, Castan, Guillemin, Duverger, Bonvin, Tassaert, Soyer, Hillemacher, Lobrichon.

Les orientalistes ou les algériens sont représentés cette fois par M. Fromentin et M. Huguet qui suit de près son maître, par MM. Théodore Frère et Tournemine. Enfin se sont présentés aussi les réalistes, MM. Courbet, Ribot et Brunet-Houard.

Nous avons vu ici de très-beaux paysages et nous mettons en première ligne les *Environs de Catane*, et l'*Ane de Balaam*, un sujet biblique, ce dernier de la plus belle manière de Decamps ; le *Gué*, de Marilhat ; une *Vue de Normandie*, par M. Cabat, un très-joli tableau ; un *Intérieur de forêt*, par M. Belly, un de ses bons paysages ; un *Effet de neige*, par M. Édouard Michel, de Metz ; une *Prairie*, de M. Lambinet ; un *Hiver*, de M. Émile Breton ; un *Crépuscule*, de M. Anastasi ; neuf petites toiles de M. Corot ; vingt-deux paysages de M. J. Dupré, dont une magnifique marine ; une *Vue du château de Chenonceaux*, par M. Justin Ouvrié ; une *Étude des environs de Honfleur*, de M. Français ; la *Forêt de Compiègne*, de M. Flers ; les *Environs de Genève*, par M. Karl Girardet, et de beaux Ziem, entre autres une belle *Vue de Venise* par un temps d'orage.

On a trouvé à Londres, où l'on aime cependant beaucoup nos paysagistes, que quelques-uns d'entre eux s'étaient présentés avec des tableaux qui ressemblent à des ébauches. Cela est un peu vrai. L'ancienne École de paysage, et en disant « l'ancienne » je parle de celle de MM. Decamps, Marilhat, de MM. Cabat, Jules Dupré, l'ancienne école cherchait aussi les délicatesses de ton et les effets subtils, mais elle les rendait, non point par des hasards de brosses ou des grattages de couteau à palette, mais par une exécution ferme et solide, et même par un dessin correct s'il n'était pur. Ce « laisser-aller » est bon chez nous et entre nous, où l'on sait que les artistes qui nous donnent cet « à peu près » peuvent mieux faire. Mais quand on se présente à l'étranger, ce « sans façon » est un peu trop « sans gêne ».

Il y a sept tableaux de Troyon à l'Exposition de Londres, cette année. Ils appartiennent tous à des Anglais qui nous les ont prêtés. Le plus beau, le *Gué*, vient de la collection de M. Bolckow.

Les amateurs anglais nous ont fourni quatre toiles de Mlle Rosa Bonheur; le *Retour du moulin*, à M. F.-T. Turner, est le plus joli. Mlle Rosa Bonheur nous tient rigueur depuis nombre d'années en ne nous envoyant plus ses tableaux; nous n'en avons que plus de reconnaissance pour la libéralité de nos voisins.

M. Van Marcke, qui est enfin maître de lui-même après avoir beaucoup imité Troyon, nous a envoyé ses troupeaux soyeux; M. Charles Jacque, ses bergeries si vraies; M. d'Haussy, un *Pâturage de vaches*; M. Couturier, ses radieuses basses-cours, et M. Claude, une belle *Chasse*.

M. Blaise Desgoffe est le Meissonier de la nature morte. Son buste de cristal de roche et sa statuette en pierre dure sont d'une vérité frappante et d'une exécution magique; M. Philippe Rousseau a envoyé un de ses bons tableaux; c'est une bassine remplie de prunes de reine-Claude, éclatantes de fraîcheur et de maturité. On comprend qu'elles vont devenir bien vite confitures. Oh! la bonne et franche peinture française, et que notre Chardin aurait été heureux d'avoir un pareil émule! Mme Escallier, l'élève de M. Philippe Rousseau, si j'en juge par sa manière large et une excellente couleur, a beaucoup de succès avec son *Panier de pêches* et son *Muguet*.

M. Tourny, qui s'est fait connaître par ses belles reproductions des maîtres italiens, notamment pour la galerie de M. Thiers, a envoyé à Londres deux copies très-fidèles du portrait peint par Antonello de Messine, du Louvre, et une autre d'après l'*Érasme* d'Holbein, du même musée. Le beau tableau du Titien, la *Vierge au lapin blanc*, du Louvre encore, a été très-habilement reproduit par M. Ricard.

Les dessins, aquarelles, émaux, copies sur porcelaine sont au nombre de cent quarante-deux. Parmi les premiers nous avons distingué le *Moribond*, par M. Meissonier, aquarelle appartenant à M. Th. Baring; deux dessins pris en Orient par Marilhat; un autre dessin par M. Bida, *Judith et Holopherne*; une aquarelle de M. Barye, les *Chevreuils*; la *Rébecca enlevée par le Templier*, de M. Léon Cogniet; le *Philosophe*, dessin rehaussé par Decamps; une *Fête champêtre*, par M. Diaz; des *Cavaliers*, par Géricault; un très-intéressant dessin de Ingres, plume et sépia, une copie du *Serment des Horaces*; une autre copie des sept cartons de Raphaël exposés au musée de Kensington, par M. Goupil, et commandée par M. Gladstone; le *Carrosse*, scène de la vie anglaise, charmante aquarelle par M. Eugène Lamy; un *Zouave*, dessin par M. Pils; le *Récit*, aquarelle d'Ary Scheffer; deux jolies marines de M. Ziem; un portrait par M. Yvon, et une composition très-originale et très-fine de M. Ad.-R. Lefebvre, intitulée l'*Indiscrétion*.

Nous parlerons de M. Pascal à propos de l'architecture; mais nous citons ici ses belles aquarelles qui tiennent aussi du domaine de la peinture. Ce sont des vues de différentes églises d'Italie, à Rome, à Florence et à Pise, tant à l'intérieur qu'à l'extérieur. Ces aquarelles se distinguent par une grande exactitude et en même temps par un charme de couleur très-particulier.

On le voit, notre peinture française, si variée par la forme, qui manifeste des tendances si diverses, qui se transforme et se métamorphose, pour ainsi dire, tous les dix ans, mais qui reparaît plus vivante et plus vivace que jamais quand on la croit affaiblie, effacée ou éteinte; cet art si précieux pour nous, puisqu'il répand l'influence et l'intelligence de notre pays dans le monde entier, s'est senti renaître encore cette fois du milieu des ruines et après nos désastres, et s'est vu revivre à cette fête où nous avait conviés l'Angleterre.

Les étrangers qui n'ont point visité la France et les Anglais qui restent chez eux (ils sont rares) ne pourront cependant pas avoir une idée bien exacte de notre école de peinture, à l'examen des œuvres envoyées à Londres par nos artistes. Il y a certes un grand charme et un divertissement de l'esprit et des sens dans les compositions, je pourrais même dire dans les fantaisies de nos peintres de genre et de nos paysagistes, mais il y a chez nous une branche très-importante de l'art de la peinture qui n'a pu, cette année, être représentée à l'Exposition de Kensington, et qui ne pourra jamais l'être d'une manière complète. Je veux parler de la décoration de nos monuments et de nos édifices publics. On ne peut nier, en effet, que depuis trente années environ nos artistes n'aient fait des efforts couronnés de succès en ce genre. Nous ne sortirons pas de notre cadre en énumérant les nombreux et importants travaux que nos peintres ont produits dans l'art monumental et décoratif; nous nous bornerons à émettre un avis à ce sujet. Depuis qu'Hippolyte Flandrin et Eugène Delacroix ont interprété, dans un genre très-différent, mais avec un talent très-supérieur, deux côtés très-intéressants de l'art décoratif, nos églises et nos palais se sont ornés de richesses nouvelles d'un mérite souvent contesté, mais où l'on découvre çà et là les éléments d'un art très-noble, très-puissant, et qui garde même un intérêt quand il n'est que matériel. Dans cette dernière condition, les compositions de nos artistes ne pourraient guère être représentées à l'étranger que par des esquisses ou des copies peintes, puisque, dans cette hypothèse, l'harmonie et la couleur sont les charmes de la peinture ; mais s'il s'agit de traduire l'expression divine ou le sentiment élevé de l'humanité, s'il est question de rendre les faits de l'histoire, soit dans un sens moral ou allégorique, soit avec toute la simplicité du naturalisme, des reproductions dessinées, gravées et photographiées peuvent entrer dans le concours de comparaison et d'études ouvert par nos voisins d'une manière si libérale et si intelligente. Nous serions d'avis par conséquent que la Commission mît ses soins, pour l'année prochaine et la suivante, à réunir et à envoyer à Londres une partie de ce qui a été fait de meilleur en traductions de différents genres de nos plus belles peintures murales.

GRAVURE.

On s'inquiète beaucoup dans le monde des arts de notre pays de l'état de la gravure en France. On craint que la photographie et que toutes les inventions qui procèdent de cette découverte ne lui aient porté le coup mortel. Nos voisins les Anglais et tous les artistes et amateurs étrangers invités à juger nos œuvres pourraient croire, à l'examen de notre exposition de gravure, que nos appréhensions sont fondées. En effet, nous ne trouvons point à Londres, cette année, de planches gravées en taille-douce ou au burin. Si notre exposition n'avait pas été organisée à la hâte et dans des conditions difficiles et désastreuses, on aurait cependant pu réunir un bon nombre d'épreuves des planches que la chalcographie du Louvre et la maison Goupil ont éditées depuis une quinzaine d'années et qui sont signées : Henriquel-Dupont, Martinet, François, Caron, Levasseur, Dien, Flameng, Castan, F. Girard, Girardet, etc. La maison Goupil aurait pu fournir aussi des preuves irrécusables du talent et de la fécondité de nos graveurs. Nous espérons que cette lacune sera comblée l'année prochaine, puisque, d'après les règlements de la Commission anglaise, les œuvres d'art doivent trouver encore place dans les galeries de l'Exposition.

L'art de la gravure est tout à fait national chez nous et il a contribué, depuis deux siècles et demi, à l'influence et à l'éclat de notre école ; il serait donc profondément regrettable que l'art des Mélan, des Nanteuil, des Morin, des Audran, des Cars, des Desnoyers, des Forster, soit perdu pour nous. La concurrence que lui oppose la photographie est, il est vrai, un obstacle au succès des planches gravées, surtout de celles qui exigent un long travail et une sérieuse étude; il serait donc à souhaiter que le gouvernement continuât à venir en aide aux graveurs en taille-douce et il serait à désirer surtout que la société qui s'est formée à Paris dans le but d'encourager la gravure au burin fût elle-même encouragée par de nombreuses souscriptions. On ne se fait pas assez l'idée en France des résultats qu'obtiennent ici les « sociétés » dans tous les ordres et dans tous les genres. Aussi, les progrès et les perfectionnements que les Anglais ont faits, d'après l'invention de Daguerre, dans la photographie, les procédés, en un mot, fournis par la science, ne les empêchent-ils pas de continuer leurs travaux dans la gravure, je parle ici de la gravure en taille-douce.

Ces réflexions ne me sont pas inspirées par le dédain pour les autres genres de gravures, l'eau-forte, par exemple, qui a été si spirituellement traitée par les artistes de notre pays. Je me hâterai donc de me disculper en citant les jolies planches envoyées à Londres par M. Rajon, le *Peintre* et le *Liseur*, d'après M. Meissonier; la *Salomé*, d'après Henri Regnault; le *Rembrandt graveur*, de M. Gérome; l'*Amour platonique*, d'après Zamacoïs; la *Lecture de la Bible*, d'après M. Brion. Le même procédé a fourni à M. Rochebrune trois planches intéressantes : le *Château de Chambord*, *Notre-Dame de Paris* et le *Munster* de Strasbourg pendant le bombardement.

Si l'on a répandu à profusion l'usage de la gravure sur bois, je dis l'usage, parce que c'est principalement *le* commerce de la librairie et des petits journaux qui en fait son profit, si on l'a vulgarisé, il faut aussi convenir que ce mode de reproduction a rendu les plus sérieux et les plus grands services aux auteurs et aux éditeurs d'ouvrages d'art et aux livres traitant des sciences et de l'industrie. On pourra s'en convaincre en examinant les ouvrages d'architecture exposés par la maison Morel, dans l'une des galeries du rez-de-chaussée. Là est la véritable application de la gravure sur bois, celle que cet art a prise à son origine, les vignettes ou « bois » encastrés dans le texte, en regard de la légende même, et s'imprimant simultanément. Parmi les graveurs qui se sont distingués dans ce genre, nous signalerons les frères Guillaumot.

Dans le genre pittoresque de gravure sur bois, il faut citer M. Bertrand, qui a reproduit pour l'ouvrage : le *Tour du monde*, les jolis dessins d'Henri Regnault, des épisodes de la vie romaine; puis trois gravures d'après M. Gustave Doré, par M. Pannemaker.

ARCHITECTURE.

Les observations que nous faisions plus haut, à propos de la gravure, nous les renouvellerons pour l'exposition d'architecture qui n'est, pour ainsi dire, point représentée à Londres cette année.

Si notre commissaire général avait eu le pouvoir de faire venir ici la collection des dessins exécutés d'après les monuments historiques et en vue de leur restauration, ainsi que certains travaux des pensionnaires de l'Académie de France à Rome, et qu'heureusement on a pu sauver de l'incendie, nous eussions pu les comparer aux travaux du même genre faits par les artistes anglais et exposés dans la galerie supérieure de la grande rotonde appelée *Albert-Hall*. Nous n'aurions eu alors à redouter la rivalité d'aucun des architectes anglais; peut-être aussi (sans nous l'avouer), prendraient-ils une idée plus nette de ce qu'ils appellent le Byzantin, le Gothique, la Renaissance ou même le « Classique ». Nous reprendrons ce sujet quand nous en serons à l'examen des dessins anglais, et nous nous bornerons cette fois, à propos de l'architecture française, à indiquer encore une fois l'exposition des ouvrages d'art de la maison Morel.

Les plus importantes publications dues à ces éditeurs sont : la *Revue de l'architecture*, par M. César Daly; l'*Art pour tous*, par M. A. Sauvageot; le *Dictionnaire d'architecture du xie au xvie siècle*, par M. E. Viollet-le-Duc; l'*Art arabe*, de M. Prisse d'Avennes; l'*Histoire de l'architecture du ve au xviiie siècle*, par M. Jules Gailhabaud; l'*Encyclopédie d'architecture*, par MM. Caillet et Lance; la *Monographie des Halles centrales de Paris*, par MM. Victor Baltard et T. Callet; *Palais, châteaux, hôtels et résidences de France*, par M. Cl. Sauvageot; l'*Architecture romane du midi de la France*, de M. Henri Révoil; les *Études classiques du dessin*, par MM. Jules Laurens et Ravaisson; les *Frises du Parthénon, de Phidias*, par M. G. Arosa; la *Sainte-Chapelle de Paris et le Palais*, par MM. Decloux et Doury; les *Monuments de la Rome moderne*, par M. Paul Letarouilly; les *Exemples de décoration d'architecture et de peinture*, par M. Léon Gaucherel; le *Dictionnaire du mobilier français du xe au xvie siècle*, par M. E. Viollet-le-Duc; *Églises de villes et de villages*, par M. de Baudot, etc., etc.

Nous ne voulons cependant pas laisser passer inaperçu le seul dessin architectural exposé dans notre section; c'est le plan et l'élévation de l'hôpital de Berck-sur-Mer, fondé par M. Nathaniel de Rothschild, de M. Lavezzari.

Les autres travaux d'architecture se sont renfermés dans la « décoration » proprement dite : une alcôve en menuiserie avec des ornements de pâtes, exposée par M. H. Soulier; les tapisseries peintes de M. Guichard et ses projets décoratifs; de très-jolis dessins et modèles pour tapisseries, par M. Adan; des dessins pour meubles et tapis, par M. Bosquier; enfin les *belles aquarelles* de M. Pascal, représentant des vues extérieures et intérieures de différentes églises d'Italie, et de beaux dessins de M. E. Prignot, artiste français établi depuis longtemps à Londres, et employé comme dessinateur d'ornements par d'éminents industriels anglais.

SCULPTURE.

Si, après le siége de Paris et l'effroyable désordre où la capitale a été plongée pendant le règne de l'insurrection et de la Commune, on a pu parvenir à rassembler et à expédier des objets d'un poids et d'une dimension relativement restreints, il n'en a pas été de même pour le transport des statues de marbre ou de bronze. Cette difficulté, cet obstacle matériel expliquent suffisamment l'absence à Londres de quelques-unes des œuvres de nos statuaires éminents.

C'est certainement dans la statuaire que s'est conservée en France la tradition du grand art. La sculpture, en effet, n'admet point de compromis, d'artifices. Là, il faut qu'à tout prix l'artiste aborde la difficulté, qu'il la vainque; il faut qu'il saisisse le taureau par les cornes et qu'il le terrasse. Point d'ébauches ni d'à peu près possibles. C'est donc dans la statuaire qu'est la pierre de touche des études, de la science, du talent.

La peinture a deux moyens pour plaire : elle a la couleur, l'effet, l'expression; elle a un masque, le costume; elle a un voile, le sujet. Elle est souvent comme une femme qui cache ses défauts sous le fard, sous de faux cheveux, sous la soie ou la dentelle, et qui réussit à plaire. La statuaire est toujours obligée de se présenter toute nue, ou peu s'en faut, et, si elle est mal faite, elle déplaît.

Nous aurions donc été bien aise de voir à Londres quelques-unes des bonnes statues de nos meilleurs artistes, et de les opposer aux divinités de l'olympe anglais ou aux fantaisies des sculpteurs italiens.

Il y a certainement d'excellentes choses dans l'exposition de la sculpture française, mais il y manque un centre, un exemple et ce qu'on appelle vulgairement une « pièce de résistance ».

Cependant ce n'est point une critique, mais un compte rendu que nous avons à faire ici. Nous allons donc poursuivre notre examen.

Une remarque à faire tout d'abord, c'est qu'il n'y a guère à notre exposition de sculpture que des figures représentant des femmes, et en première ligne une *Ève*, notre mère à tous. Cette statue est de M. Delaplanche : c'est, si je ne me trompe, une réduction de son dernier envoi de Rome, que nous avons vu à l'École des Beaux-Arts en 1869. Viennent ensuite la *Cassandre poursuivie par Ajax*, par M. Rochet : renversée au pied de la statue de Minerve, elle implore la déesse ; la *Boîte de Psyché*, marbre par M. E. Gruyère ; puis une jolie statue de M. Frison, la *Première impression* ; puis la fable de La Fontaine personnifiée dans une figure en bronze, grelottant de froid, et intitulée *la Cigale*, par M. Camboz ; l'*Esclave*, figure de femme en bronze, par M. Lanzirotti ; un autre groupe en marbre, l'*Amour grondé*, de M. Truphême ; le *Portrait d'Henri Regnault*, en bronze, par M. Ernest Barrias ; une *Diane*, un buste de M. Pollet ; un moulage de la tête de l'*Apollon* du nouvel Opéra de Paris, par M. A. Millet ; un charmant buste en marbre par M. Degeorge, *Bernardino Cenci*, puis un grand nombre de bustes de fantaisie en marbre, en bronze et en terre cuite, de M. Carpeaux ; le portrait en buste d'*Henri Monnier*, en marbre, par M. Moulin ; celui de *M. Théophile Gautier*, buste colossal, par M. Mégret ; une statuette équestre en bronze, *Charles Ier*, par M. Marochetti ; *Héloïse et Abélard*, par M. Chatrousse ; les jolies terres cuites de M. Itasse, celles de M. Salmson ; enfin les curieuses et ingénieuses inventions de M. Cordier, statues et bustes composés de l'alliance du métal et de l'albâtre oriental (dit onyx d'Algérie) ; *Icare*, groupe en ivoire, et la *Miséricorde accueillant le Repentir*, de M. de Triqueti. — Dans un ordre inférieur, nous avons remarqué les *Chiens bassets*, groupe en bronze par M. Frémiet ; une *Chasse*, de M. Mène ; le *Combat de coqs*, de M. Cain ; les *Chevaux*, de M. Isidore Bonheur ; enfin les *Taureaux*, en bronze, de M. Clésinger.

Quelques-uns de nos sculpteurs ont eu le plus grand succès à Londres, et plusieurs d'entre eux, après avoir vendu leurs statues ou leurs bustes, ont reçu des commandes de reproductions. A propos de « reproductions d'œuvres d'art », nous nous permettrons une observation. Que cet usage soit établi en Italie, nous n'y trouverons rien à redire. Depuis longtemps les artistes de ce pays ne se font aucun scrupule de répéter à l'infini leurs tableaux ou leurs statues. C'est un commerce. Les amateurs, du reste, se sont accoutumés à cet usage et savent qu'en achetant et en commandant une statue ou un tableau, ils n'en seront pas seuls possesseurs. J'ai connu à Rome un peintre qui, depuis une vingtaine d'années, vivait avec deux ou trois sujets qu'il refaisait sans cesse. Je le répète, cela est reçu et convenu dans le pays de Léonard de Vinci.

Mais il ne nous paraît pas convenable d'introduire cette coutume chez nous. Non pas que nous prétendions nous poser en champions de la dignité des artistes. Les grands peintres et les grands sculpteurs sauront toujours la défendre mieux que nous. Ce n'est donc pas la dignité, mais l'intérêt des artistes qui nous préoccupe ici. Or voici ce qui s'est passé à Londres pendant le mois de septembre. Un gentleman riche et aimant les arts fait choix, dans notre galerie d'exposition de sculpture, de deux bustes en terre cuite. Le lendemain, étant en visite chez un de ses amis, autre gentleman riche et aimant les arts, il aperçoit deux bustes exactement semblables à ceux qu'il avait achetés la veille. Il fait part de sa surprise à son hôte qui lui répond : « Hier j'ai tout été aussi étonné que vous en découvrant les pareils chez la comtesse de Sw..., et la comtesse m'a affirmé qu'elle avait vu les mêmes chez lady Tw..., qui les tenait de lord Pw..., lequel en avait une autre paire.

Cette merveilleuse fécondité chez un sculpteur n'est-elle pas de nature à exciter la défiance et à faire croire que ces bustes ont été *surmoulés* en un nombre infini d'épreuves comme de simples « plâtres »? Si l'épreuve sortait de chez M. Barbedienne, la chose paraîtrait toute naturelle, mais venant d'un artiste qui a la prétention de donner un original, cela est moins clair. Ce soupçon n'est-il pas assez grave pour faire reporter sur nos sculpteurs en général une suspicion injurieuse pour leur caractère et contraire à leurs intérêts?

C'est pourquoi nous protestons de toutes nos forces contre cette interprétation trop large de la liberté de reproduction.

ART INDUSTRIEL.

BRONZES ET ORFÉVRERIE.

Dans cette section de notre rapport, nous placerons en première ligne les objets d'orfévrerie exposés par M. Fannière. Cet habile fabricant, je devrais dire cet artiste, a envoyé à Londres les deux vases d'argent qu'il a composés et exécutés pour les grands prix de courses donnés l'un à *Glaneur*, l'autre à *Sornette*. Ici, bien que nous nous trouvions dans une rivalité directe avec les Anglais, qui ont exposé un grand nombre de ces prix de courses, nous n'avons pas à redouter la concurrence, grâce à M. Fannière qui, à son tour, aura « distancé » l'orfévrerie de Londres. Si l'on ne jugeait de la valeur des objets que par le poids du métal qui les compose, les fabricants anglais auraient certainement le prix ; mais ici nous ne considérons la matière que comme accessoire ; c'est, bien entendu, la main et le travail de l'artiste que nous estimons ; or, les Anglais sont aussi loin de M. Fannière que le plomb l'est de l'or. Le navire en argent ciselé et orné de charmantes figurines offert à M. de Lesseps, à l'occasion de l'inauguration du canal de l'ithsme de Suez, est encore une précieuse et rare pièce d'orfévrerie due au talent de M. Fannière.

Après lui, vient M. Rouvenat. La vitrine qui renferme les charmants objets d'orfévrerie de cet industriel, un artiste encore, est surmontée de l'épée d'honneur offerte par la ville de Mulhouse au colonel Denfert, pour la défense de Belfort. La poignée de cette arme est formée de la figure de la France, largement et fièrement ciselée.

Dans un autre genre, c'est-à-dire l'alliance des métaux précieux aux pierres fines et aux émaux, M. Duron tient aussi le premier rang, non-seulement en France, mais en Europe. Son aiguière avec plateau en or, argent et émaux en relief, colorés et cloisonnés, est un magnifique joyau. Rien n'égale non plus sa coupe en lapis-lazuli, en forme de nef, ornée d'émaux, est surmontée d'une petite statuette de Neptune, formant anse. Ces uniques pièces d'orfévrerie peuvent rivaliser avec les plus beaux spécimens de l'art florentin aux xv⁰ et xvi⁰ siècles.

L'industrie de M. Paul Christofle, qui a pris chez nous un développement si considérable, est aussi dirigée avec le sentiment et l'intelligence d'un art élevé. Nous ne parlerons que pour mémoire de la reproduction galvanique du *Trésor de Hildesheim* dont M. A. Darcel nous a donné la description, et qui a déjà été exposée à Paris. Nous attirerons cette fois l'attention de la Commission et du public sur les émaux cloisonnés à la main, que M. Christofle a exécutés en vases et potiches, à l'imitation de l'art ancien de l'extrême Orient, et d'après les dessins de M. Rieber. Nous signalerons encore une garniture de cheminée, style japonais, avec incrustations d'or, et une magnifique table de salon, en bronze doré, le dessus en mosaïque de lapis-lazuli et de jaspe incrusté d'or et d'argent ; ainsi qu'un charmant service à thé en émail turquoise.

Les «réductions» et reproductions de M. Barbedienne ont fait le tour du monde ; on dit qu'elles ont eu beaucoup de succès auprès des officiers généraux allemands, pendant la guerre, surtout lorsqu'elles décoraient des pendules. Il y en a beaucoup, dit-on, à Berlin, à Dresde, à Bade et à Munich ; à Munich principalement, où l'on aime l'art grec et romain ; mais M. Barbedienne nous en fera d'autres, et il nous a déjà prouvé ici que son moule n'en était pas brisé.

Ce qui distingue cette maison, à l'Exposition de Londres, ce sont de très-belles « montures » composées pour la décoration et la mise en usage de vases orientaux, chinois et japonais anciens, et dont M. Barbedienne a fait particulièrement de très-jolies lampes.

Les enroulements de bronze doré qui décorent un meuble exposé par M. Mellier, sorte de secrétaire à cylindre en bois de rose, sont d'une souplesse et d'une largeur d'exécution merveilleuses, et rappellent bien cette belle fabrication de bronzes pour meubles qui distingua cette industrie en France au XVIIIe siècle.

L'exposition de M. Denière offre toujours l'éclat et la richesse qui sont particuliers à ses produits. Ce fabricant nous a présenté cette fois, comme nouveauté, une très-belle pendule en cuivre ciselé et montée sur un large socle de marbre. Ses imitations du « Clodion », si fort en vogue, sont précieusement modelées, ainsi que beaucoup d'autres objets de bronze doré d'un genre très à la mode aujourd'hui, le « Louis XVI ».

M. Marnyhac, l'éditeur des bronzes, bustes, statues et statuettes de M. Clésinger et des jolies figurines de M. Lanzirotti, s'est distingué cette fois par l'exposition de figures composées d'ivoire et de métal. Le style que M. Marnyhac a choisi pour tenter ce nouvel essai ne nous paraît pas favorable à ce genre de sculpture. L'ivoire est une matière trop pure, et j'ajouterai trop froide, pour être mariée au bronze quand celui-ci est contourné en plis profonds et teinté d'une sombre patine. Le style grec primitif convient mieux à cette combinaison ; encore faudrait-il que le métal fût doré. L'or et ses reflets communiquent à l'ivoire un ton plus blond et donnent une harmonie plus douce à l'ensemble.

M. Marnyhac est lui-même l'auteur de compositions de sculpture décorative d'un gracieux effet.

Cette transition nous amène naturellement aux statues décoratives de M. Cornu, composées elles-mêmes de deux éléments, le métal et l'albâtre oriental. Notre goût, — un peu dépravé, il faut l'avouer, — ne se contente plus du marbre et du bronze. Il fallait aux somptueux appartements modernes quelque chose de plus « étoffé », pour me servir d'une expression des tapissiers en renom, qui président trop souvent à l'ordonnance de nos intérieurs. On imagina donc, ou plutôt on renouvela une invention de l'antiquité déjà dégénérée et qui s'était inspirée des coutumes de l'Asie et de l'Orient, et l'on vêtit d'albâtre transparent des bustes et des figures en métal. Il faut convenir que, la question du goût étant mise à part, cette alliance a des effets d'une merveilleuse richesse. Les tons de cette matière, que l'on nomme aussi « onyx d'Algérie », ont les reflets de l'ambre et de l'opale et communiquent à l'or, à l'argent ou au bronze les transparences les plus chatoyantes.

Pour en revenir au métal pur, nous signalerons le vase exposé par M. Susse (un prix de course) et la belle console en bronze doré de MM. Raingo frères.

CÉRAMIQUE.

Un rapport spécial sera fait sur la céramique. Nous ne nous occuperons donc que de la question d'art.

La peinture sur porcelaine, sur la faïence principalement, a pris en Europe, depuis une vingtaine d'années, une importance extraordinaire, tant par la diversité des procédés que par la variété du style. La question de la forme a été posée d'une manière beaucoup plus sérieuse aussi dans la fabrication des vases de luxe et des poteries, et nos artistes et nos fabricants ont étudié avec un soin minutieux, dans ces deux conditions, les origines et les progrès de cet art dans tous les temps et dans tous les pays.

A ce propos, les Anglais, cette année, nous donnent le développement complet de cet art, dans les temps modernes, en exposant sous des vitrines tous les spécimens de cette industrie dans toutes les régions de la terre : l'Inde, l'Égypte, l'Afrique, la Russie, l'Espagne, l'Italie, la France, l'Allemagne, l'Angleterre, sans en excepter la Chine et le Japon. Rien n'est plus curieux que ce nouveau musée.

C'est en France et en Angleterre que cet art a fait le plus de progrès, mais c'est dans ce dernier pays qu'il a cessé d'être original et national. Quand on a été tout d'abord séduit par la multiplicité des genres, la richesse des ornements et des peintures, la variété des formes et des couleurs, on s'aperçoit ensuite que l'imitation règne presque partout. Quand un peintre, un sculpteur, un émailleur, un chimiste et un fabricant émérite se seront réunis pour composer un vase du XVe ou du XVIIe siècle, de Faenza ou de Limoges, et qu'ils auront réussi à le mettre au jour, ce ne sera jamais, comme art, qu'une imitation, un pastiche, et, comme usage, d'un effet, la plupart du temps, complétement nul. Dans une collection, dans un musée, sa valeur sera relativement minime, et, dans le ménage, il ne pourra servir à rien. Le jugement le plus sévère que puisse prononcer un expert ou un amateur, après avoir examiné avec attention un « Henri II » contesté, c'est de dire : « C'est moderne. » J'en conclus donc qu'il faudrait que les fabricants d'objets céramiques trouvassent une application naturelle et positive à leurs produits. Cela n'exclut pas la beauté de la forme, du dessin, des couleurs, et ne veut pas dire qu'un objet de céramique ne doit servir qu'à faire la cuisine où à prendre des bains de pieds. Et qu'on ne se méprenne pas sur le sens de mon observation en m'accusant de vouloir limiter ou paralyser la production. Nous voulons que cette production ne soit point un sujet de mécompte pour nos industriels et que leurs efforts, leurs études ne restent pas stériles. Où trouvons-nous le plus souvent la source de ces imitations? dans l'engouement du public et des amateurs. On a vu payer dans une vente célèbre telle pièce de Bernard-Palissy, telle majolique, ou tel service d'ancien Saxe, un prix énorme, et l'on part de là pour fabriquer du Palissy, des majoliques et du Saxe. Mais ce caprice peut changer et la mode continue toujours son tour de roue. Il y a eu un temps, qui n'est pas bien éloigné, où l'on se disputait les vases étrusques; aujourd'hui on les dédaigne et déjà les Limoges et les faïences italiennes baissent de valeur pour faire place à la vogue de la céramique persane et orientale. Nous ne blâmons pas les collectionneurs passionnés pour telle ou telle époque, pour tel ou tel produit, ce sont les véritables conservateurs des choses curieuses et rares, mais laissons-leur faire ce travail et faisons le nôtre qui est de créer et d'inventer...

Aussi louerons-nous sans réserve M. Deck et les beaux échantillons de sa fabrique exposés cette année à Londres; un magnifique vase-coupe; ses plaques émaillées en relief, représentant des oiseaux perchés sur des branches d'arbres en fleurs, la plus fraîche et la plus gaie des décorations; ses plats ornés de larges peintures, dont quelques-unes ont été composées par M. Ranvier, ses grands pots à fleurs, en un mot la distinction, l'originalité de son style et les conditions « usuelles » de ses produits.

C'est ainsi que, dans l'exposition de la céramique anglaise, je suis bien plus touché par les beaux vases de jardins traités par M. Minton avec tant de variété et de largeur, que par ses imitations des porcelaines de Sèvres ou de Saxe et des faïences ou des émaux de Limoges, du fameux « service » de Henri II et des majoliques d'Italie. Le « bleu pâle » de MM. Wedgwood et de M. Adams, et les fins ornements blancs en relief qui le décorent, le « brun rouge » émaillé de M. Brownfield, me charment plus que toute la science déployée dans les deux vases que la manufacture royale de Worcester a exposés comme spécimens d'imitation de nos « Limoges », malgré les bas-reliefs dont ils sont ornés, ou plutôt à cause de ces bas-reliefs qui ne sont pas dans le caractère des peintures sur émail à cette époque. De même, aux vases antiques de M. Copeland je préfère les jolis « grès » de M. Doulton.

Nous admettons plus volontiers l'imitation dans les objets d'un usage domestique, surtout lorsque leurs ornements sont purement décoratifs, gais à l'œil, sobres et harmonieux, et tels que les ont exposés

M. Gallé-Reinemer, de Saint-Clément, près Nancy, et M. Geoffroy, de Gien (Loiret), ainsi que M. Signoret, de Nevers. — Leurs reproductions des formes, du dessin et des couleurs des anciennes faïences de Rouen et de Nevers sont charmantes et bien appropriées à nos « services » de table, à nos vases d'appartements et de jardins, en un mot à nos usages comme à la décoration.

Un de ceux, parmi nos fabricants, qui ont traité cet art avec le le plus d'originalité et de goût, c'est M. Rousseau, de Paris. Ici, nous prendrons encore un point de comparaison et nous n'hésiterons pas à déclarer que nous préférons de beaucoup ses « plats », ses vases, ses « assiettes » mêmes et son « milieu de dessert » composés par M. Bracquemond, à ses vases d'imitation chinoise ou japonaise, simulant la laque. Il faut que la porcelaine reste porcelaine : c'est là son intérêt, son charme principal. Notons aussi dans la belle étagère de M. Rousseau un coffret d'ébène orné de bas-reliefs en pâte transparente sur fond Céladon, et représentant l'histoire de Psyché. Ces compositions, d'une rare distinction, sont exécutées de main de maître.

M. Brocard, déjà célèbre chez nous par ses verres émaillés, a une très-belle exposition à Londres, et ses produits ont ici, comme ailleurs, le plus grand succès. Il est toujours en progrès, et ses plateaux, vases, aiguières, gobelets, coupes, lampes orientales, rivalisent avec ce que Venise a fabriqué de plus beau en ce genre au xvᵉ et au xviᵉ siècle.

Nous avons vu, d'après le règlement de la Commission anglaise, que la « terre cuite » dans cette série d'exposition comprenait aussi l'industrie céramique appliquée à l'architecture, aux bâtiments, aux monuments et à la décoration des édifices. C'est dans cet art d'une application directe et positive que les Anglais ont fait le plus de progrès. Nous avons déjà parlé des plaques et carreaux en faïence, avec ornements en relief et peints, présentés par M. Deck. Nous citerons encore dans la section française la « fontaine orientale » et les spécimens de décoration arabe de M. Léon Parvillée, les faïences de MM. Soupireau et Avisseau, et les médaillons peints par Mᵐᵉ Olmade et par Mᵐᵉ Callias. Avec quelques imitations des « Lucca della Robbia » envoyées par nos fabricants, c'est à peu près là tout ce qui compose notre exposition de terres cuites décoratives et monumentales. Nous nous sommes trouvés ici dans les mêmes conditions que les sculpteurs français qui, à cause du poids et de la dimension de certaines de leurs œuvres et par la difficulté des transports en France, n'ont pu se faire représenter ici. C'est donc chez les Anglais que se concentre tout l'intérêt de l'exposition de la terre cuite propre à bâtir des maisons, et construire même des palais et à les orner. Cette fois, chez nos voisins, l'application, l'exemple, sont venus confirmer la règle. Les galeries du rez-de-chaussée du nouveau palais de l'Exposition, formées de portiques en plein-cintre avec meneaux et colonnettes, sont construites en terre modelée ou moulée et durcie par le feu. Les pilastres, bandeaux, corniches et balustrades de l'étage supérieur sont de cette même matière, ainsi que toute l'élévation de la rotonde qu'on appelle Albert-Hall, et qui abrite l'immense amphithéâtre ou salle de concert pouvant contenir dix mille personnes.

En face de l'une des parties latérales du palais, à l'est, sur *Exhibition Road*, s'achèvent les nouvelles constructions du musée et des écoles du *South Kensington Museum*, avec portiques, colonnes, piliers, corniches et *loggia* ou balcon couvert, parements extérieurs, murs intérieurs, le tout en terre cuite.

Qu'il y ait beaucoup à dire sur le goût et l'architecture de ce dernier édifice, cela ne nous regarde pas aujourd'hui; ce qui doit nous occuper et nous intéresser ici, c'est la matière dont l'édifice est composé et l'emploi qu'on en a fait au point de vue de la construction. Le gros œuvre, bien entendu, est élevé en briques; puis, sur les surfaces plates de l'élévation, on applique un parement composé de plaques de terre cuite en les mariant aux murs au moyen de crampons réservés dans la terre elle-même. Les linteaux, les chambranles, les pilastres, bandeaux, chapiteaux et corniches, en un mot tout ce qui forme la partie décorative de la construction, sont placés de même par juxtaposition d'appareillage et d'ornementation, le tout étant composé par avance dans l'atelier. Les colonnes du portique du premier étage sont divisées en tambours alternés, l'un orné d'un bas-relief, le second d'une simple cannelure, et ainsi de suite jusqu'au chapiteau. On monte ces colonnes en emboîtant les tambours les uns dans les autres par une feuillure réservée sur le bord, en ayant soin d'imprimer en construisant un mouvement de rotation à chaque tronçon orné, de sorte que les bas-reliefs se présentent toujours sous un aspect nouveau dans la succession des colonnes. La couleur de cette terre cuite est extrêmement jolie, et, par ces derniers beaux jours d'automne et un soleil comme on le voit rarement à Londres à la fin de septembre, le monument, se détachant sur le ciel bleu, prenait ambitieusement le ton de certains marbres dorés par le climat d'Italie.

Cette application en grand d'une matière solide et apte à recevoir par le modelage et le moulage les formes les plus variées me semble un des résultats les plus sérieux que les Anglais aient jamais obtenus de leur art industriel, et si j'insiste sur ce chapitre, c'est que je crois que nous pouvons tirer bon parti de cet exemple.

Il ne s'agit plus ici d'un caprice d'architecte ou d'une fantaisie d'archéologue, mais de la mise en pratique d'un art perfectionné, si ce n'est nouveau, de l'emploi de matériaux dont la base est le sol même du pays, dont la source est inépuisable. La pierre est rare en Angleterre, puisqu'on va la chercher sur les côtes de France, et que les grands seigneurs font venir des marbres propres à bâtir, d'Italie et de Grèce; le plâtre, d'un usage si commode et si répandu chez nous, s'altère vite ici par l'humidité de l'atmosphère jointe à l'effet des gelées; il est certain que la terre cuite, fabriquée dans de bonnes conditions de solidité, soumise à des épreuves que les moyens mécaniques dont on dispose ici rendent faciles, peut transformer l'architecture, lui donner toutes les garanties de durée possibles et satisfaire à toutes les exigences du luxe.

C'est là un exemple dont nous devrions profiter. Nous avons à Paris et dans certaines provinces de bons et solides matériaux, mais quelques départements en sont privés. Là les habitations particulières sont misérablement bâties, et les constructions d'utilité publique ou les édifices municipaux coûtent fort cher. Il est rare qu'il n'existe pas sur le sol de ces fractions du pays une argile propre à être travaillée à l'aide de l'eau et durcie par le feu. Si, au lieu de se borner à mouler des briques et à façonner des tuiles, on s'ingéniait à remplacer en terre, par les inventions de formes ou les combinaisons d'appareils, le bois, la pierre et le fer, on parviendrait à construire les maisons les plus saines comme les édifices les plus somptueux. Nous avons vu dans quelques parties de la France méridionale des rudiments de cette industrie, mais qui ne dépassent guère certains détails accessoires dans la construction, des balustres et des balustrades, des carrelages, des mascarons, des bandeaux et des antéfixes, des clochetons, des chambranles, et puis c'est tout. Je crois qu'un Anglais qui aurait à Vallauris, près Cannes, dans les Alpes-Maritimes, l'exploitation d'une fabrique de terres cuites, avec son esprit d'initiative et ses capitaux, donnerait à cet art une grande impulsion.

Il faut donc faire tous ses efforts pour remplacer cet Anglais... Il est très-intéressant pour un architecte ou un constructeur d'examiner, sous un des portiques du rez-de-chaussée, tous les objets de construction imaginés par les différents fabricants de terre cuite de l'Angleterre. Tout d'abord on peut remonter à la source de cette industrie, matières premières et brutes, broyage des minerais, trituration de l'argile par d'ingénieuses machines, moulages et façons de toute sorte que subit la terre avant sa cuisson; puis les différents systèmes de fours, les procédés de coloration et d'émaillage. En un mot, on assiste à la transformation d'un gravier sans consistance en une matière solide, inaltérable, et qui prend toutes les formes et toutes les couleurs. Nous avons observé avec intérêt les différents échantillons fournis par MM. Stiff, Palham, Harris et Pearson, Harper, etc.; non-seulement on y trouve des briques de toutes les formes et de toutes les dimensions, mais des claveaux et des clés de voûte, des pieds-droits, des linteaux entiers ou formés de différents tronçons et s'ajustant comme des coins. Il y a des colonnes entières pareilles à celles que nous avons décrites plus haut et façonnées par un industriel qui porte un nom français, M. Blanchard; il y a des fenêtres entières toutes montées, d'un beau style et d'un solide appareillage, des clochetons d'églises, des cheminées extérieures et intérieures (ici le tuyau de cheminée, comme le foyer lui-même, joue un grand rôle); une série de systèmes très-variés de balustrades et de rampes d'escalier, des escaliers entiers; je citerai entre autres celui de MM. Simpson, en terre cuite émaillée comme les majoliques; bref, tout ce qui peut servir à l'édification d'une construction quelconque et à l'orner. Nous n'avons pas besoin de revenir sur les nombreux carrelages, plaques de parements, panneaux décoratifs, pour parois d'appartements, pour des plafonds même, que la maison Minton produit avec une variété et une abondance infinies; nous finirons en citant la maison Broseley, qui fabrique de ces sortes de faïences avec ornements en relief du plus séduisant effet.

Les artistes anglais, et particulièrement M. Cole, le directeur du musée et des écoles de Kensington, ont donné depuis quelques années une grande impulsion à l'art de la mosaïque. Des ateliers, où, par parenthèse, un grand nombre de femmes sont employées, sont établis aujourd'hui dans les dépendances du musée même. Des peintres de talent donnent les cartons, et, sous la direction d'un habile praticien, M. Minton fait exécuter d'importants travaux de mosaïques pour des monuments publics, tant à l'extérieur qu'à l'intérieur des édifices, ainsi que l'on voit sur les pignons du monument élevé à la mémoire du prince Albert ou dans le musée même de Kensington.

Nous avons remarqué en outre à l'Exposition un important spécimen de cet art : c'est une belle imitation de l'antique. Elle a été achevée par MM. Maw, Benthall, Broseley et Cie, sur les dessins de M. Digby Wiatt.

Nous allons passer à un autre ordre d'idées, mais toujours se rattachant aux arts du dessin, selon le programme de la Commission anglaise. Ce sont les « tapisseries et les tapis ».

TAPIS, TAPISSERIES.

On sait pourquoi la manufacture des Gobelins n'a pas envoyé ses magnifiques produits. Pendant qu'ici les Anglais nous aidaient à organiser notre exposition, de prétendus Français incendiaient les bâtiments qui protégeaient l'industrie créée par Colbert. Beauvais, inquiété par l'invasion, s'est abstenu, ainsi que la Flandre française. C'est donc M. Braquenié, d'Aubusson, qui représente, avec M. Duplan, l'art et l'industrie des tapisseries françaises. L'exposition de M. Braquenié est très-brillante. Sa grande tapisserie : *l'Enlèvement d'Europe*, est d'un ton charmant, et ses grands panneaux représentant des personnages de l'histoire, fantastiquement interprétés, mais « décoratifs » dans toute l'acception du mot, sont tout à fait séduisants d'allure et de couleur. MM. Braquenié frères, qui ont une manufacture à Malines, ont encore exposé dans la section belge de ces panneaux fabuleux.

La *Chasse au loup*, envoyée par M. Duplan, et que nous avons vue dans des conditions meilleures à l'Exposition du Champ-de-Mars, a beaucoup de succès à Londres, et nous constatons très-volontiers qu'elle mérite la faveur du public.

Les dessinateurs et les fabricants de tapis, en France et dans toutes les contrées de l'Europe, ont eu beaucoup de peine à abandonner ces dessins simulant des reliefs, des bouquets ou des guirlandes de fleurs et de fruits, des objets de tout genre (nous en avons vu qui représentaient des pièces d'artillerie et des boulets de canon), *se relevant en bosse* sur les tapis destinés à garnir les planchers et à couvrir les parquets, en un mot à être foulés aux pieds. Ils ont presque tous disparu aujourd'hui, et l'Allemagne elle-même, qui avait une prédilection pour ce genre d'ornements, les a presque délaissés.

Le succès des tapis d'Orient aux Expositions qui se sont succédé depuis vingt années a causé ce grand revirement du goût, et presque toutes les salles des sections françaises, anglaises, belges et allemandes sont tendues de tapis orientaux.

M. Dalsème, de Paris, a été plus loin. Comprenant que le meilleur moyen d'atteindre le caractère des dessins, le brillant et l'harmonie des couleurs était de les fabriquer aux sources mêmes de l'industrie orientale, il a transporté ses ateliers à Smyrne et en Perse.

Il en résulte pour lui un avantage dans la main-d'œuvre, et pour nous des produits qui, pour être fabriqués par un Français, n'en sont pas moins de vrais tapis d'Asie et de Turquie.

Je ne sais pas si MM. Wattson et Bontor, Robinson, Grossley et fils, Jackson et Graham, qui ont exposé dans la section anglaise des tapis d'Orient, sont dans le même cas, mais il est certain que leurs envois sont aussi d'une grande beauté.

L'examen des tissus et des étoffes n'est pas de notre compétence ; cependant on peut les juger au point de vue de l'art du dessin, comme les tapis. Nous avons remarqué les étoffes brodées et brochées de MM. Tassinari et Châtel, de Lyon, ainsi que les ornements et vêtements sacerdotaux de MM. Biais et Rondelet, de Paris. Nous signalerons aussi les étoffes brochées envoyées par M. Philippe Haus, de Vienne, en Autriche. On sent là déjà l'influence ou plutôt la tradition orientale.

PEINTURE ANGLAISE.

La peinture anglaise a subi, comme l'école française, des influences très-diverses. En 1855, à l'Exposition de Paris, nous l'avons vue très-portée à suivre l'impulsion que les « primitifs » avaient imprimée à ses idées et à son style. L'école des Etty, des Lesly et des Ward, et l'abus que les peintres ont fait de ce genre, avaient amené une réaction dans les études, dans l'imagination des artistes anglais. Les « préraphaéliques » dirigèrent un instant le mouvement de l'art, et le succès qu'ils obtinrent pendant un certain temps a pu faire croire qu'ils étaient les maîtres. Mais le système limité où se renferma cette école les rendit impuissants à réformer les tendances et le goût du public, comme les études des artistes. Et les peintres revinrent à leurs caprices, à leurs fantaisies, chacun suivant une route différente.

M. Millais, qui avait été dominé autrefois par une idée toute contraire, se laisse entraîner aujourd'hui, comme beaucoup de nos artistes, par le charme, la couleur, la touche des anciens maîtres espagnols. Il est difficile de ne pas s'apercevoir, en examinant son tableau des *Deux Sœurs*, qu'il a été très-séduit par Vélasquez.

Nous ajouterons que, tout en se soumettant à cette influence, il a su donner à ces deux portraits un caractère particulier et une très-réelle personnalité. Dans son *Chevalier errant*, au contraire, le peintre a certainement pensé aux maîtres italiens du xve siècle, et peut-être à M. Moreau qui lui-même les cherche et les imite, mais M. Millais a moins réussi que pour Velasquez. Le modelé pénible de ses chairs et ses pâtes raboteuses ne rappellent en rien la finesse et la netteté de pinceau de Mantegna ou de ses élèves. Nous préférons donc les *Deux Sœurs*, tout

en signalant chez l'artiste et dans l'école anglaise en général cette diver-
gence d'impression et cette incertitude dans l'exécution.

M. Leighton, qui me paraît être un des peintres les plus sérieux de
ce pays-ci, a plus d'unité dans son style, plus de sûreté dans son pinceau.
Son *Électre au tombeau d'Agamemnon* n'est pas tout à fait un tableau,
mais c'est une belle étude, bien conçue, sagement peinte et qui a par-
dessus tout un intérêt dramatique.

Son autre tableau, un *Hylas*, je crois, car je ne l'ai pas trouvé dans le
livret, sa seconde composition, plus petite que l'*Électre*, est cependant un
tableau plus complet. L'expression et l'abandon du berger, se sentant
enlacé par la nymphe des eaux, sont bien rendus, et le torse de la sirène
très-bien dessiné et très-énergiquement peint. Je le répète, M. Leighton
me paraît l'artiste le plus considérable de l'école anglaise, et je vois avec
regret qu'il n'a pour ainsi dire point d'émules, car je ne veux pas mettre
à sa suite M. Dyce, l'auteur d'une très-jolie *Sainte Famille*, et qui a son
style à lui et une exécution très-serrée, très-ferme et en même temps
très-simple. Il est inspiré par la seconde manière de Raphaël, et, en
vérité, nous ne saurions que l'en louer.

Après ces trois artistes d'un mérite très-particulier, nous sommes
obligés de nous rejeter dans cette école de genre que les peintres de ce
pays ont toujours traitée avec un certain succès, mais où, comme dans
le roman moderne anglais, la vérité se trouve trop souvent à côté de la
« charge ». Il y a dans quelques-unes des scènes qu'ils ont très-spirituel-
lement traitées, quelque chose de forcé qui attire et frappe au premier
abord, mais qui, ensuite, éloigne et rebute. Je ferai cependant des exceptions en citant les tableaux de M. Faed, celui surtout qui représente la
Petite fille d'un aveugle demandant l'aumône à des pêcheurs, et, avant
tout, deux scènes peintes par M. Israëls, la *Mère malade* et la *Mère guérie*.
Il y a là une vérité et une énergie d'expression très-profondes, et de
plus une exécution qui me paraît inspirée de l'étude approfondie de
Rembrandt.

On trouve chez certains peintres de ce pays-ci un goût prononcé
pour l'archéologie et la science du costume, ainsi qu'on peut le constater
par une grande scène qu'a peinte M. E.-J. Poynter et qui représente le
transport d'un colosse de porphyre dans un temple égyptien, et que la
multitude des esclaves vient de créer. C'est un tableau curieux, amusant
et intéressant, surtout à cause de la recherche extrême et du soin qui
ont présidé à la composition du paysage, de l'architecture, et au rendu
des engins qui servent à faire mouvoir l'impassible sphinx.

Parmi les peintres de portraits, nous avons remarqué M. F. Grant, qui continue Thomas Lawrence; M. Weigall, M. Magnee, M. Buckner et M. Norman Macbeth.

Les paysages sont nombreux et quelques-uns sont jolis. Si nous n'avions pas vu si souvent le champ de blé mûr de M. Gosling, nous serions émerveillé de l'extrême adresse de cet artiste, mais cette « facture » devient un peu du « poncif ». Les marines sont en général supérieurement traitées. Nous avons noté celles de MM. Clint, Kenduck, Vyllie, et les jolies vues de Londres sur la Tamise, par M. Roberts.

Le tableau « d'animaux » qui nous a paru le meilleur est de M. Peter Graham : un troupeau de bœufs dans les montagnes d'Écosse.

Les aquarellistes, comme praticiens habiles, sont toujours nos maîtres. Nous leur reprocherons de ne point rester peintres d'aquarelle et de vouloir imiter les tons et les effets de la peinture à l'huile. Le grand avantage de la peinture à l'eau est d'être naturellement claire, limpide et fraîche ; cette qualité très-précieuse, il faut la lui conserver. Nous signalerons une tête de femme peinte par Mᵐᵉ Hélène Tornycroft. Ce portrait est d'une grande distinction de dessin et d'un sentiment très-juste d'expression.

Les vitraux pour églises, palais et habitations particulières ont pris ici, comme tous les arts d'imitation surtout, une grande place dans l'industrie. Nous avons distingué une belle verrière représentant en grisaille légèrement rehaussée de tons discrets les différents états de la fabrication des « poteries » et l'histoire de cet art. Ces compositions sortent des ateliers de M. W. Scott. Nous noterons aussi un grand vitrail dans le style du xvᵉ siècle, par MM. Hugues et Ward.

SCULPTURE ANGLAISE ET ITALIENNE.

La statuaire n'est pas un art naturel à l'Angleterre et elle a beaucoup de peine à s'acclimater sous le ciel du Royaume-Uni. Ce n'est pas que les efforts qu'on a faits pour l'implanter ici n'aient été grands, mais elle garde toujours l'apparence de ces plantes exotiques qui, pour être élevées à grands frais dans les serres chaudes de l'aristocratie anglaise, n'en gardent pas moins le caractère d'une végétation artificielle.

Les statues et bustes d'artistes tels que MM. Birch, Foley, Marshall-Wood, Bell, Hutchinson, Adams, Watkins, Leifchild, ne constitueront pas ce qui s'appelle école, c'est-à-dire un centre d'influence, d'originalité, d'enseignement. Du reste, il semble que ces marbres blancs ou nus sont dépaysés dans ces brouillards, et ces figures sans voile paraissent grelotter sous le pâle soleil de Londres. Les Anglais ne feront

de bonne sculpture que quand ils seront bien persuadés qu'il faut au
Nord une autre mythologie que celle du Parnasse.

J'aime mieux leur sculpture sur bois. Elle est souvent énergique et
paraît prendre la séve des chênes et des ormes vigoureux dont elle est
créée. Et disons tout de suite, pour sortir de la métaphore, que cet art
trouve ici une application plus naturelle et plus positive. Les bois
sculptés ne figurent à cette Exposition que comme échantillons de cet
art : je crois donc que nous aurions dû l'examiner d'une manière plus
complète quand la série des « Meubles » aura passé devant nos yeux.

Nous ne pouvons pas laisser sous silence un genre de sculpture fort
en vogue en Angleterre; nous devrions plutôt l'appeler la « sculpture de
genre ». Les artistes l'appliquent principalement aux prix de courses —
prize-cups. — Ici la matière n'est point épargnée et la valeur intégrale de
ces prix est souvent très-considérable. Nous ne pouvons pas en dire autant
de leur qualité comme œuvres d'art. La « coupe » originale et traditionnelle a singulièrement dégénéré. C'est souvent tout un sujet, où le vase
n'est pour rien, qui est représenté sous ce prétexte, le cheval avec son
propriétaire, le jockey, le palefrenier, etc. Et cela dans un style enfantin,
dans un goût puéril. Cette sculpture ou plutôt ces *bambochades* ont un
grand succès dans le monde du *sport.* Je ne lui en fais pas mon compli-
ment. Nous comprenons qu'on veuille s'affranchir des symboles empruntés
à l'antiquité ou au moyen âge et des allégories mythologiques, mais
encore faudrait-il choisir des interprètes plus habiles du « naturalisme »
et qui auraient étudié le « cheval » et ses accessoires. L'accessoire ici
c'est l'homme; car j'admets, si l'on veut, que la nature humaine est un
incident pour ces sortes de sujets. Jusqu'à ce que MM. Hunt et Roskell
aient trouvé, pour représenter les grands vainqueurs du Derby, des
artistes qui aient étudié et rendu le caractère et la forme du cheval,
comme le fait chez nous M. Mène, je lui préférerai les *prize-cups* de
M. Fannière, toutes symboliques qu'elles sont.

Les objets d'orfévrerie envoyés par M. Elkington nous ont paru
très-supérieurs. Son plat (*Rosewater-dish*), orné de figures en bas-reliefs
très-largement ciselées, se rapproche davantage des beaux modèles que
possède le musée de Kensington en ce genre de travaux.

Nous signalerons aussi les émaux *champlevés* de M. Willms et les
pièces d'orfévrerie d'église, en cuivre jaune, de MM. Cox.

L'exposition de l'Inde anglaise offre de magnifiques spécimens
d'orfévrerie, principalement dans les nielles sur or et argent du Punjah.

Nous avons à signaler la persistance des tendances les plus funestes
dans l'école de sculpture italienne. Nous ne pouvons pas dire ici, comme

de l'Angleterre, que les traditions et le climat sont défavorables à cet art, et ce serait entrer dans le lieu commun que d'insister sur ce chapitre. Dès l'année 1855, à l'Exposition universelle de Paris, nous avions remarqué des modifications importantes dans la direction des études en Italie, sous le rapport de l'art. Les premiers, MM. Iduno et Vela, de Milan, avaient introduit dans l'interprétation de la nature, en peinture et en sculpture, la théorie et la pratique de ce que nous appelons en France le « naturalisme ». La révolution politique favorisa cette sorte de schisme. Nous l'appelons un schisme parce que jusque-là les artistes italiens avaient suivi fidèlement les traditions laissées par l'antiquité et le moyen âge. L'art ne s'en était pas mieux trouvé depuis le commencement du siècle, et les derniers soupirs de la décadence italienne, chez les successeurs de Bernin et de Tiepolo, avaient été les derniers souffles de la sculpture et de la peinture dans la patrie de Michel-Ange et de Raphaël. Cette espèce de Renaissance, de *vita nuova*, nourrie par la nouvelle école, n'était pas bien viable, elle avait quelque chose de rachitique, si je puis m'exprimer ainsi, mais enfin elle existait ; faible, incomplète, si l'on veut, mais enfin elle respirait, tandis que ce qui avait précédé n'avait pas d'existence. Il est bien entendu que nous mettons en dehors de cette critique des statuaires comme Canova, Tenerani et Bartolini, car ils avaient fait exception dans l'état général des arts en Italie, depuis Gênes et Turin jusqu'aux Calabres.

Il a fallu toute l'habileté, toute l'adresse exquise des sculpteurs italiens pour sauver la statuaire de la mort certaine dont elle était menacée par la rénovation, nous n'osons pas dire la réforme, tentée par M. Vela et son école. Aujourd'hui, nous regrettons d'être obligé de le constater, cette école s'est engagée dans une fausse route et a baissé d'un degré. C'est l'abandon complet des traditions de la sculpture et du grand art en général, c'est-à-dire l'oubli de la forme humaine dans son expression, dans sa pureté, dans son idéal ; c'est réduire la forme à l'étude d'une expression subtile et mesquine, d'un vêtement, d'une étoffe.

Si les sculpteurs italiens n'y prennent garde, ils tueront la statuaire et la réduiront au rôle de ces figures de cire appelées à émouvoir les esprits les moins cultivés.

Que signifie la *Liseuse* de M. Tantardini, de Milan ? si ce n'est la volonté de faire valoir une difficulté purement matérielle, d'atteindre un but puéril, l'imitation de la finesse, de la souplesse, de la transparence d'une feuille de papier à lettre ; et, dans sa *Baigneuse*, l'ambition de rendre *ad unguem* les plis d'une robe, pourquoi ne pas dire d'une chemise, ses festons et ses broderies? Que veut dire cette petite fille amaigrie, se mourant de langueur, due à l'habile ciseau de M. Torelli et intitulée *Eva Sainte-Clair*, une héroïne, je crois, du roman de l'*Oncle Tom?* si ce n'est le désir de flatter le goût des dames anglaises, très-porté vers les poitrinaires. La statuaire est-elle faite pour interpréter les maladies? Nous avions bien assez déjà du *Napoléon à Sainte-Hélène*, exposé à Paris en 1867! Et ces grimaces d'enfant, étudiées et rendues avec tant de soin par M. Fantachiotti, ne font-elles pas descendre l'art de la sculpture jusqu'à l'afféterie et à la « charge » ?

Nous signalerons les mêmes tendances chez les peintres italiens. Au lieu de chercher le salut de leur art dans l'étude des grands maîtres dont leur pays a été si fertile, ces artistes veulent trouver une Renaissance aux sources de la fantaisie et du réalisme. Il y a sans doute beaucoup de talent et d'esprit dans le petit tableau de M. Bianchi, bien que le sujet n'en soit pas clairement exprimé : — un suisse de paroisse que des demoiselles habillent, — et intitulé les *Apprêts*, et il y a dans cette peinture un certain entrain et une grande finesse d'observation, mais c'est presque de la « bambochade » et surtout une imitation des fantaisies de Goya. Le succès de M. Fortunj à Rome encourage les jeunes peintres de ce pays à entrer dans la voie que cet habile artiste a découverte. Ils pourront y trouver pour le moment quelque profit, mais ce n'est pas là qu'ils trouveront les vrais enseignements.

Nous avons remarqué dans la même galerie un très-bon paysage de M. Joris, représentant la *Route de Ponte-Molle à la porte du Peuple*, à Rome. On trouve bien un peu dans ce tableau de l'influence de l'école de Dusseldorf et de M. Achenbach, mais l'impression en est très-vive et très-juste, et l'effet de pluie qu'il représente est d'une vérité frappante. Il faut encore citer de bons portraits peints par MM. Amiconi, Baccani et Mordigiani.

INDE ANGLAISE.

L'exposition des produits de cet intéressant pays n'est pas plus riche au point de vue de l'art que celle que nous avons étudiée au palais du Champ-de-Mars en 1867.

En fait de sculpture, cependant, nous devons mentionner le moulage en plâtre de la porte extérieure du temple boudhiste de Sanchi, travail fait dans l'Inde centrale par le fils du directeur des écoles et du musée de Kensington, le lieutenant H. Cole, monument dont l'architecte Fergusson et le général Cunningham ont donné des descriptions, et qu'on croit avoir été élevé au commencement de l'ère chrétienne.

Les objets sculptés en bois et ivoire, les marqueteries de Bombay et de Delhi, les broderies sur étoffes du Lahore, les poteries du Sinde, les étoffes brochées de Bénarès, les émaux et ivoires du Bengale, l'orfévrerie d'or et d'argent de Bombay, les nielles du Punjah, les tissus pour vêtements et tapis de toutes ces provinces, composent le fond de cette exposition, fournie en grande partie par des marchands de Londres.

L'art du dessin est, comme on le sait, très-cultivé dans l'Inde, toujours selon les traditions anciennes; cependant on pourra remarquer l'influence européenne dans quelques sculptures et d'après le modelé de certains petits tableaux en miniature qui représentent l'histoire des différents métiers et de fabrications en usage dans toute la partie de l'Inde industrielle. Ce mouvement s'est déjà fait sentir dans le progrès ou plutôt dans les modifications de l'art de la peinture chinoise. Jusqu'ici ce mélange n'a fait qu'ôter de l'originalité aux inventions des artisans de ces régions, sans concourir au développement de leur intelligence.

ARCHITECTURE ANGLAISE.

Les dessins d'architecture, projets, plans, restaurations, vues perspectives, sont très-nombreux dans la galerie supérieure d'Albert-Hall. On peut les examiner en écoutant les sons du grand orgue établi dans l'immense amphithéâtre qui a servi de salle de concerts. Il y a là le résultat de longs et consciencieux travaux, mais peu d'intelligence de l'art de construire, et surtout absence complète de l'observation des convenances architecturales, sous le rapport du goût et de la logique. On y voit un peu de tout, du byzantin, du roman, du gothique, de la renaissance, du « Louis XIV » et du « néo-grec, » mais quels que soient l'époque ou le « siècle » qu'ils aient choisis, les architectes anglais y mêlent un élément étranger, souvent étrange, qui détruit l'harmonie et amène le désordre.

Puisque la Commission anglaise a exposé les différents dessins qui ont été mis au concours en projet de la construction du monument élevé à la mémoire du prince Albert, il nous sera permis de choisir notre exemple dans le monument lui-même érigé dans les jardins de Kensington, en face du palais de l'Exposition. Cet édifice, qui a la forme d'un immense baldaquin, rappelle le style gothique italien; il est surmonté d'une flèche aiguë et de quatre pignons fleuronnés, ornés de mosaïques.

3

En un mot, tout rappelle ici le moyen âge. Or, sur les quatre angles du perron servant de soubassement à l'édifice, sont placés des groupes de marbre blanc conçus dans le style antique, c'est-à-dire composés de figures nues et allégoriques. Je ne parle pas de la proportion des figures en complet désaccord avec le reste du monument, mais j'insisterai sur les effets déplorables causés par ces divergences. Toute l'architecture anglaise moderne en est là. C'est le défaut d'unité et, je le répète, d'harmonie.

Les architectes anglais savent cependant retrouver les lois de la logique et du bon sens lorsqu'ils abordent les sujets « pratiques » ; c'est toujours là le but où ils se rallient. — On trouvera la preuve de cette observation dans leurs projets d'écoles, d'hôpitaux, d'asiles, de gares de chemins de fer, de marchés, de fabriques et d'usines.

En fait de *restaurations*, et il y en a de bien faites, je citerai celle que M. Longfield a donnée du *tombeau d'Édouard le Confesseur*, de l'abbaye de Westminster.

GRAVURE ANGLAISE.

Les perfectionnements faits dans l'invention de Daguerre par les Anglais, les progrès de leurs photographes, les reproductions de tableaux et de dessins de maîtres anciens faites par M. Woodbury, les efforts et les progrès de la société « *Autoty-fine-Art* », les procédés photographiques de MM. Maclure et Macdonald, n'ont pas interrompu ni découragé les graveurs anglais. On trouve dans Albert-Hall plusieurs excellentes épreuves de gravures en taille-douce. La plus belle planche, à notre avis, est celle de M. Doo, le *Combat des Centaures et des Lapithes*, d'après Etty. — Le portrait de *Lady Bedford*, gravé d'après Van Dick par M. Robinson, est aussi un spécimen très-rassurant de l'état de la gravure au burin en Angleterre.

En « manière noire », nous avons noté le portrait de la *Reine Victoria*, par M. Cousins, et le *Premier menuet*, planche exécutée moitié burin et moitié manière noire.

La gravure sur bois est toujours en faveur ici, et nous dirions qu'elle est en progrès si elle n'avait pas l'ambition d'imiter les procédés et les effets de la taille-douce, de l'aqua-tinta et de la lithographie. Cette réserve faite, ajoutons que rien n'est plus charmant que les « bois » de M. Leighton. Citons aussi les jolies vignettes de MM. Evans, Palmer, Thomas et Kempel. Ce dernier a gravé un de nos peintres les plus féconds, *M. Gustave Doré*.

La gravure industrielle pour vignettes, culs-de-lampe, lettres, titres, tours de pages, est finement traitée par M. John Leighton.

ALLEMAGNE.

L'Allemagne, toute victorieuse et triomphante qu'elle est, ne brille pas à l'Exposition de Londres, cette année. La France, au milieu de ses désastres, après la guerre avec la Prusse et pendant le règne de la Commune de Paris, a su réunir à elle seule plus de statues, de tableaux et d'objets d'art de toutes sortes que la Prusse, la Bavière, le duché de Bade, la Saxe, le Hanovre et toutes les provinces qui sont aujourd'hui sous le sceptre de l'empereur Guillaume.

Il y a absence de sculptures et de ces grandes compositions symboliques et historiques telles que MM. Cornelius et Kaulback en envoyaient ordinairement aux Expositions universelles.

Le meilleur tableau est un sujet de genre : *Louis XI, roi de France, agenouillé devant ses madones de plomb*, par M. Hermann Kaulback, de Munich, puis le *Meurtre de Rizzio*, un pastiche des tableaux de M. Robert-Fleury ou de M. Comte, par M. Seitz, un Bavarois aussi ; un bon tableau d'animaux, une *Halte de chevaux au bord d'un fleuve*, par un effet de crépuscule, de M. Brandt ; une scène bien conçue et admirablement peinte, des *Enfants causant avec un fossoyeur*, par M. Marc, de l'école de Dusseldorf ; enfin un certain nombre de paysages représentant des vues de Suisse, qui tiennent plus ou moins à la manière de Calame, de Genève. Nous devons cependant faire une distinction en faveur de M. Kameck, de Saxe-Weimar, qui a peint les effets d'un *Glacier*, d'une façon très-particulière et avec une vérité surprenante.

La manufacture impériale de porcelaine de Berlin a envoyé à l'exposition de la céramique une collection de vases et de statuettes de « biscuit » attristante de froideur et de sécheresse. Je ne sais si c'est un procédé de moulage appliqué à ce genre de porcelaine qui produit cet effet, mais cela est glacial.

La meilleure peinture monumentale envoyée d'Allemagne, à notre avis, est une grande verrière représentant *Deux Lansquenets* en costume du XVIe siècle et chamarrés d'étoffes de couleurs brillantes. Cette composition n'est pas d'un goût irréprochable, elle est même presque insolente par sa hardiesse, mais, comme peinture sur verre, elle a une richesse, un éclat qui fait baisser le ton des autres vitraux. Elle est de M. Wladimir Swertschkoft, et vient de Munich.

L'Autriche est pauvre en sculpture et en peinture et ne se distingue guère que par quelques paysages, des aquarelles, et une collection variée et fantastique de pipes d'écume sculptées, mais elle est riche dans son exposition d'objets d'art industriel, surtout en orfévrerie. Les vitrines de MM. Egger frères, de Vienne, attirent particulièrement l'attention par leur variété et leur splendeur. Nous y avons remarqué deux flambeaux en or, constellés de turquoises et de rubis, du goût le plus original. Cette particularité d'invention et de fabrication se fait principalement sentir dans l'industrie de la joaillerie et de la bijouterie hongroise, ainsi qu'on peut l'observer par l'examen des joyaux exposés par M. Carl Posner, de Pesth, et par M. Radzersdorf, de la même ville. Il y a dans leurs vitrines des émaux d'une grande finesse, mariés à une profusion de pierres précieuses où la turquoise domine. On trouvera là une industrie qui appartient en propre à cette partie de l'Europe.

Les verreries et cristaux de Bohême, qui, eux aussi, représentent une origine nationale, ont été fournis par M. Henrich Ulrich, de Vienne. Son service de table en cristal taillé est très-élégant.

Les étoffes brodées en or, argent et soie, les soies brochées de M. Carl Giani, de Vienne, sont tout à fait hors ligne. Nous signalons, en ce genre, un « devant d'autel » en soie brochée blanche avec des ornements brodés en or du plus beau style.

La Hongrie était destinée à représenter la peinture d'histoire, non-seulement en Autriche, mais dans les deux empires germaniques. M. Matéjo a exposé à Londres la grande composition que nous avons vue à Paris, intitulée l'*Union de Lublin*, et M. Malnar, un tableau très-estimable : les *Chrétiens dans les catacombes*. Dans la galerie supérieure d'Albert-Hall, nous avons trouvé une belle lithographie d'un Hongrois aussi, M. Engerth, dont le sujet est *Marie Stuart avec Elisabeth*.

BELGIQUE.

L'exposition de ce pays est intéressante à plus d'un titre. La Commission qui l'a dirigée est placée sous le patronage du comte de Flandres, et les œuvres d'art et produits industriels qu'elle a rassemblés ont été concentrés dans une travée de la grande galerie de l'Est, au premier étage. Les objets faisant partie des classes IV et VI (plans et dessins d'architecture, dessins et modèles industriels) avaient été placés dans l'Albert-Hall, ainsi que les aquarelles, gouaches, gravures, dessins, lithographies et photographies. Là figurent aussi une cheminée monumentale en carton-pierre et quelques autres objets décoratifs de même matière. Les meubles (représentant la sculpture sur bois) ont été installés dans la galerie du Sud, au rez-de-chaussée. Les peintures sur verre étaient réparties dans la galerie des armures du colonel Meyrick, dans la galerie des poteries et dans l'escalier Nord-Est. La galerie n° 8, dans la partie Est du palais, abritait les faïences et les peintures sur porcelaine.

La peinture monumentale est représentée par le carton d'une longue frise dessinée et coloriée par M. Godefroy Guffens et qui donne l'interprétation de l'*Entrée de Philippe le Hardi dans la ville d'Ypres*. Cette composition est bien ordonnée, sagement comprise et exécutée avec un grand soin et une recherche consciencieuse.

Naturellement comme héritiers des anciens Flamands, les artistes belges sont plutôt des peintres de genre. Tout en faisant dignement honneur à cette succession, ils dérivent plutôt de l'école française que des écoles du Nord. Plusieurs d'entre eux ont étudié dans les ateliers de Paris et leur manière se ressent plutôt de cette influence, et par leurs procédés et leur exécution que par les sujets qu'ils choisissent.

Une des plus jolies toiles de l'exposition de Belgique, *Philippine de Hainaut, femme d'Édouard III, roi d'Angleterre, recueillant les pauvres dans les rues de Londres,* par M. Ferdinand Pauwels, rappelle le style et le pinceau de Paul Delaroche. Ce tableau est du reste bien conçu comme sujet et peint avec infiniment de talent et de soin.

La *Kermesse dans le Zuid-Beveland* (Zélande), et le *Recruteur*, de M. Adolf Dillens, deux tableaux composés et peints avec plus de liberté, sont des scènes de mœurs modernes bien observées et habilement traitées, ainsi que les *Travailleurs aux champs, souvenir d'Italie*, de M. A. Hennebick.

La *Bonne aventure*, de M. Baugniet, se distingue par une grande recherche du détail et la délicatesse du pinceau. L'exécution des costumes et des vêtements et l'étude du détail l'emportent un peu trop sur l'expression des têtes et des physionomies; c'est là le défaut de beaucoup de peintres de genre de l'école moderne. Les grands artistes flamands, comme les Terburg et les Metzu, ont su éviter cet écueil et se tenir dans une proportion exacte entre l'intérêt du sujet et l'agrément des accessoires. Les peintres belges sont plus à même que d'autres d'étudier ce juste équilibre.

M. Alfred Stevens habite Paris et ses tableaux ont souvent figuré à nos Expositions. C'est chez lui cependant qu'on pourra remarquer le plus d'observation des traditions flamandes dans ses procédés matériels, c'est-à-dire la transparence des ombres opposées aux empâtements des parties claires. Quant à la conception de ses sujets, on trouve toujours là une certaine obscurité, et ses tableaux sont peu définis. Il semble que les scènes qu'il peint servent tout simplement de prétextes à la représentation d'un meuble curieux, d'une étoffe précieuse, d'un vase à effets chatoyants, ou au jeu de tons opposés les uns aux autres. Quoi qu'il en soit, il faut dire que le petit intérieur où se passe la scène du tableau intitulé : *le Peintre*, est admirablement interprété dans le sens de la lumière et du clair-obscur.

Le *Dévouement de lady Godiva* et le *Dépit*, par M. J. Van Lerins, sont de bonnes études de femmes plutôt que des tableaux. Il y a là beaucoup de talent et des qualités de dessin très-sérieuses, mais de graves défauts de composition et une couleur peu agréable.

Nous avons encore remarqué les toiles signées par M. J. Portaels, *une Loge au théâtre de Pesth;* par M. Verlat, une *Sainte Famille*; par M. Bource, la *Préparation des filets;* par M. de Vriendt, *Alain Chartier et Marguerite d'Écosse;* et par M. Em. Wauters, *Marie de Bourgogne implorant des échevins de Gand la grâce de ses conseillers Hugonet et Humbrecourt.*

Les paysages sont nombreux et quelques-uns très-distingués. Nous mettrons en première ligne celui qu'a exposé M. Lamorinière : les *Étangs aux environs d'Ostendrecht;* celui de M. Fourmois, la *Mare;* un autre de M. Quinaux, une *Vue prise en Dauphiné;* et deux excellentes marines de M. P.-J. Clays, la *Côte d'Angleterre aux environs de Yarmouth* et une *Accalmie dans l'Escaut.*

Les peintures sur faïence de M. Ad. de Mol, sujets copiés sur des compositions de maîtres italiens, hollandais et flamands, sont dignes d'être comparées aux meilleures décorations en ce genre des artistes français et anglais, ainsi que celles qui ont été exécutées par M. Ed. Tourteau, de Bruxelles.

Les œuvres des sculpteurs belges ont été placées dans le centre même de la galerie de peinture. Nous y avons distingué une statue en marbre de M. Leemans, intitulée *Au bord de l'eau;* un groupe en marbre aussi : le *Pêcheur de Gœthe*, par M. Geefs ; un buste par M. Fraskin, *Raphaël enfant;* le *Faune à la coquille*, statue en marbre par M. Sopers, et des travaux de sculpture ornementale de MM. J. Delbove, J. Bonnefoy, Briots et Inyers-Rang.

La gravure en taille-douce est représentée par les planches de M. Jos. Franck, élève de M. Calamatta : la *Vierge aux lis*, d'après Léonard de Vinci, et le *Christ sur les genoux de la Vierge*, d'après Van Dick ; et par les épreuves de MM. Gustave Biot et Copman : la *Madonna della Scala,* d'après le Corrége, et la *Madone de Foligno,* d'après Raphaël.

Une série de vingt-trois miniatures, classées chronologiquement depuis le xe jusqu'au milieu du xvie siècle, exécutées d'après les principales miniatures des manuscrits de la Bibliothèque royale de Bruxelles, a été exposée dans le salon belge. Ces dessins sont de M. Charles de Brou.

Les dessins d'architecture sont composés des plans et de vues d'églises de Saint-Martin et Thollembeck (Brabant), de Saint-Pierre, d'Antoing, près Tournai, par M. Eugène Carpentier; d'un projet d'Hôtel de ville, par M. J. Hoste, et d'une salle de séances pour une chambre de commerce, par M. A.-F. Schoy.

MM. Braquenié frères, que nous avons déjà nommés pour la France, ont aussi de beaux panneaux à l'exposition de la Belgique; quatre grandes figures représentant *Ulysse* et *Circé, Persée* et *Andromède.* Ces tapisseries, dans le goût de la mythologie fantaisiste en vogue à la fin du xviie siècle, sont d'un éclat et d'une couleur très-remarquables.

Nous croyons ne pas trop nous écarter de notre sujet en mentionnant de jolis dessins pour dentelles, exécutés avec infiniment de soin et d'adresse par MM. A.-J. Houtmans, de Bruxelles, Jaumoulle, d'Ixelles, et J. Naton, de Saint-Josse-ten-Noode-les-Bruxelles. Terminons en citant deux collections de modèles en plâtre et de dessins originaux pour la joaillerie, composées par M. Oscar Massin.

SUÈDE. — NORVÉGE. — DANEMARK.

Nous avons vu à nos précédentes Expositions universelles que les pays scandinaves cultivent les arts avec activité. Déjà depuis longtemps leurs sculpteurs s'étaient acquis une célébrité en Europe. Aujourd'hui c'est plutôt par la peinture de genre que ces peuples se distinguent. On observe un sentiment très-vif de naïveté et de franchise chez les artistes de ces contrées, et dans leurs paysages une grande vérité d'impression. Ils procèdent plutôt de l'école de Dusseldorf que de toute autre. Nous avons remarqué les jolies scènes peintes en Suède par M. Nordenberg : le *Premier faux pas,* une *École de village;* le *Nouvel écolier,* de M. Jernberg; les beaux paysages envoyés de Suède : les *Bords du lac Mälaren,* de M. Bergh; un *Brouillard en mer,* par M. Kallenberg; une *Cascade,* de M. Nordgren, et les *Vues de Norvége* du même peintre. M. Tidemand avait envoyé de ce dernier pays un bon tableau intitulé: *Visite des grands-parents.* Cette jolie scène est bien peinte et nous donne

en outre avec exactitude les détails curieux d'un intérieur d'une famille
de paysans norvégiens.

Dans l'art dit « industriel », Stockholm avait envoyé des porcelaines
d'une belle fabrication, entre autres un grand vase orné de peintures en
frise représentant la *Suède couronnant ses artistes et ses artisans*, composition due à M. Hockert.

Parmi les nombreux produits de la céramique du Nord, nous avons
découvert une vitrine renfermant des spécimens importants de la fabrication de « biscuit » de Danemark, statues, statuettes et groupes. Ces
produits paraissent avoir subi l'influence du goût anglais.

LIVRES.

MATÉRIEL ET MÉTHODE D'ENSEIGNEMENT.

Dans le *Règlement général pour l'Exposition de 1871*, on trouve un
chapitre consacré à cette division qui est classée en cinq subdivisions :
1° *Bâtiments scolaires, mobiliers d'écoles*, etc. ; 2° *Livres, Cartes, Sphères,
Instruments*, etc. 3° *Appareils gymnastiques*, y compris *les Jeux et les
Jouets ;* 4° *Tableaux et spécimens des méthodes pour l'enseignement des
Beaux-Arts, de l'Histoire naturelle et des Sciences ;* 5° *Travaux d'élèves
pour montrer les résultats obtenus par les diverses méthodes d'enseignement.*

Nous ne nous occuperons ici, bien entendu, que de la partie ayant
rapport aux Beaux-Arts, et, pour la France, nous signalerons en première
ligne la collection d'ouvrages d'art exposée par la maison Morel, de Paris,
et dont nous avons déjà parlé. Nous avons dit qu'elle est composée
d'excellents livres, *illustrés* de belles gravures exécutées d'après les dessins d'habiles et de consciencieux artistes. Ces ouvrages ont déjà trouvé
place dans les bibliothèques du Royaume-Uni et en particulier dans celle
du South Kensington Museum où ils sont fort estimés et compulsés.

Nos départements étaient représentés par les travaux des écoles de
dessin des Alpes-Maritimes, de la Haute-Garonne, de l'Isère, du Lot, du
Nord, du Pas-de-Calais, de Saône-et-Loire (école communale du Creuzot), du Var (école municipale de Toulon, école communale congréga-
niste, école communale laïque de filles, de la même ville ; école communale de garçons, de Bandol). — On comprendra pourquoi beaucoup
d'autres départements n'ont pu apporter leur tribut.

Dans des salles attenant au vaste bâtiment d'Albert-Hall étaient renfermés les objets d'inventions scientifiques et d'éducation, le matériel d'enseignement, et se développaient toutes les méthodes employées dans le Royaume-Uni, dans les écoles d'arts plastiques, depuis le chevalet, le pupitre et le crayon, jusqu'au modèle tiré du Parthénon et des *Chambres* du Vatican. — Nous avons dit que les plans et projets pour bâtiments d'écoles avaient été exposés dans la galerie supérieure d'Albert-Hall. — Parmi ces derniers, nous signalerons les dessins de trois architectes, MM. Aldridge, Glover et Plumbé, et parmi les artistes qui se sont fait remarquer dans l'architecture « domestique », nous citons MM. Banks et Barry, M. Fawcett, M. Wyatt et MM. Fogerty et Sorby.

Après l'Angleterre, c'est l'Autriche et la Belgique qui ont présenté de plus riches spécimens en ce genre; la Belgique surtout. Les ouvrages sur l'art du dessin de MM. Bossuet, J.-J. Piron, Van Marcke, Félix Laureys, confirment ce que nous avançons. — Les académies des Beaux-Arts de Louvain, d'Anvers, de Liége, de Gand, de Bruges, de Courtrai, de Roulers, de Termonde, de Saint-Nicolas; de dessin, de Hasselt, de Lierre, de Wetteren, d'Alost, de Ninove (Flandre orientale); l'académie des Beaux-Arts de Tournai; les frères de la doctrine chrétienne de Bruxelles et jusqu'aux instituts des sourds-muets et des aveugles de Bruges, de Liége et de Schaerbeck; les élèves de l'école de dessin de Molenbeck-Saint-Jean; ceux de l'école industrielle de Charleroi et de Soignies, les élèves du collége de Thuin, avaient envoyé des exemples de travaux servant à indiquer les résultats de l'enseignement.

La Commission anglaise a voulu montrer, par une exposition de certains spécimens de l'éducation, de l'instruction et des progrès des arts dans l'Inde, que l'influence de la métropole s'étend jusqu'aux extrémités du globe.

CONCLUSION.

Il faut faire deux parts bien distinctes dans les résultats de cette nouvelle Exposition. L'une, très-pratique, qui se résume dans le désir qu'ont les Anglais de faire profiter leur nation de la comparaison des œuvres d'art et d'industrie envoyées par toutes les nations civilisées du globe, avec les produits de leur propre génie; idée qui leur est très-légitimement acquise, et dont ils ont eu l'initiative; l'autre, plus élevée, et qui consiste à indiquer clairement le degré de prépondérance et de progrès obtenu par les Anglais dans les arts. — La pensée dominante de la nouvelle Exposition de 1871, et son organisation matérielle, procèdent évidemment de l'idée qui a présidé à l'établissement des écoles et du musée de Kensington. Rassembler sur un point donné des objets d'art et des échantillons d'industrie de tous les temps et de tous les pays, là est le but d'enseignement, et le motif d'attrait, de curiosité ; mais espérer de tirer de cette confusion un moyen d'instruction, c'est là l'erreur. — Qu'on ne se méprenne point sur cette expression de *confusion*. Nous avons été les premiers à reconnaître la bonne ordonnance de cette nouvelle Exposition, dont l'ensemble a été plus facile à embrasser et à saisir, précisément parce qu'elle a été scindée en cinq années et que les différentes séries d'œuvres et de produits pourront être étudiées plus à loisir ; ce n'est donc pas le « musée » qui fait l'objet de notre critique, c'est la prétention qu'on a eue d'en faire un sujet d' « enseignement » que nous attaquons. Sur ce terrain, il nous sera permis, je le crois, de nous servir du mot « confusion, » parce qu'en fait d'enseignement des arts, plus les richesses sont accumulées devant nos yeux et plus il y a de variété et de disparate dans ces richesses, plus le désordre s'établit dans notre esprit. — Il n'y a pas d'enseignement sans une direction et la direction devient impossible au milieu de telles divergences. En faisant appel à toutes les nations pour prendre part à ce grand concours, l'Angleterre donnait la plus large proportion aux bases des expériences qu'elle a tentées depuis un quinzaine d'années dans ses écoles. Ces expériences ont-elles réussi? Nous croyons, d'après nos observations attentives et dégagées de toute partialité, pouvoir nous prononcer dans le sens négatif.

On connaît la méthode d'enseignement des arts du dessin, adoptée par l'établissement de Kensington. Un comité central, siégeant à Londres, tient en main la direction des écoles de dessin d'un grand nombre de communes du royaume, leur fournit des modèles de tous genres en esthétique et en plastique et reçoit à des époques déterminées le résultat des épreuves subies par les élèves de chacune de ces écoles. Aujourd'hui près de 150,000 jeunes gens des deux sexes prennent part à ces concours. L'esprit éminemment pratique des Anglais trouvait un progrès dans ce système, et l'éducation des garanties de morale publique. D'un côté on espérait exercer la main et exciter l'intelligence; de l'autre on donnait au travail ce que Fourier appelait « l'attrait » et ce que les Anglais nomment « attraction ». — Je le dis à regret, mais je crois que la seconde partie du problème a été seule résolue, et que le but que se proposaient les instigateurs de cette méthode n'a pas été atteint pour ce qui concerne le progrès dans l'enseignement des Beaux-Arts. En effet, réunir un aussi grand nombre d'élèves, leur mettre en main un crayon, un pin-

ceau et un ébauchoir, leur apprendre à s'en servir utilement, noblement, dans l'intérêt de l'industrie nationale, c'est là un résultat, mais ce
n'est point former des artistes et créer un art.

En 1862, lors de mon premier voyage à Londres, je fus frappé,
comme tant d'autres, par l'ingénieux programme de l'institution de Kensington; j'en témoignai quelques craintes dans le *Journal des Débats*
(août 1862), et je fus heureux et honoré de voir mes appréhensions par-
tagées par un éminent critique, rapporteur de la Commission française
pour l'exposition des Beaux-Arts, à Londres, M. Mérimée. J'avais cru
mettre nos artistes en garde contre une concurrence active et intelligente.
Aujourd'hui une expérience de près de dix années nous montre que nous
nous sommes trompés et que ce n'est pas là que nous devons trouver
une rivalité bien redoutable. — Si nous examinons attentivement ce que
les Anglais ont produit en fait d'objets d'art, ce qu'ils ont construit dans
leur architecture religieuse et civile, nous nous apercevrons bien vite que
les défauts inhérents à ces différents travaux ne pourront pas être évités
ou corrigés par le principe adopté dans l'enseignement des écoles de
Kensington.

On comprendra tout d'abord combien il est difficile aux quelques
centaines d'écoles placées sous le patronage du comité de Londres de
trouver et de réunir en province un grand nombre de maîtres assez
exercés ou assez intelligents. On nous répondra qu'ils sont eux-mêmes
dirigés par les professeurs éminents de la métropole et qu'on fournit aux
élèves les meilleurs exemples puisés aux meilleures sources. Mais quel
est le principe qui « dirige » ces directeurs? C'est, à notre avis, une
idée tout à fait fausse, celle de créer un « art industriel ». Il n'y a pas
d'art industriel. L'industrie emprunte le génie de l'art, s'en revêt et
s'en ennoblit, mais elle ne le soumet ni ne le dirige, ou, si elle le fait,
elle le dénature ou le corrompt.

C'est là l'erreur de l'enseignement du Kensington Museum. Les
administrateurs et directeurs des écoles ont à leur disposition la plus
belle, la plus riche collection, qu'un budget considérable augmente
chaque année; ils en exposent et en prodiguent les spécimens avec la
plus large libéralité. Ils en composent pour leurs écoles une série de
modèles rares et précieux; mais ces trésors sont gaspillés par des interprètes inhabiles et sans discernement. C'est ainsi qu'on voit revenir
d'une même école de province une copie d'après Raphaël à côté d'une
autre copie d'après Boucher; tel ornement qui aura été composé par
un sculpteur de la Renaissance, et destiné à la décoration d'un monument, est reproduit sur un vase ou sur un coffret; telle fresque qui

brille sur les voussures d'un palais de Rome ou de Florence sera reportée sur le panneau d'un meuble.

Si c'est là ce qu'on appelle l'art industriel, c'est aussi l'absence d'une méthode suivie et l'oubli des proportions, de la mesure, de l'harmonie.

Ici l'on prend l'enseignement au rebours en procédant du détail et l'on part de l'infiniment petit pour arriver au grand, ce qui est le contraire des principes les plus élémentaires des arts du dessin.

Des artistes tels que Mantegna, Finiguerra, Cellini, Sansovino, Albert Durer, Holbein et tant d'autres qui ont contribué à l'éclat incomparable des arts « industriels » aux xvᵉ et xviᵉ siècles, en peinture, nielles, gravure, orfévrerie et bijouterie, n'avaient pas été élevés ainsi, et, comme Michel-Ange, ils avaient étudié l'art dans quelque retraite d'érudits, au milieu des poëtes et des savants et entourés des chefs-d'œuvre de l'antiquité ; et tout ce qui a été produit d'original par leurs successeurs, même dans leurs écarts et leurs égarements, a procédé des principes enseignés par les maîtres illustres.

On s'étonnera peut-être si nous appuyons sur un point qui ne nous touche qu'indirectement. Nous insistons cependant parce que nous avons la ferme conviction que le résultat de nos observations, fruit d'une expérience acquise chez nos voisins, est la condamnation décisive de ceux qui, chez nous, nient le bienfait du haut enseignement dans les arts ou s'appuient sur la théorie de l'inspiration naturelle et du « sentiment inné » de notre race.

Un administrateur du musée de Kensington me disait, en m'expliquant le système de l'enseignement qu'on y met en pratique : « Nous sommes obligés de créer un goût artificiel chez un peuple qui n'est point naturellement artiste ; vous autres Français, vous n'avez pas besoin de cet « entraînement », car vous êtes artistes de sentiment. » Je ne répondis rien, mais je pensai qu'avant la guerre funeste qui vient de désoler notre pays, un grand nombre de nos compatriotes se croyaient soldats « de sentiment » et se sont dispensés d'étudier l'art de la guerre.

Méfions-nous aussi du sentiment en fait d'art, et pour l'art comme pour la guerre tenons-nous à la science.

Sans doute, notre nature, nos instincts, notre éducation même nous portent plus naturellement vers les arts, et les races latines sont les héritières directes des traditions de l'antiquité et du moyen âge, mais il ne faut pas chercher bien loin des exemples pour expliquer la décadence de certains pays, héritiers plus proches que nous encore des traditions antiques, comme la Grèce, l'Italie et l'Espagne, et nous trouverions facilement la cause de leur défaillance dans l'oubli d'instruction où ces peuples sont restés si longtemps.

Un savant distingué, M. Henri de Parville, donnait dernièrement une citation de Cuvier, dont nous ferons ici notre profit, car elle est pleine d'à-propos : « Les innovations pratiques ne sont que des applications faciles de vérités d'un ordre supérieur, de vérités qui n'ont point été cherchées à cette intention, que leurs auteurs n'ont poursuivies que pour elles-mêmes, et uniquement entraînés par l'ardeur de savoir. Ceux qui en profitent n'en auraient pas découvert les germes ; ceux, au contraire, qui ont trouvé ces germes n'auraient pu se livrer aux soins nécessaires pour en tirer parti.

« Si donc on veut songer sérieusement à l'avenir, continue M. de Parville, il faut commencer par cultiver la science *dans son expression la plus élevée;* il faut relever du discrédit où elles sont tombées les études purement spéculatives, et reprendre dans notre enseignement ces vieilles et glorieuses traditions qui pendant si longtemps ont placé la France au premier rang des nations. »

Voici de belles et nobles pensées auxquelles nous nous associons. Nous nous permettrons d'ajouter que ce qui serait vrai pour les sciences peut s'appliquer aux arts.

Si nous n'avons pas à craindre la concurrence des écoles de Kensington, ce n'est pas à dire que nous devons nous targuer de la supériorité de notre enseignement, qui, ainsi que celui des sciences, est « tombé en France dans le discrédit ». Élevons-nous donc au niveau des aspirations des grands artistes, qui, au beau temps de la Renaissance italienne, tendaient aux plus hautes et aux plus pures régions de la poésie et de l'idéalisme.

ADOLPHE VIOLLET-LE-DUC.

Septembre 1871.

II

APPLICATIONS DE L'ART A L'INDUSTRIE

RAPPORT PAR M. A. GRUYER

APPLICATIONS DE L'ART

A L'INDUSTRIE

RAPPORT PAR M. A. GRUYER.

Chaque âge de la civilisation a laissé son empreinte particulière, non-seulement sur l'art proprement dit, mais sur tout ce qui relève de l'art et du goût. L'homme façonne à l'image de son esprit, de son caractère, de ses mœurs, de ses croyances, et même de son incrédulité, tous les objets à son usage. Les technologies orientales reflètent, avec des harmonies enchanteresses, quelque chose de théocratique et d'immuable. Les Grecs ont imprégné de leur génie tout ce qu'ils ont touché de leurs mains. Rome est venue, du poids de son omnipotence, alourdir et pour ainsi dire matérialiser cet amour, si plein de délicatesse et de grâce, que les Hellènes avaient eu pour la nature et pour l'homme, jusque dans les créations les plus familières, les plus intimes, les plus indispensables. Le christianisme, en prenant possession du monde moral, a rêvé pour les choses usuelles une nouvelle beauté. Les meubles et les objets meublants du moyen âge ont la sévérité naïve qui les fait aimer jusque dans leurs imperfections. De ces imperfections, le souffle de la Renaissance fait jaillir partout la lumière : les choses de métier les plus humbles deviennent alors de vraies œuvres d'art. Arrive la France de Louis XIV, qui communique à tous les usages de la vie le reflet de sa magnificence. Puis vient le xviiie siècle, où notre élégante frivolité remplit l'Europe et le monde de produits marqués au coin du goût français.

Qu'a fait notre xixe siècle de toutes ces traditions, de toutes ces

4

transformations, de toutes ces splendeurs? Les arts industriels des nombreux régimes qui se sont succédé chez nous depuis quatre-vingts ans nous ont-ils laissé des modèles?... Les générations qui suivirent immédiatement 1789 crurent à un monde nouveau; oublieuses et ingrates pour mille ans de luttes et de gloires, elles professèrent que la France datait de la Révolution, répudièrent les enseignements que leur léguait l'ancien régime, et voulurent tout créer à nouveau. La République et l'Empire, reniant les traditions aristocratiques des précédents régimes, eurent la prétention de remonter tout d'un coup jusqu'à l'antiquité, dont ils ne donnèrent qu'une mauvaise contrefaçon, presque une caricature. La Restauration se détourna de l'Empire et voulut se rattacher au moyen âge, mais sans plus de succès ni de vérité. La monarchie parlementaire de 1830 légua à la seconde République un éclectisme bourgeois que l'on se hâta de renier. Le second Empire enfin, exagérant le luxe en toutes choses, fit montre partout de richesse, mais ne satisfit pas davantage aux exigences du goût, de la raison, de la beauté. Chose singulière et qui porte avec elle un irrécusable enseignement. Avant la Révolution, un siècle suffisait à peine à modifier les habitudes, les costumes, les tendances du goût. Depuis la Révolution, de dix ans en dix ans, nos ameublements, nos toilettes, nos bijoux, tout notre luxe enfin a vieilli de cent ans. De plus, avant 1792, chaque âge se rattachait directement, par son art, à l'âge qui venait de finir. Depuis cette époque, chaque génération se détourne brusquement et avec lassitude de ce qu'a produit la génération précédente. Nous possédons la science, et elle ne produit rien de stable. Nous sommes incessamment en quête du mieux; mais nous ignorons les sages lenteurs par lesquelles s'accomplissent tout progrès, toute amélioration durable. Après nous être passionnés pour tous les systèmes, nous sommes encore à chercher les principes générateurs qui impriment à une époque sa marque originale. La démocratie, à la suite d'une formidable secousse, vient de nous lancer dans de nouvelles aventures. Y a-t-il place pour l'art au milieu des problèmes sociaux qui se posent de toutes parts? L'avenir répondra à cette question. En attendant, cherchons, après dix régimes différents en trois quarts de siècle, quel est l'état de nos arts industriels. Interrogeons-les sur ce qu'ils produisent, demandons-leur ce qu'ils promettent, et voyons si nous sommes en train de trouver une voie personnelle, où nos descendants nous pourront suivre avec amour et avec honneur.

Jamais occasion meilleure ne s'offrira pour une pareille étude. A partir de la présente année (1871), l'Angleterre convie les hommes de bonne volonté de toutes les nations à une Exposition qui permettra de suivre successivement et avec tous les développements nécessaires l'état de l'art parallèlement au mouvement de l'industrie. Une innovation considérable différencie cette exhibition de toutes celles qui ont précédé. Au lieu d'appeler à la même heure l'universalité des choses (ce que notre dernière Exposition (1867) a démontré, sinon comme impossible, au moins comme dangereux), l'Angleterre invite chaque année les producteurs du monde entier à concentrer leurs efforts sur telle ou telle branche de la production et de l'invention. De cette manière, dans une période donnée, toutes les grandes industries viendront tour à tour exposer leurs produits, en les montrant, sur une grande échelle et dans leurs transformations successives, depuis la matière brute jusqu'aux formes où le goût contemporain voit en elles des objets d'art. Il y a plus : de même que l'art proprement dit (peinture, sculpture, gravure, etc.) sera en permanence pendant ces cinq années, tout produit industriel jugé digne d'être considéré comme œuvre d'art aura droit aussi de paraître pendant toute la durée de l'Exposition. Nous aurons donc les loisirs nécessaires pour donner à nos jugements la maturité convenable.

Au point de vue industriel, la laine et la céramique se partagent cette année l'Exposition. Nous regarderons d'une manière spéciale ce qui intéresse l'art dans chacune de ces industries. Mais, avant de nous attacher à ce qui peut être considéré comme œuvre d'art dans les produits qui appartiennent à la laine, à l'argile, au calcaire ou au kaolin, nous signalerons les objets principaux qui, en dehors de ces industries méritent au plus haut degré, comme œuvres d'art aussi, toute notre attention. Les malheurs qui ont accablé la France depuis plus d'un an l'ont empêchée dès maintenant de paraître avec toute son importance à ce concours international ; elle n'y garde pas moins sa prépondérance relative et son rang. C'est ce qui ressort de l'examen que nous essayons aujourd'hui ; examen sommaire, d'ensemble plutôt que de détails ; examen sérieux cependant, qui nous préparera aux études plus approfondies que nous pourrons poursuivre les années suivantes, l'esprit, sinon dégagé, allégé tout au moins des douleurs qui le possèdent et l'obsèdent encore presque tout entier.

BRONZES D'ART ET D'AMEUBLEMENT.

Parmi les industries qui relèvent de l'art, la première à nommer est l'industrie des bronzes. J'en parle d'autant plus volontiers que cette industrie est essentiellement parisienne. La France et le monde demandent à Paris les statuettes, les bas-reliefs de petites, de moyennes et même de grandes dimensions, les vases, les candélabres, les lampadaires qui décorent les palais, les hôtels et jusqu'aux simples appartements. Si Paris disparaissait, la fabrication des bronzes d'art et d'ameublement disparaîtrait du même coup, et un vide réel se ferait dans les habitudes du luxe et du goût. Je ne prétends pas qu'il n'y ait à redire sur le goût que Paris impose à la province aussi bien qu'à l'étranger ; mais pour que, du consentement universel, on se rende ainsi tributaire, il faut qu'il y ait, à l'avantage de celui à qui est payé le tribut, une incontestable supériorité. Cette supériorité, je la revendique pour Paris d'une façon plus pressante en ce moment que jamais, parce que Paris, vilipendé, mutilé, brûlé, bien coupable sans doute, mais plus imprévoyant que coupable, chargé du poids des fautes de tout un peuple, est et restera, quoi qu'on dise et qu'on fasse, l'intelligence, le cœur et l'âme de la France. Au point de vue spécial des industries qui nous occupent, Paris, s'il veut se remettre à travailler, demeurera la grande attraction du monde civilisé... A l'appui de mon dire, j'apporte des preuves irrécusables.

De tous nos fabricants de bronzes d'art, le plus considérable est M. Barbedienne. M. Barbedienne fut le premier qui comprit l'importance pratique des procédés de réduction de M. Collas. Il se passionna pour cette invention, mit, à la développer, sa fortune et sa vie, et, après mille vicissitudes, parvint à la renommée. Cette renommée est aujourd'hui sans conteste. Nous n'avons ici qu'une exposition improvisée, et, plus que toute autre encore, dans cet immense réceptacle des richesses et des convoitises universelles, elle attire et captive. La réputation de M. Barbedienne acquiert aujourd'hui la consécration d'un vrai patriotisme. A l'heure de nos désastres suprêmes, quand il fut évident, même pour les plus aveugles, que tout était désorganisé, presque anéanti dans notre malheureuse et chère patrie, M. Barbedienne fut du petit groupe d'hommes qui ne perdit pas l'espérance et qui voulut, en pleine agonie, montrer que nous portions encore les germes de la vie. Une vaillante cohorte d'artistes et de travailleurs parisiens ne s'arrêta pas plus devant la Commune menaçante que devant l'Allemagne victorieuse ; ramassant à la hâte ce qui restait dans les ateliers, dans les magasins, elle envoya cela à Londres pêle-mêle, sans ordre, presque au hasard, et se présenta pour la lutte avec les armes de rencontre qu'elle trouva toutes forgées sous sa main. Grâce aux aptitudes singulières qui se manifestent avec évidence dans cette Exposition, grâce aussi à l'habile direction de nos commissaires généraux, grâce surtout à l'infatigable persévérance de

M. du Sommerard, on peut voir la France, accablée par la guerre, se relever déjà presque victorieuse par les arts de la paix.

Plusieurs groupes de produits se distinguent dans l'exposition de M. Barbedienne : les bronzes textuellement copiés sur les œuvres originales ; les bronzes réduits par le procédé Collas ; les bronzes dus à l'initiative d'artistes contemporains ; les émaux et les montures imités de l'Orient ; les marbres, compléments nécessaires des bronzes d'ameublement.

La statue d'Auguste sert de type au premier de ces groupes. Tout le monde connaît le marbre du Vatican, découvert, il y a six ans, aux environs de Rome, dans une petite ville adoptée par Livie. Cette statue se recommandait à la reproduction, non-seulement par la beauté de la figure, mais par la richesse et l'originalité des accessoires. C'est ce qu'a très-bien compris M. Barbedienne, en coulant en bronze cette œuvre magistrale, sans vouloir l'atténuer en rien, même dans sa grandeur matérielle. Une patine blonde, glacée, transparente, recouvre la tête et toutes les parties nues. Des frottis d'or rehaussent les lumières dans les draperies. Les petites figures sculptées en relief sur la cuirasse sont également rehaussées d'or, de même que tous les autres ornements du costume impérial. Ces effets sont heureux et traduisent avec fidélité, quoique avec indépendance, les colorations si remarquables de tous ces accessoires dans le marbre original. D'où vient cependant que ce bronze, quelque soin et quelque talent qu'il dénote, garde quelque chose de mou et de presque indécis, quand on le compare surtout aux grands bronzes antiques que nous voyons dans quelques-uns des musées de l'Europe ? C'est que, aux belles époques de l'art, le bronze était considéré comme la matière première par excellence dont il fallait faire les statues. Les marbres ne venaient qu'ensuite et n'étaient, le plus souvent, que la répétition des bronzes. Là, au contraire, le bronze n'est que la reproduction du marbre, et il ne peut avoir l'accentuation, la vivacité, la persuasion d'une œuvre de première main... Quoi qu'il en soit, félicitons M. Barbedienne d'une telle entreprise. C'est beaucoup oser que de reproduire, dans de telles dimensions, un tel monument. Un industriel qui fait de pareilles choses entre de plein droit dans le vrai domaine de l'art. Il se détache de toute idée de spéculation, car il est sûr que l'argent qu'il engage ne lui rentrera pas. Il place son ambition plus haut que les satisfactions usuelles du luxe, et propose à la richesse un monument qui peut-être ne la tentera pas. Comme fondeur, il démontre qu'il comprend la nécessité de la bonne composition du bronze, et qu'il sait allier, dans les meilleures proportions, les métaux indispensables à une bonne fonte.

•Il fait voir enfin qu'il a pour collaborateurs familiers des artistes capables
de se mesurer avec les difficultés de premier ordre. Il faut donc, à tous
égards, remercier M. Barbedienne de nous donner une telle statue. —
Deux torchères monumentales, portées par des figures de femmes, représentent encore la grande sculpture dans cette exposition. Ces statues ont
été exécutées par M. Carrier-Belleuse, en vue de leur destination spéciale.
Nous les avions vues en bronze doré à l'Exposition de 1867, où elles ont
été acquises par le roi des Belges; nous les retrouvons cette année à
l'état de vrai bronze. M. Carrier-Belleuse s'est inspiré de la renaissance
française. L'arrangement des cheveux, le parti des draperies, rappellent
la manière de Germain Pilon. Assurément ce n'est pas une œuvre irréprochable. L'écart des bras qui soutiennent la longue corne à laquelle sont
fixées les lumières est exagéré. Il y a là quelque chose de gauche, presque
de violent. On souhaiterait plus d'aplomb, plus de calme dans ces figures;
on voudrait les voir plus sûres d'elles-mêmes, moins préoccupées de leur
rôle. Des tentatives de ce genre n'en méritent pas moins d'être encoura-
gées. Il faut savoir gré à l'industriel qui prend la responsabilité de telles
aspirations.

Les réductions par le procédé Collas forment le second des groupes
principaux que je veux signaler chez M. Barbedienne. Grâce à ces réductions, le niveau du goût s'est sensiblement amélioré depuis trente ans.
Les bronzes que Paris imposait à la France et à l'Europe, il y a un
quart de siècle, démontraient les plus grandes aberrations jointes à la
plus profonde ignorance. Maintenant ceux qui pèchent par ignorance
sont d'autant moins excusables qu'ils n'ont qu'à ouvrir les yeux pour
s'instruire. Jamais la propagande que font journellement les bronzes
d'art ne s'est produite d'une façon plus générale et plus manifeste. Citons,
au hasard, dans ces reproductions. Parmi les antiques : la *Vénus de
Milo*, le *Narcisse*, le *Gladiateur*, la *Joueuse d'osselets*, la *Diane de
Gabies*, la *Diane Chasseresse*, le *Sophocle*, l'*Aristide*, le *Mercure*, la
Vénus accroupie, le *Germanicus*, etc. Parmi les œuvres de la Renaissance :
le *Saint-Jean*, de Donatello; le *Moïse et les figures des tombeaux des
Médicis*, de Michel-Ange; le *Mercure*, de Jean de Bologne; les *Grâces*,
de Germain Pilon. Plus près de nous, la *Marie Leczinska*, de Coustou; la
Baigneuse, de Julien; la *Vénus*, d'Allégrain; la *Baigneuse*, de Falconnet;
la *Madeleine*, de Canova; le *Pêcheur*, de Rude; la *Pénélope*, de M. Cave-
lier; le *Saint Jean* et le *Chanteur florentin*, de M. Paul Dubois, etc.
Toutes les œuvres de la sculpture sont ainsi répandues partout à profusion, je dirai presque avec exagération. En effet, le reproche que l'on
pourrait adresser à M. Barbedienne, c'est d'avoir trop rapetissé les

chefs-d'œuvre et de les avoir amoindris, en ployant leur grandeur origi-
nelle à des usages journaliers. Je n'aime pas voir, sur une pendule, les
Parques ou la *Vénus de Milo*; j'aime encore moins reconnaître les *Pana-
thénées* autour d'une de nos lampes. Quand on s'adresse à de telles œuvres,
il faut rester avec elles sur les hauteurs. Les dieux qui ont habité les
temples de l'antique Hellénie ne doivent descendre de leurs sanctuaires
que pour s'imposer encore à notre admiration, et, si l'on se hasarde à
réduire leurs dimensions primitives pour les faire entrer dans nos habitations mesquines, il importe qu'ils ne perdent rien de nos respects et
qu'ils se tiennent toujours au-dessus de notre familiarité. Il est difficile
aussi, pour ne pas dire impossible, de reproduire, même avec des procédés mécaniques et mathématiques, les œuvres grecques de premier
ordre, sans en atténuer l'idéale beauté. Le procédé Collas rend au juste
les rapports entre les parties : mais, une fois le plâtre ou le bois taillés
par la machine, il faut, sur cette réduction en relief, faire un moule en
creux et presque toujours en plusieurs parties; dans ce moule, il faut
couler le bronze, réunir les divers morceaux, les raccorder, cacher les
jointures, exécuter les soudures avec habileté et les dissimuler avec
précaution, faire disparaître les traces des *jets* et des *évents* sans altérer
le sentiment général de l'œuvre. Or, de vrais artistes suffiraient à peine à
un pareil travail, et c'est à des artisans qu'on est obligé de le confier.
De là, souvent, de graves lacunes dans ces réductions, qu'il faut, bon
gré mal gré, amener à des prix de vente. Ces bronzes n'en sont pas
moins précieux, car, sauf les fautes accidentelles que je viens de signaler, ils reproduisent la physionomie propre de chaque monument. Les
siècles qui nous ont précédés pouvaient reconnaître leur propre image
dans les antiques qu'ils croyaient copier. Il ne manque aux dieux dont le
parc de Versailles est peuplé que les lourdes perruques du xviie siècle,
pour qu'ils puissent figurer avec avantage dans un des ballets du grand
roi. Poudrez de blanc la chevelure des Vénus du xviiie siècle, mettez
du rouge et quelques mouches à leurs galants visages, affublez-les de
paniers et de robes à falbalas, et vous verrez en elles la parfaite ressem-
blance des dames contemporaines de Louis XV. Poursuivez cet examen
sous la République et sous l'Empire, et vous trouverez aux héros de la
Grèce et de Rome la pédantesque roideur de ces tristes époques. Il n'en
est plus ainsi de nos jours, et tout le monde peut prendre une exacte
notion des œuvres de haut style.

Le troisième groupe des produits exposés par M. Barbedienne
comprend les bronzes qui appartiennent en propre à l'invention contemporaine. M. Barbedienne, dès ses débuts, a su intéresser à ses idées, à

ses ambitions, je devrais dire à ses aspirations, de vrais talents, de vrais artistes. Je ne puis me rappeler sans émotion les vases aux formes charmantes, aux reliefs délicats, dus au pauvre Cahieux, que le choléra de 1854 nous enleva à la fleur de l'âge. Aujourd'hui c'est M. Levillain, élève de M. Jouffroy, que M. Barbedienne a eu la bonne pensée d'associer à ses travaux. M. Levillain est un classique, et je l'en félicite. Sans copier servilement les vases grecs, il s'en inspire, et comme forme, et comme ornementation, et il sait demeurer lui-même en présence des plus beaux modèles. Deux coupes oblongues, décorées de bas-reliefs dans l'intérieur du plateau, sont surtout remarquables. Dans une de ces coupes, on trouve un masque scénique, un vase, une cigogne, un Priape en forme de Terme. Tout cela, jeté comme au hasard, compose cependant une suite d'objets liés entre eux par l'attraction d'une harmonie discrète autant que forte. L'autre coupe, plus importante, montre la Poésie qui subjugue l'Humanité. L'idéal, personnifié dans Homère, prend une voix, se fait entendre : une jeune femme, accompagnée d'une gazelle, oublie les dieux domestiques et s'avance ravie vers le poëte ; un jeune homme, sans paraître s'apercevoir de l'abandon de l'épouse, reste comme suspendu aux accents enchanteurs ; tandis qu'un homme, dans la force de l'âge, quitte son travail, sans plus se soucier des soins de la vie. Il y a là une parfaite entente des conditions de la sculpture et du bas-relief ; chaque figure respire à l'aise au milieu d'une atmosphère que rien n'encombre, chaque personnage paraît clairement, avec sa valeur propre et sa signification particulière. Tout est à signaler dans ces objets ; il y a autant d'art dans l'attache des anses que dans la composition des bas-reliefs. Un ornemaniste de premier ordre, M. Constant, prend aussi une part importante dans la composition de la plupart de ces bronzes. Il assiste généralement les jeunes artistes, tels que M. Levillain, leur montre ce qui est possible, les avertit de ce qui serait téméraire, et, en leur prêtant la rare intelligence qu'il a de cet art des bronzes, si complexe et si délicat, il les maintient dans la bonne voie et souvent les y ramène. — C'est dans ce même groupe de produits que se placent les fines ciselures et les repoussés d'une si belle exécution dont M. Désiré Attarge enrichit les bronzes les plus précieux et souvent les pièces d'orfévrerie qui sortent des ateliers de M. Barbedienne. Un vase en bronze, de forme grecque, tout couvert de figurines et d'arabesques en argent et or [1], ainsi que des flambeaux d'argent ciselé, d'époque Louis XVI, assurent encore, dans cet ordre de produits, une des premières places à M. Barbedienne.

---

1. Ce vase a été vendu 15,000 francs au musée de Kensington.

J'arrive maintenant à ce qui fait l'objet d'une fabrication, je devrais dire d'un art spécial, dont M. Barbedienne a eu l'initiative et dans lequel il est passé maître : je veux parler de l'introduction des émaux cloisonnés dans l'industrie du bronze et de l'appropriation du bronze d'art aux plus rares produits de l'extrême Orient. Dans toutes les technologies qui appartiennent aux arts décoratifs, l'Orient a précédé l'Occident, il lui a montré la voie, il en a fixé le terme, il a pour ainsi dire épuisé les moyens. Bronzes, ivoires incrustés, émaux, laques, tout ce qui, par l'intermédiaire de l'œil charmé, enivre l'imagination, les Orientaux ont tout inventé, tout métamorphosé, tout imprégné d'une poésie, dont la couleur est la langue, dont le soleil est l'inspiration. Dans ce pays de la lumière, la création tout entière vibre d'une sonorité dont nous n'avons, dans nos climats, que l'écho. Voilà ce qu'il est aisé de saisir quand on regarde les produits de l'Orient, voilà ce que M. Barbedienne a parfaitement compris, et, une fois convaincu de l'origine et de la raison d'être de cet art, il s'est hâté de remonter aux sources. Au prix des plus grands sacrifices, il s'est composé une collection sans rivale, où les plus rares émaux se mêlent aux plus anciens bronzes de la Chine et du Japon, où les porcelaines introuvables se fondent dans une chaude harmonie avec les ivoires incrustés, les laques, les jades et autres matières dures et précieuses. Telle est la bibliothèque dans laquelle il prend chaque jour ses informations. Et quand, après avoir vécu dans ce sanctuaire, il se trouve aux prises avec une difficulté, la solution lui devient possible. Le sphinx oriental lui a-t-il livré tout son mystère? Je n'oserais le dire, mais il s'est laissé pénétrer dans plusieurs de ses secrets.

Les émaux cloisonnés ont été, dès longtemps, l'un des objets principaux des préoccupations de M. Barbedienne. Après avoir examiné les émaux chinois, après avoir analysé la nature et la composition de l'émail, la texture des cloisons, leur manière d'adhérer à la pièce que l'on veut cloisonner, M. Barbedienne a été convaincu que ce qui était pratique en Chine et au Japon ne l'était pas chez nous. Les Chinois fondent d'abord en cuivre la pièce à émailler, comme si elle ne devait pas recevoir d'émail. Sur cette pièce ainsi fondue, ils dessinent les cloisons, et, ce dessin bien arrêté, ils en suivent très-minutieusement, très-délicatement les contours avec de petites feuilles de cuivre très-minces, qu'ils rapportent en les soudant à la pièce principale. Il y a là, on le conçoit sans peine, un travail tellement long, tellement dispendieux, qu'il faut presque y renoncer dans un pays comme le nôtre, où la main-d'œuvre prend chaque jour des proportions plus considérables. M. Barbedienne a donc cherché autre chose. Avant de fondre la pièce à émailler, il la modèle en plâtre ; sur ce plâtre, il dessine les cloisons ; ces cloisons dessinées, il les creuse, en leur donnant la profondeur et l'épaisseur convenables. Le modèle en plâtre, ainsi cloisonné, est ensuite moulé en sable. C'est dans ce moule que l'on coule en cuivre l'objet à émailler, qui vient alors à la fonte tout armé de cloisons. On comprend, au point de vue de la simplification et du prix de revient, la supériorité de ce travail sur le travail chinois. Ce procédé permet en outre de faire sur la pièce à émailler toutes les réserves de cuivre que l'on juge utiles, réserves que l'on peut dorer ensuite, et qui, surtout pour les grandes pièces, répandent dans l'ensemble de la variété, de l'éclat. Après avoir rendu justice à cette invention, il faut en signaler le côté faible. Ce côté faible, le voici. La pièce cloisonnée à la fonte et pour ainsi dire mécaniquement est plus ' nette, plus propre, plus irréprochable à un certain point de vue que celle dont les cloisons ont été rapportées après coup ; mais elle n'a pas ces mille imperfections charmantes qui impriment à toute œuvre de main d'homme l'émotion de la vie. Je ne voudrais pas dire précisément qu'un émail cloisonné chinois est à un émail cloisonné de M. Barbedienne ce qu'un cachemire des Indes est à un cachemire français, ce qu'un tapis turc ou persan est à un de nos tapis ; il y aurait cependant quelque chose de juste dans cette proportion, en faisant toutefois certaines réserves en faveur de l'éclat, de la couleur et de l'harmonie de nos émaux français. Ce qui est vrai d'une manière absolue, c'est que M. Barbedienne a puissamment contribué à introduire et à acclimater chez nous les émaux cloisonnés. Regardez les grandes pièces exposées à Londres cette année. Quelques-unes ont figuré déjà dans nos précédentes Expositions ; nous ne les en considérons pas pour cela avec moins d'intérêt, car c'est un art et une technologie désormais aussi français que l'art et la technologie des bronzes. Je prends à témoin l'armoire et les grands cornets, sur lesquels les émaux de toutes nuances, mêlés habilement à des réserves de cuivre doré, répandent un éclat de si bon aloi.

Les incrustations des métaux nobles (or, argent, platine) dans le cuivre et l'airain forment maintenant, à côté des émaux, une des ramifications de cet art du bronze, si varié dans ses formes, si complexe dans ses applications. Les Chinois fournissent encore, à ce point de vue, les plus beaux spécimens, et M. Barbedienne parvient à les imiter. Le codex du fabricant de bronze donne des formules dont il faut rarement s'écarter. Cependant les alliages de cuivre, renfermant de 7 à 11 pour 100 d'étain, ou même d'étain, de zinc et de plomb, ne fournissent pas une de ces règles immuables dont on ne doive jamais se départir. Les métaux précieux peuvent avec avantage être introduits dans ces alliages.

L'antiquité orientale et l'antiquité classique ont pratiqué ces mélanges. Qui ne connaît les bronzes nuagés d'or et les bronzes à cristallisations lamelleuses des Chinois et des Japonais, où l'or paraît avoir été projeté dans l'alliage en fusion? Ces bronzes, avec leur patine semblable à un émail couleur d'ambre, sont encore, quant à leur fabrication, un mystère pour nous. Qui n'a vu aussi, dans nos récentes expositions orientales, des bronzes chinois incrustés, non-seulement d'or et d'argent, mais de malachite de lapis-lazuli et de gemmes de toutes sortes. L'adjonction des matières précieuses dans le bronze était donc chose familière aux Orientaux. Quant à l'antiquité grecque, les textes abondent pour nous prouver qu'elle était également éprise de ces sortes d'alliages, ou plutôt d'alliances. Homère, en décrivant le bouclier d'Achille, fait intervenir quatre métaux : le cuivre, l'étain, l'or et l'argent. D'après Hésiode, le bouclier d'Hercule, brillant comme l'or, étincelait en outre de gypse, d'ivoire, d'électre et de cyanus. Les Corinthiens mêlaient communément de l'or à leurs bronzes, et s'en trouvaient bien. Pline cite Teucer comme l'artiste le plus habile de son temps dans ces sortes de travaux. Le moyen âge hérita de ce goût, mais non pas sans doute de tous les procédés capables de le satisfaire. Ce sont ces procédés que M. Barbedienne, avec une infatigable activité, s'applique à retrouver, en se tournant surtout du côté de l'Orient. Des résultats très-heureux ont déjà récompensé ses efforts.

Dans tout ce groupe inspiré des technologies orientales, ce que je préfère et ce que je considère presque comme irréprochable, ce sont les montures en bronze dont M. Barbedienne décore les émaux, les porcelaines, les jades, les ivoires et tous les objets précieux de la Chine et du Japon. Ces montures ont la précision de l'orfévrerie, et elles ont en même temps l'indépendance d'inspirations personnelles. Tantôt ce sont des bambous, tantôt ce sont des feuilles et des fleurs de lotus qui servent de base aux vases précieux dont on a fait des lampes. Ici, des chimères se tordent au milieu des roseaux et deviennent les piédestaux des pièces les plus rares et les plus importantes de l'émaillerie chinoise ; là, des têtes d'éléphants forment les supports des plus belles potiches de porcelaine orientale. Des dents de rhinocéros, sculptées et incrustées de pierres fines, sont enchâssées dans des montures dorées, dont les méandres sont en accord parfait de délicatesse et de goût avec les objets qu'ils accompagnent. Les jades les plus exquis sont encadrés dans des bordures plus exquises encore... M. Barbedienne, particulièrement assisté de M. Constant Sevin, s'est fait, de ces charmantes fantaisies, une spécialité qui lui fait beaucoup d'honneur.

Je ne veux pas quitter l'exposition de M. Barbedienne sans signaler aussi les deux grandes cheminées en marbre blanc, qui peuvent être regardées comme l'accompagnement et le complément nécessaires des plus beaux produits dont nous venons de donner une énumération succincte. Sur l'une de ces cheminées, de style Louis XVI, est sculpté un bas-relief qui rappelle le genre de Clodion. Sur l'autre, qui est beaucoup plus importante et entièrement sculptée par M. Carrier-Belleuse, est jetée une draperie soutenue par trois Amours. Ces marbres sont très-décoratifs, et il faut encourager les hommes qui, mettant en commun leurs efforts, se préoccupent avec tant de vigilance de tout ce qui, de près ou de loin, touche à leur art, l'accompagne, le complète.

M. Denière a poursuivi une tout autre voie que M. Barbedienne. Il a moins cherché, moins trouvé par conséquent. Il n'a, pour ainsi dire, rien tenté de nouveau, rien inventé d'original. Cependant, tout en restant dans les sentiers battus, il ne s'est pas enfoncé dans la routine, et, tout en obéissant au goût du plus grand nombre, qui est généralement le mauvais goût, tout en donnant pleine satisfaction à l'amour du luxe et aux appétits déréglés de la richesse à outrance, il s'est efforcé d'incliner sa clientèle vers l'élégance et de l'éloigner de la trivialité. M. Denière s'est placé avant tout au point de vue commercial, et, industriellement parlant, il a eu parfaitement raison.

Presque toutes les industries ont des rapports plus ou moins directs avec l'art ; aucune n'est et ne peut être véritablement l'art. Il y a, entre les deux mots *arts industriels*, que l'on prodigue partout à chaque instant, un flagrant désaccord ; l'oreille est habituée à cette locution, et la dissonance ne nous en choque pas, mais la réflexion ne la supporte guère et la logique ne l'admet pas du tout. L'art a pour objet, en dehors de toute idée de spéculation, de chercher, sous les formes du beau, la réalisation du bien ; le but est tout idéal ; si l'artiste se laisse envahir par la pensée du lucre, il descend de sa profession pour prendre un métier. L'industrie, au contraire, a pour but la spéculation, par l'intermédiaire de la production et du commerce ; si l'art s'empare d'un industriel, sans doute il l'élève comme homme, mais il tue en lui le commerçant. Je reviendrai sur cette idée ; je dirai comment et dans quelles limites l'art, tout en restant lui-même et dans sa propre sphère, doit se rattacher à l'industrie.

M. Denière a conquis sa réputation de grand industriel et de commerçant habile dans la fabrication des bronzes d'ameublement. Il s'est dit judicieusement qu'il fallait approprier, je ne dirai plus l'art, mais le luxe aux conditions moyennes, souvent mesquines, de notre société ; que, dans nos appartements bourgeoisement dorés par des architectes uniquement préoccupés aussi de la question financière, toute tentative d'archaïsme serait une prétention presque ridicule, et que, s'il convenait de se rattacher à la tradition, c'était dans le xviie et dans le xviiie siècle français qu'il fallait chercher. Ainsi M. Denière ne s'est tourné, ni vers l'Orient, pour y chercher l'éclat de la lumière, ni vers l'antiquité, pour y trouver la pure beauté des formes, ni vers la Renaissance, pour y puiser le sentiment personnel ; ayant à fabriquer des pendules, des candélabres, des appliques, des feux, il en a emprunté les modèles aux contemporains de Louis XIV, de Louis XV et de Louis XVI, qui en ont fabriqué de charmants. Ni l'Orient, ni la Grèce, ni l'Italie du xve et du xvie siècle, n'ont connu le besoin qui nous obsède de consulter l'heure à chaque instant. C'est une nécessité toute moderne, qu'il faut satisfaire sous des formes également modernes, et à laquelle le goût français de l'ancien régime a pourvu avec une richesse d'invention pour ainsi dire inépuisable. J'ai déjà dit que les reproductions d'œuvres de haut style n'étaient point à leur place sur nos pendules. Je préfère, et de beaucoup, une pendule fidèlement copiée sur un vrai modèle de pendule, alors que, sans prétention d'esthétique, on ne demandait à une pendule que de donner l'heure commodément, courtoisement, avec élégance et avec simplicité. Les pendules dites *religieuses,* dont les cadrans dorés et couverts d'arabesques sont si discrètement enchâssés dans des monuments d'ébène ou d'écaille presque classiques de formes, furent d'abord d'excellents modèles. Ces pendules, contemporaines de Louis XIII, marquent l'heure où le goût français reprit possession de lui-même et redevint prépondérant. Sous Louis XIV, la disposition de nos horloges perdit cette sobriété monumentale, et les derniers liens qui rattachaient naguère le goût français au xvie siècle furent rompus. Les pendules notamment, sous forme de lyres décorées des incrustations de Boule, prirent un éclat nouveau. Alors aussi se fonda la véritable industrie française des bronzes d'art. Nos fabricants, je devrais presque dire ici nos artistes, exécutèrent des pendules entièrement en bronze doré, et, tout en leur imprimant un somptueux caractère, ils ne leur firent rien perdre de leur physionomie propre et de leur commodité. Le cadran demeura toujours la préoccupation dominante ; ce fut sur lui que se porta l'effort principal de l'invention, c'est par lui qu'on voulut captiver d'abord le spectateur, sauf à le distraire ensuite par l'agrément des accessoires, des ornements, des emblèmes, souvent des figures allégoriques empruntées à la mythologie du grand roi. Puis l'art des bronzes participa de la frivolité du règne de Louis XV. Les bronzes d'ameublement perdirent peu à peu cette abondante et riche simplicité que nos fabricants leur avaient conservée pen-

dant près d'un siècle ; on abandonna les lignes sobres, presque solen-
nelles, dans lesquelles, jusqu'alors, on s'était maintenu ; on se livra à la
fantaisie, au caprice, mais en gardant une rare élégance d'appropriation.
Les Amours foisonnèrent sur les pendules, comme à travers les candélabres et les lustres. Les mœurs faciles marquèrent toutes choses de leur
empreinte maniérée. On sent comme le goût de Watteau pendant la première partie du siècle, et comme celui de Boucher pendant la seconde.
Cependant on trouve encore à cette époque d'excellents modèles et en
très-grand nombre ; le tout est de les bien choisir et de les interpréter
convenablement. Vint l'époque de Louis XVI, où le goût tendit d'abord
vers une austérité relative, mais sans pouvoir s'arrêter court dans la voie
où il était lancé ; l'impulsion donnée était irrésistible, et la vieille société
française voulut, avant de périr, épuiser toutes les formes de l'élégance,
en même temps que tous les caprices de la fantaisie. On vit néanmoins
le calme renaître dans les lignes. L'industrie des bronzes gagna en sagesse
ce qu'elle perdit en exubérance. Les modèles qu'elle nous a laissés à cette
époque sont plutôt d'exécution parfaite que de conception grandiose. Les
pendules et les candélabres tendent d'abord à revenir aux traditions du
grand règne ; puis le siècle reprend son cours et façonne à son image jusqu'aux moindres objets. Mille fantaisies charmantes, d'une irréprochable
exécution, marquent les années qui précèdent la Révolution. Clodion crée
des groupes d'une allure vive, d'un goût souvent risqué, pour ne rien
dire de plus, et modèle nombre de figurines spécialement conçues en vue
des bronzes d'ornementation. Cette appropriation particulière constitue
même un des principaux mérites des bronzes de Clodion pour le sujet
qui nous occupe. Ses nymphes et ses satyres, ses pastorales et ses bergeries, sont mieux à leur place dans les pavillons de Trianon que dans le
château de Versailles ; ils sont faits à la mesure d'une société qui se
décompose, et qui veut rester elle-même, coquette, fardée, poudrée,
musquée, jusques à son dernier soupir. Gouthière arrive enfin avec son
admirable ciseau, et donne le cachet de la perfection aux dernières fantaisies de notre vieille France. Ajoutons que, à ces époques, l'horlogerie
était cultivée à la fois à l'égal d'un art et d'une science ; que les combinaisons les plus savantes étaient cherchées partout avec émulation ; que
les pendules étaient avant tout un objet de calcul ; et que les bronzes,
quelque beaux qu'ils fussent, n'étaient qu'un accessoire, qu'un encadre-
ment plus ou moins riche et heureux conçu en vue de pièces de précision.

Voilà les époques où nos fabricants doivent puiser leurs modèles,
et c'est là que M. Denière a très-sagement cherché les siens. — Je citerai
surtout un très-beau modèle de pendule Louis XIV, dont un des originaux

se trouve chez Mme la comtesse Le Hon. Un grand cadran de cuivre ciselé en fait à lui seul presque tous les frais. On y lit non-seulement l'heure, mais les saisons, les mois, les lunes, etc. Ce cadran, soutenu par des pieds de cuivre, est surmonté d'un fronton circulaire décoré d'un masque de femme. Une figurine, qui représente le Temps, couronne ce petit monument, dont toutes les proportions sont heureusement et finement traitées. De chaque côté de cette pendule, un nègre et une négresse, sculptés par M. Carrier, supportent des girandoles de lumières dans le goût aussi du XVIIe siècle. Cet arrangement, bien que soigneusement fait, me plaît moins que la pièce originale fidèlement reproduite. — Parmi les nombreux objets de la brillante exposition de M. Denière, je veux signaler encore de bonnes reproductions d'époque Louis XVI : entre autres une pendule en forme de lyre, flanquée de deux charmants candélabres, dont les originaux ont été achetés par le marquis d'Herford à la vente du prince de Beauveau ; une autre petite pendule de même temps, dont l'original appartient à Mme Le Hon ; et surtout une bonne répétition des deux grands candélabres du palais de Saint-Cloud, candélabres qui figuraient à l'exposition rétrospective de 1867 [1]. N'oublions pas non plus quelques bons cartels en bronze doré, de riches appliques fidèlement copiées sur des modèles empruntés aux époques que nous avons signalées, et des candélabres dont les feux sont soutenus par des enfants en marbre imités de François Flamand. Voilà du luxe de bon goût, voilà de la richesse qui peut entrer dans nos maisons sans les déshonorer. M. Denière est là dans sa vraie sphère de fabrication. A mon avis, il s'égare dès qu'il en veut sortir : témoin la Cérès, en ivoire, habillée de bronze ; et la Diane, qui rappelle la renaissance française, mais en nous faisant voir combien nous avons dégénéré.

J'ai pris les expositions de M. Barbedienne et de M. Denière comme types principaux de ce qu'ont fait de nos jours l'art et l'industrie des bronzes. Ces expositions méritaient d'être signalées d'une façon toute spéciale, parce qu'elles sont fort importantes et qu'elles demeureront, l'une et l'autre, bien que dans des directions différentes, un centre d'attraction considérable. A côté d'elles se rangent celles de M. Marnyhac, de M. Eugène Cornu, de MM. Raingo frères, etc. Malgré l'intérêt qu'elles présentent, elles n'ont rien à nous apprendre, et nous n'avons pas à nous en occuper dans cette étude sommaire, qui n'est point une

1. A la base en marbre blanc sur laquelle sont montés les candélabres originaux, M. Denière a substitué trois pieds de bronze doré, modelés sur des bronzes anciens. Au milieu de ces candélabres, M. Denière a placé une grande pendule Louis XVI, composée avec talent par M. Foorty.

nomenclature, mais une vue d'ensemble, dans laquelle nous cherchons un enseignement.

Quant aux autres nations, j'ai dit que l'industrie des bronzes d'art n'existait pas chez elles. L'Angleterre particulièrement ne la possède point. Quelques rares bronzes se trouvent bien çà et là sous le couvert de la Belgique, de l'Italie, de l'Allemagne; mais ce ne sont que des exceptions. Je ne puis cependant passer sous silence les copies qu'a faites M. Pierotti des grands candélabres de la Chartreuse de Pavie. Je veux rappeler surtout les reproductions, en grandeur d'exécution, des lits antiques du musée de Pompéi. Ce sont d'excellents modèles et qui ne sauraient être trop médités. M. Castellani, en attachant son nom à ces admirables types de bronze, a donné une nouvelle preuve de son savoir et de son goût [1].

Il est convenable, je crois, de mentionner ici certaines sculptures qui appartiennent à la fantaisie au moins autant qu'à l'art, et qui sont faites surtout pour satisfaire le goût du jour. Parmi ces sculptures, se placent en première ligne la plupart de celles de M. Carpeaux. Ses bustes en terre cuite, intitulés *le Printemps, Rieurs* et *Rieuses,* sont évidemment conçus et exécutés en vue du commerce. M. Carpeaux sait que ses contemporains n'aiment pas la vraie sculpture, l'art austère par excellence, et il leur donne en échange des terres cuites, des bronzes et des marbres tout chauds de sensualité. Voyez encore le buste emprunté à une des bacchantes en état d'ivresse qui tordent leurs chairs palpitantes sur la façade du nouvel Opéra. C'est toujours le même esprit et le même parti pris d'exécution. Qu'ont à faire, en pareille compagnie, une image de la *Candeur,* et surtout une *Mater dolorosa?* Quand l'intelligence s'habitue à de certaines pensées, elle ne peut plus s'en distraire. Quand l'artiste s'attarde à de certaines images, il en est obsédé malgré lui, et si son esprit veut aller ailleurs, sa main ne lui obéit plus ou lui obéit mal. La *Candeur* de M. Carpeaux n'a rien de candide, et sa *Mater dolorosa* n'a rien de religieux. Le talent très-réel de M. Carpeaux ne peut se mesurer avec de tels sujets. — J'en dirais autant et plus encore de M. Clésinger. — Les marbres colorés de M. Cordier appartiennent aussi à cet ordre de produits. — Citons encore, non pas avec les mêmes critiques, mais pour les rattacher à ce groupe : une tête d'Apollon, de l'invention de M. Aimé Millet, fondue en bronze par M. Denière; un pâtre italien, de M. Moreau Vauthier, qui a en outre exposé une statuette de bai-

1. Citons aussi, pour mémoire, le *Joueur de Ranglia,* petite figure napolitaine exposée par M. A. Sopers.

gneuse, en ivoire, et un buste de Clytie, également en ivoire et d'après l'antique; un groupe de Ganymède, par M. Hippolyte Moulin, élève de M. Barye; deux terres cuites de M. Fautras; deux statuettes en bronze argenté, par le regrettable M. Falconnet; deux cires, par la princesse Cantacuzène; deux autres petites cires coloriées, par M. le comte de Nieuwerkerke, charmants pastiches du xvie siècle; deux groupes d'ivoire, par M. de Triquetti; un bénitier, dessiné par M. Salmson et ciselé par M. Honoré; etc. Je pourrais multiplier les exemples, et montrer que, chez nous, l'art sait, avec trop de complaisance peut-être, se ployer à des destinations secondaires.

DORURE ET ARGENTURE GALVANOPLASTIQUES.

ORFÉVRERIE, BIJOUTERIE, ETC.

Une industrie, très-voisine de celle des bronzes, puisque le cuivre en fait le fond, plus voisine encore de l'orfévrerie, puisque l'argent et l'or revêtent les objets qu'elle fabrique, a mis en œuvre les procédés galvanoplastiques, en les appliquant, dans les proportions les plus vastes, aux usages les plus variés. Dans ses rapports avec l'art, cette industrie est en outre, comme celle des bronzes, éminemment française. Née des découvertes de M. de Ruoltz et de M. Elkington, c'est M. Charles Christofle surtout qui l'a acclimatée chez nous... Voilà trente-deux ans que le nom de M. Christofle figure presque triomphalement à toutes les Expositions. Ce fut en 1844 que M. Ch. Christofle, déjà connu et récompensé à l'Exposition de 1839 pour ses travaux d'orfévrerie, exposa les premières pièces dorées et argentées par la voie humide. Après de nombreux tâtonnements, il démontra, à l'Exposition universelle de Londres, en 1851, qu'il était maître désormais de tous les secrets de la galvanoplastie. Il savait dès lors déposer avec certitude la couche de cuivre convenable dans toutes les parties d'un moule; la dosimétrie lui avait livré ses secrets; il pouvait, dans un bain de cyanure d'or ou d'argent, emprunter au sel en dissolution le poids précis du métal précieux dont il voulait recouvrir le cuivre; grâce à des courants voltaïques sûrement dirigés, l'or s'alliait en proportions diverses avec l'argent ou avec le cuivre, et prenait ainsi des tons variés; le chalumeau à hydrogène fournissait à cette industrie des puissances caloriques qui avaient raison de toutes les résistances des métaux; les problèmes relatifs à l'assemblage et à la soudure étaient tous résolus. En 1855 (Exposition universelle de Paris), la

forme des objets exposés par M. Christofle attira l'attention du jury. Des
artistes tels que MM. Diebolt, Daumas, Montagny, Briant frère, Rouillard
et Gilbert étaient associés aux efforts de M. Christofle [1]. En 1862 (2ᵉ Exposition universelle de Londres), les surtouts de table de la ville de Paris
et du prince Napoléon confirmèrent les succès antérieurement obtenus.
M. Charles Christofle étant mort peu après cette Exposition, son fils et
son neveu, MM. Paul Christofle et Henri Bouilhet, lui succédèrent.
L'Exposition de 1867 montra que, sous cette direction nouvelle, rien ne
devait dégénérer, ni dans les procédés de fabrication, ni dans les aspirations qui rattachent de si près à l'art une telle industrie. Je rappelle,
comme mémoire, le service dessiné par le pauvre Klagman; la table et le
miroir de toilette composés par M. Reiber; les pièces néo-grecques de
M. Rossigneux, etc. Deux tentatives d'innovations apparurent en outre
à cette époque : les incrustations des métaux, et les émaux exécutés à la
manière orientale. Ces produits forment encore aujourd'hui la partie la
plus intéressante et la plus originale de l'exposition de M. Christofle.

Les vases, plateaux, etc., incrustés de différents métaux, qu'exposent
MM. Christofle et Bouilhet, accusent un progrès réel sur les tentatives
faites jusqu'à ce jour dans cette direction particulière. Les différents tons
de l'or, les nielles, les anciennes oppositions de l'or et de l'argent, du
bruni et du mat, sont désormais, comme effet pittoresque, de beaucoup
dépassés. C'est aux tons chauds du bronze que MM. Christofle et Bouilhet
cherchent à marier surtout les métaux précieux. Mais les objets qu'ils
fabriquent, tout en prenant dans leurs parties essentielles l'aspect du
bronze, n'en gardent pas moins, par la manière dont ils sont traités,
l'apparence de l'orfévrerie. Les pièces ainsi façonnées relèvent de l'Orient,
et c'est M. Reiber qui est spécialement chargé d'en dessiner les modèles.
Les Orientaux, les Japonais particulièrement, avant de créer une forme
et de la décorer, regardent la nature et s'appliquent à l'imiter dans
quelques-uns de ses détails pittoresques. Les tiges de bambou armées
de leurs feuilles lancéolées, les branches de cognassier, les roseaux et
les sagittaires, les fleurs de la pivoine et du chrysanthème, les oiseaux
aux brillants plumages, voilà des modèles vieux comme le monde et qui
se prêteront jusqu'à la fin des siècles à toutes les fantaisies des arts décoratifs. Or, là comme toujours, là même plus qu'ailleurs peut-être, l'artiste ne doit pas copier, mais interpréter, et cette interprétation doit être
excessivement large. Si les Orientaux, après avoir arrêté, par un contour
vif et précis, la forme d'une plante ou d'une fleur, ne cherchent pas à

1. Le service de table, commandé par l'empereur, fut alors spécialement remarqué.

rivaliser de modelé avec la nature, s'ils n'accumulent pas tons sur tons
et couleurs sur couleurs, s'ils se contentent de teintes plates et franches,
qui, tout en donnant aux choses une certaine apparence de la réalité,
démontrent quelle large part est faite à la fantaisie, croit-on que ce soit
impuissance ? Nullement. C'est par intuition, et aussi par calcul, qu'ils en
usent ainsi. MM. Christofle et Bouilhet ont très-sagement fait en suivant
cet exemple et en procédant, par des applications à plat d'un métal
sur un autre, dans la décoration de ces sortes de pièces. Voyez leurs
plateaux, leurs bouteilles, leurs cornets, leurs potiches, etc., dont la
couleur varie de la feuille morte au violet : les plantes, les oiseaux, les
paysages, y sont nettement dessinés par un trait d'or ou d'argent, et les
couleurs indiquées par de simples teintes plates. Je citerai notamment
le service à thé, sur les pièces duquel grimpent des tiges et des feuilles
de bambou, qui s'arrangent avec harmonie au milieu des oiseaux, des
poissons et des fleurs[1]. J'aime moins les combinaisons néo-grecques
imaginées par M. Ch. Rossigneux. Le reproche qu'on peut adresser à
ces produits, c'est la froideur et la régularité d'exécution qui dérivent des
procédés mécaniques. Quand on regarde les bronzes incrustés de la
Chine et du Japon, on sent que c'est bien dans du vrai bronze qu'ont
mordu l'or et l'argent, et l'on comprend que, pour pénétrer cet airain,
les nobles métaux n'ont rien épargné d'eux-mêmes et se sont donnés
tout entiers. On est saisi en outre par le travail et par l'effort de l'homme
directement aux prises avec la matière; on voit que l'ouvrier, tout en
soumettant la nature, ne se peut imposer à elle sans rencontrer les résistances qui donnent à son travail la vivacité, l'émotion, l'accent personnel.
Il n'en est pas ainsi des produits modernes. Il est évident, au premier
aspect, que la main humaine n'est pour rien dans la fabrication de ces
objets, que l'on n'a point affaire à du vrai bronze, que l'on n'a là que
des surfaces et point de profondeur, que les métaux précieux n'ont pas
pénétré dans la masse, qu'ils n'ont été déposés que superficiellement
par des agents soumis à la science, mais inconscients d'eux-mêmes et
des résultats qu'ils produisent. De là vient la régularité un peu froide
des incrustations de MM. Christofle et Bouilhet. Non que nous voulions
décourager nos vaillants industriels des efforts qu'ils tentent incessamment vers le mieux. Nous les supplions, au contraire, de persévérer. Si
nous leur signalons des lacunes, c'est avec l'espoir qu'ils parviendront
à les combler.

Nous sommes d'autant plus à l'aise dans notre critique, que, par

1. Ce service a figuré déjà à l'Exposition universelle de 1867.

les grands émaux cloisonnés qu'ils exposent à Londres cette année,
MM. Christofle et Bouilhet démontrent qu'ils sont à même de triompher
des plus grandes difficultés. Leurs émaux sont faits à la manière chinoise, c'est-à-dire que les cloisons, au lieu d'être venues à la fonte
et de faire partie de l'objet émaillé, sont rapportées et soudées sur cet
objet. Voilà donc le travail chinois reconstitué de toutes pièces. Et ici,
contrairement à ce qui se passe pour les émaux cloisonnés de M. Barbedienne, le travail, tout entier de main d'homme, conserve son relief et
sa physionomie propre. Il y a, dans l'émail lui-même qui remplit toutes
les alvéoles, quelques-unes des soufflures et des aspérités qui rappellent
cette vibration et cette harmonie particulières à tous les produits de Orient ;
rugosités précieuses, sur lesquelles la lumière vient se briser sous des
incidences qui éblouissent l'œil et le charment en même temps. Je
louerai donc presque sans réserve les quatre grands vases sur lesquels
fleurissent, dans un si doux et si harmonieux épanouissement, le lotus,
les lis d'eau, les nénuphars et les chrysanthèmes. Ces émaux présentent
une remarquable unité de tons, sans la moindre monotonie. Plus remarquable encore peut-être est la coupe portée par trois têtes d'éléphants
niellées d'argent. Cette coupe est décorée de huit médaillons à fond
d'émail vert, sur lesquels se dessinent des feuillages et des fleurs. Malheureusement, les prix de revient de ces objets sont considérables, et
quand on veut entrer dans le domaine pratique, il faut compter non-
seulement avec le goût, mais avec la possibilité de le répandre et de le
développer. M. Barbedienne, au point de vue de la vente, a résolu la
question, tout en sauvegardant l'art. MM. Christofle et Bouilhet, aidés
de M. Tard, ont, plus encore peut-être, satisfait aux exigences du beau ;
mais ce genre de beauté, vu son prix excessif, n'a guère de chance
d'entrer dans la circulation. L'entreprise, menée à bonne fin, qu'ont
tentée MM. Christofle et Bouilhet est donc d'autant plus louable qu'elle
est plus désintéressée.

J'arrive à la vraie spécialité de M. Christofle, et je l'aborde d'autant
plus volontiers que c'est pour signaler une œuvre d'art proprement dite :
je veux parler de la reproduction des pièces d'argenterie antique composant le trésor d'Hildesheim. C'est là certainement une des plus heureuses
applications qui aient été faites des procédés si perfectionnés maintenant
de la galvanoplastie. Je n'ai pas à décrire ici les différentes pièces qui
forment ce trésor. Ce travail a été fait et bien fait par MM. F. Wiese-
ler, Frohner, Fr. Lenormand et Alfred Darcel. Je me borne à féliciter
MM. Christofle et Bouilhet d'avoir répandu, par la galvanoplastie, des
œuvres dont quelques-unes sont faites pour relever le goût public, dont

toutes sont dignes d'exciter l'érudition. Ils ont ainsi introduit dans leur industrie tous les éléments capables d'en anoblir le but, d'en élever le niveau, d'en accroître la dignité, en les confondant avec la dignité même de l'art.

Notre orfévrerie proprement dite n'a pour ainsi dire point paru à Londres cette année. La cause en est aux événements, qui ont intimidé, plus que toute autre, une industrie qui n'emploie que l'argent, l'or, et toutes les matières les plus précieuses. Nos orfévres eussent-ils été tentés d'accepter la lutte, qu'une sorte de pudeur les en eût d'ailleurs empêchés. Ce n'est pas à l'heure même de la ruine, alors qu'il faut payer la plus fabuleuse des rançons, qu'il convient d'étaler sa richesse. Nous ne sommes donc représentés par nos orfévres et nos joailliers que juste assez pour montrer que notre goût survit à notre prospérité, et que, à l'heure où se fera l'apaisement, nous aurons bientôt retrouvé ce que nous aura un moment enlevé la fortune. — Une reproduction de la grande coupe du Louvre en lapis-lazuli, avec sa monture en or émaillé, fixe d'abord notre attention. Ce beau travail est dû à M. Duron, qui nous fait voir, en outre, un bassin et une aiguière en or repoussé, avec des figures et des ornements émaillés. Ces trois pièces sont peut-être, au point de vue de l'orfévrerie, les trois pièces principales de l'exposition. Ce ne sont, il est vrai, que des copies; mais, pour copier de belles œuvres, il faut être passé maître dans l'intelligence et dans la pratique de son art. — M. Émile Philippe a envoyé aussi quelques bons morceaux d'orfévrerie, parmi lesquels un plateau et une aiguière en argent, malheureusement trop chargés d'ornements. Je signalerai aussi à M. Émile Philippe la crudité de ses émaux, la dureté de leurs tons, le manque d'harmonie dans ces objets qui doivent briller surtout par la couleur. — Nous regardons avec intérêt, dans l'exposition de M. Rouvenat, l'épée d'honneur offerte par les dames de Mulhouse au colonel Denfert. Rien de hors ligne, d'ailleurs, n'est sorti cette année de cette maison, qui a envoyé à Londres quelques bijoux, dont les diamants font le principal mérite. — De MM. Fannière frères, nous voyons les coupes données par l'empereur pour le grand prix des courses de Paris à M. Auguste Lupin et à M. Charles Laffitte, en 1869 et en 1870. — Je ne voudrais pas taire non plus le nom de M. Veyrat, qui est honorablement connu dans notre orfévrerie. — Quant à M. Froment Meurice, que nous aurions voulu nommer le premier, si son nom figure au catalogue de l'exposition française, il est rappelé par si peu de chose dans cette exposition, qu'il convient presque de dire qu'il n'a point paru à cette première épreuve. Nous ne doutons pas qu'il ne prenne son rang dès l'année prochaine... Je le répète, notre exposition, au point de vue de l'orfévrerie et de la bijouterie, est sans doute ce qu'elle devait être cette année, mais ne donne pas l'idée de ce qu'elle est réellement. Le peu qu'elle montre cependant est très-supérieur, par la mesure comme par le goût, à ce que nous voyons d'orfévrerie et de bijoux étrangers. Tout le monde connaît ce que font les argentiers anglais et les excentricités auxquelles ils se livrent sous prétexte d'inventions pittoresques. MM. Hancock et d'autres encore sont là pour nous donner raison. Je n'aime pas davantage les pièces d'orfévrerie exposées par M. Bourdon de Bruyne... Mais ce qu'il faut considérer avec intérêt, ce sont les jades enrichies de pierreries, les nielles noires sur or, et les filigranes d'or et d'argent envoyés par le gouvernement du Punjab. Malheureusement les formes orientales tendent trop à se rapprocher des nôtres, et ces objets perdent dès lors une partie de leur physionomie... Somme toute, l'orfévrerie, cette année, est peu ou point représentée, et il convient d'ajourner à des temps meilleurs une étude faite sur des informations suffisantes.

MEUBLES D'ART.

Les meubles, comme l'orfévrerie, ne figurent cette année que comme œuvres d'art. Malgré leur petit nombre, ils affirment la supériorité du goût français. — Je trouve, ou plutôt je retrouve, dans notre galerie de peinture du rez-de-chaussée, le bahut de M. Fourdinois, qui a fait si bonne figure à l'Exposition universelle de Paris, en 1867, et que le musée de Kensington s'est approprié comme un modèle. Ce meuble est bien composé; toutes les parties, bien dessinées, se tiennent et s'enchaînent; la sculpture y occupe une place importante, sans prétentions exagérées; des incrustations lapidaires (vert antique et lapis-lazuli) ajoutent à la richesse et à l'harmonie de l'ensemble; les arêtes du bois sont avivées comme des lignes métalliques; une précision mathématique règne dans les moindres détails; jamais exécution n'a été aussi juste, jamais ébénisterie ne s'est montrée plus irréprochable. Cependant cela est froid; et tandis que devant un meuble, sculpté de façon souvent presque grossière, appartenant soit au moyen âge, soit à la Renaissance, soit même au XVIIe ou au XVIIIe siècle, on se sent entraîné quelquefois jusqu'à la passion, ici nulle émotion ne vous gagne; on regarde, on admire, on s'étonne même de tant de perfections, mais on a beau s'approcher, toucher du doigt toutes ces choses, nulle part on ne sent vibrer la chaleur de la vie. C'est la faute de notre temps, ce n'est pas celle de l'habile industriel qui a fait un si louable effort. Les deux sphinx qui soutiennent le coffre sont bien conçus pour la fonction qu'ils remplissent, les corps sont d'un beau dessin ; malheureusement les têtes, d'un sentiment trop moderne, semblent indifférentes à la question d'art. De chaque côté des portes, entre deux colonnes accouplées, sont deux statuettes : Minerve et Mars; sur les portes, Apollon et Diane sont sculptés en bas-relief ; des nymphes sont couchées sur les tiroirs, tandis que deux figures nues accompagnent le fronton. Toutes ces sculptures sont savantes, et de vrais artistes peuvent à bon droit en revendiquer l'exécution ; cependant elles participent de la froideur générale de l'œuvre, où tout semble fait à l'em-porte-pièce, par des procédés mécaniques, avec une précision inexorable et presque inconsciente. — Je revois à Londres, avec plus de plaisir encore peut-être, la gaîne, la table et le coffret exposés aussi à Paris, en 1867, par MM. Allard fils et Chopin. La gaîne, en ébène incrustée d'ivoire, est flanquée de deux cariatides. La table et le coffret sont en bois tendre, et il est difficile de trouver quelque chose de plus fin comme sculpture et de plus heureux comme invention. Les deux cariatides qui soutiennent la table sont loin d'être irréprochables ; mais les guirlandes de fleurs qui tombent de chaque côté du médaillon central sont d'une légèreté charmante, et les deux enfants qui se jouent autour d'une cas-solette posée au-dessous du meuble sont les dignes compagnons de ces girandoles fleuries. La cassette surtout, avec ses fins reliefs, est presque un chef-d'œuvre. Ce ne sont là encore que des pastiches du xviiie siècle, mais traités avec infiniment de goût et d'intelligence personnels par celui qui les a faits... Quand on prend des modèles, il faut savoir choisir. Il faut mesurer ses moyens avant de viser un but. Plus l'époque est près de nous, plus il est facile de nous en approcher. Plus les modèles aussi appar-tiennent aux grandes effluves de l'art, plus il est difficile, pour nous qui ne sommes que des érudits doublés d'indifférence et d'incrédulité, d'en-trer, sans nous y noyer, dans de pareils courants. En plein xixe siècle, M. Fourdinois a tenté une œuvre de grande renaissance, et, tout en faisant les plus louables efforts, il n'a pu l'impossible. M. Allard a placé plus modestement son idéal à la fin du xviiie siècle, et il a créé quelque chose qui, sans être précisément vivant de la vie des contemporains de Louis XVI, en reproduit cependant les qualités aimables et superficielles.— M. Degas, avec ses fauteuils Louis XIV et Louis XVI, mérite aussi d'être nommé. — M. Mellier a exposé un grand bureau (Louis XVI), en bois de rose, beaucoup trop chargé de bronzes. — M. Charles Houry nous montre un meuble de l'époque de Henri II, avec plaques de faïence, qui laisse encore à désirer... Je veux signaler aussi les dessins de meubles de M. Bosquier, de M. Fauré, de M. Henry Saulier, et surtout les très-bonnes publications de M. A. Morel. Tous les arts d'ornementation, l'ameublement en particulier, sont intéressés au plus haut point à de pareilles entreprises.

Si nous cherchons des meubles chez les autres nations, nous en trouverons en plus grand nombre que dans notre exposition ; mais si nous les regardons, ce sera, en général, pour ne pas voir en eux des modèles. Ce n'est pas la richesse qui leur fait défaut, et, s'ils pèchent, ce n'est point assurément par sobriété. A quoi bon prodiguer, sur un meuble, l'ébène, l'ivoire, le lapis, le cuivre, l'or, etc., si l'on ne sait marier entre elles avec discrétion et avec harmonie ces matières rares et précieuses? Quand on veut reproduire les meubles des siècles passés, il importe de se pénétrer d'abord du sentiment de ces époques; autrement, on n'a que des pastiches qui n'appartiennent à aucun temps. On aura beau accumuler sculptures sur sculptures, on ne rappellera la Renaissance qu'à condition d'en restituer quelques-unes des qualités exquises. De même, il ne suffit pas de charger d'incrustations de cuivre des meubles noirs, pour rendre la somptueuse beauté des meubles de Boule. Ce qui manque presque partout, c'est la proportion, c'est la mesure. Nous n'avons pas encore nous-mêmes touché le but, tant s'en faut. L'Angleterre en est plus loin encore. J'appellerai en particulier l'attention sur les meubles de MM. F.-F. Baumgartner, de MM. Snyers et Rang, de MM. Jackson et Graham, de MM. Collinson et Locker, de M. Gillow, de M. Mignienne, de M. Trolopp. Je mentionnerai surtout avec éloge la grande table ronde en marqueterie que le duc de Northumberland a achetée de M. Charles Blake[1]. — En dehors de l'Angleterre, je citerai de M. Auguste Klein, de Vienne (Autriche), un coffret recouvert en maroquin du Levant avec de très-remarquables mosaïques. C'est assurément un des beaux ouvrages que l'on puisse voir en ce genre, mais qui relève plus peut-être du relieur que du fabricant de meubles. — La Belgique, avec le dressoir et le lit de M. Briots, apporte son contingent à l'art de l'ameublement. — L'Italie arrive aussi avec ses tables de mosaïque. Malheureusement, ce qui était art autrefois n'est plus aujourd'hui que marchandise, et les montures sculptées de ces tables sont aussi molles et effacées que les incrustations elles-mêmes sont indifférentes et banales... Donc, sous le rapport de l'ameublement, nous sommes, malgré notre quasi-abstention, de beaucoup les premiers. Il n'en faut pas moins redoubler de travail, car nous avons beaucoup à réformer, beaucoup à gagner encore.

1. Cette table porte le n° 3,070 ᵃ.

TAPISSERIES.

CACHEMIRES, SOIERIES, DENTELLES, BRODERIES, ETC.

Parmi les fabrications qui tiennent le plus à l'art et qui en subissent avec le plus de fidélité les vicissitudes, il faudrait placer en première ligne la fabrication des tapisseries. Les cartons du Kensington Museum et de Hampton Court montrent le cas que faisaient les plus grands maîtres, aux plus grandes époques, de ce moyen de reproduction de leurs œuvres. J'aurais donc placé les tapisseries en tête de ce travail, si cette belle industrie n'était pour nous comme découronnée à Londres cette année. Là, comme dans toutes les directions de l'intelligence et du goût, la France du xviie siècle avait pesé d'une manière décisive. Après les chefs-d'œuvre incomparables de la Renaissance reproduits par les tapisseries flamandes, la France, sous Henri IV d'abord, sous Louis XIV ensuite, avait imposé partout sa manière de voir. La Savonnerie, créée au Louvre, en 1604, et transférée à Chaillot en 1631, avait inauguré l'ère de prospérité des tapisseries françaises. Les manufactures royales fondées par Louis XIV, à Paris, en 1667, sur l'emplacement de la fabrique du fameux teinturier Gilles Gobelin, avaient porté bientôt à son apogée la renommée de ces précieux produits. Le xviiie siècle les avait marqués à l'empreinte de son élégance et de sa frivolité. Notre xixe siècle enfin, tout en se laissant aller, là comme ailleurs, à d'étranges aberrations, n'en avait pas moins maintenu la suprématie de notre manufacture. Or, voilà que, au moment où s'ouvrait à Londres l'Exposition internationale, des barbares incendiaient, à Paris, notre établissement plus de deux fois séculaire, et que les chefs-d'œuvre qui faisaient notre parure s'en allaient en fumée avec tant d'autres de nos gloires nationales. Rien donc des Gobelins à l'Exposition de 1871. A la vérité, je suis loin de regarder comme des modèles tout ce que notre manufacture nous montre depuis des années. J'aurais eu bien des réserves à faire relativement à ces produits, bien des conclusions à prendre contre leurs tendances... Je l'ai déjà dit à propos des bronzes d'art, je le répète pour les tapisseries, je le redirai encore en parlant de la céramique, quand on s'occupe d'ornementation, c'est vers l'Orient qu'il faut regarder d'abord. La Turquie, l'Asie Mineure, la Perse particulièrement, nous fournissent, en fait de tapisseries, les plus beaux modèles. Nulle part on n'a su, comme dans cette partie de la terre, où l'œil et l'imagination sont comme saturés de soleil, fabriquer ces trames ingénieuses, dans lesquelles souvent l'éclat métallique de l'or et de l'argent se mêle aux tons veloutés, sonores sans tapage, harmonieux surtout, des plus riches teintures de la laine et de la soie. Charmer le regard, conduire l'esprit, par l'intermédiaire de visions enchantées, dans le pays des songes, voilà ce que cherchent les Orientaux et voilà ce qu'ils trouvent dans leurs tapisseries. La couleur en fait l'agrément principal. L'ornementation y est empruntée à la nature, mais au moyen d'une interprétation qui fait une très-large part à la fantaisie. Les arabesques, les méandres, les entrelacs sont savants, jamais pédants. La géométrie joue un grand rôle dans l'agencement des lignes ; mais, sur ces combinaisons, les tons les plus riches répandent à profusion leurs chauds rayons de lumière. Déjà les Orientaux fabriquaient les plus beaux tapis alors que l'Europe occidentale ne connaissait pas, même de nom, la tapisserie. Nos premiers modèles nous sont donc venus de l'Orient. Malheureusement nous les avons délaissés. Oubliant les conditions premières d'une technologie ornementale par excellence, nous avons fait des tableaux de nos tapisseries. Il est vrai que les plus grands peintres, toutes proportions gardées entre les hommes et entre les époques (Mantegna à la fin du xve siècle, Raphaël au commencement du xvie, Rubens dans la première partie du xviie, Boucher au xviiie), ont prodigué leur génie, et, à défaut de génie, leur talent à peindre des cartons de tapisseries. Mais ces compositions étaient conçues exprès pour les manufactures de la Flandre ou des Gobelins. En vue de cette destination spéciale, les maîtres avaient fait leurs réserves : ils avaient procédé le plus possible par teintes plates ; les couleurs étaient simples plutôt que composées. Les cartons eux-mêmes ressemblent presque à de la tapisserie ; et il est certain que des tapisseries faites d'après eux ne ressembleront jamais à des tableaux. Voilà l'essentiel. Il ne faut jamais confondre les genres ; il faut laisser à chaque chose sa physionomie propre. Une tapisserie qui ne paraît plus être une tapisserie est un produit bâtard, qui n'a pas de nom dans la langue des arts. En procédant ainsi, on fait du même coup deux mauvaises choses : une mauvaise tapisserie et un mauvais tableau. Et ce sont pourtant à ces trompe-l'œil puérils que notre manufacture d'État semble avoir donné presque tous ses soins depuis trois quarts de siècle... J'espère que les Gobelins, sous l'habile direction de M. Darcel, et avec le concours des artistes éminents qui s'intéressent à la manufacture, vont renaître de leurs cendres et reprendre leur rang.

L'industrie privée est représentée en première ligne, à Londres, par le grand tapis de M. Braquenié. Un mascaron jaune, simulant l'or, au centre ; des rosaces concentriques bleues et blanches, avec six médaillons en camaïeu bleu sur la partie blanche ; des bustes de femmes, qui émergent de feuillages et portent des corbeilles remplies de fleurs ; de grandes réserves roses aux quatre angles, avec des trophées au carquois en camaïeu ; le tout encadré d'acanthes jaunes sur fond rose, avec deux grandes cornes d'abondance, d'où débordent les fleurs et les fruits;... telle est l'ornementation de ce tapis, qui dénote un grand effort et produit d'heureux effets. Cela ressemble au moins à un tapis. M. Braquenié, qui est maître dans son art, sait que là est le point essentiel. C'est ce qu'il nous montre très-bien dans un panneau représentant une *Offrande à Cérès*, scène mythologique conçue et exécutée dans le goût du XVIIIe siècle, parfaitement appropriée à la tapisserie, et traitée, au point de vue technologique, avec beaucoup de talent. On voit, dès le premier coup d'œil, que l'on a affaire à un tissu de laine ; il n'y a pas d'hésitation possible ; il faut en savoir gré à M. Braquenié. D'autres auraient mis tous leurs soins à nous faire croire à un vrai tableau, et auraient vu dans notre hésitation le gage d'un plein succès. M. Braquenié a moins bien réussi dans les deux tableaux de la *Naissance de Vénus* et de l'*Hiver*. Cette fois il a copié trop littéralement ses modèles. Il a procédé avec sa palette de laine comme on procède avec la palette du peintre ; il a accumulé tons sur tons et demi-teintes sur demi-teintes, et il a simulé presque à s'y méprendre des tableaux, qui coûtent ici leur pesant d'or, parce qu'ils sont servilement copiés en tapisserie. En fait de tapisseries, les progrès de la science, s'ils ont utilement servi la technologie, ont fait à l'art un tort considérable. L'illustre inventeur de la *Chimie des corps gras* a plutôt entravé qu'avancé nos manufactures par ses savantes recherches sur les couleurs. En composant ces claviers chromatiques, où les tons se comptent, non plus par demi, mais par des différentielles pour ainsi dire infinitésimales, il a mis la tapisserie en état de rivaliser, non-seulement avec la peinture à fresque ou avec la peinture en détrempe, ce qui ne serait que demi-mal, mais avec la peinture à l'huile, ce qui est détestable. — M. Duplan est un de nos exposants les plus actifs, les plus ingénieux, un de ceux qui cherchent, et dont l'esprit est ouvert à tous les progrès. Néanmoins sa tapisserie du *Chien mangé par les loups* est encore exécutée d'après le système déplorable contre lequel nous ne cesserons de protester. C'est trop un tableau pour être une bonne tapisserie. J'aime moins encore le *Cerf au milieu des bois*, où les tons sont criards et discordants. M. Duplan, cependant, en nous montrant une ancienne tapisserie, exécutée d'après un carton de Boucher, nous présente un type dont il comprend la valeur. Il nous donne, en outre, l'occasion d'apprécier son goût personnel dans les beaux panneaux d'arabesques, par lesquels il se rattache aux meilleures traditions. — M. Élysée Ollivier devrait, lui aussi, rattacher à de vrais modèles son importante fabrication. — M. Pitrat, qui rend, en Angleterre, de réels services à notre industrie, tire de la manufacture d'Amiens des panneaux de fleurs que je ne cite que pour mémoire. — Je ne voudrais pas omettre non plus les dessins de tapisserie exposés par MM. Eugène Adan, Bosquier, E. Guichard et Léon Parvillé.

J'ai indiqué les prétentions qu'affichent la plupart de nos grandes tapisseries. J'ai invité les industriels à se souvenir de la véritable fonction des objets qu'ils fabriquent. Je les ai conviés à revenir aux saines traditions, à remonter aux sources et à se tourner vers l'Orient, tout en restant Français. Si j'ai regretté de ne pas trouver les Gobelins à la tête de nos principales manufactures, je dois signaler, comme également regrettable, l'absence de Beauvais. La manufacture de Beauvais, fondée aussi par Louis XIV, en 1664 (trois ans avant celle des Gobelins), s'est tenue toujours dans des conditions plus humbles, mais plus vraies, plus pratiques, mieux appropriées aux raisons d'être de la tapisserie. Elle n'est guère sortie du domaine de l'ornementation, et, pour n'avoir point élevé trop haut son ambition, elle s'est rarement égarée. Dans cette voie, elle n'a cessé, depuis plus de deux siècles, de fournir de bons modèles à l'industrie privée. Des fables, traitées avec finesse, d'élégantes arabesques, des bouquets et des guirlandes de fleurs, composés et coloriés dans l'esprit de la tapisserie, des oiseaux aux riches couleurs, tels sont les principaux motifs dont elle a enrichi les mobiliers de nos palais. Voilà, dans leur genre, de vraies œuvres d'art, bien conçues, admirablement exécutées, et qui s'adaptent avec une convenance parfaite à leur destination spéciale. La plupart de nos fabricants, en suivant cet exemple, fournissent à nos habitations particulières un luxe de bon aloi. Je regrette de ne pas voir, à l'Exposition internationale de 1871, plus de ces belles tentures de meubles composées dans le goût des deux derniers siècles... En somme, notre exposition de tapisseries laisse beaucoup à désirer cette année. La faute en est aux événements, sans doute; mais elle en est à nous aussi. En temps de prospérité nous aurions montré davantage assurément. Aurions-nous montré beaucoup mieux ? J'en doute.

Plusieurs de nos exposants ont joint à leurs tapis français des tapis turcs et persans. Ces tapis, fabriqués en Orient, sur commande et en vue de nos convenances, se ressentent en général de notre prédilection pour la symétrie, que nous confondons trop volontiers avec l'harmonie, et que, trop souvent aussi, nous lui substituons. Ces tapis orientaux n'ont rien qui aspire, non-seulement au grand art, mais même à l'art le plus humble. Ils sont faits tout bonnement pour être de vrais et de bons tapis, confortables par-dessus tout, et, dans leur simplicité d'ornementation, ils trouvent moyen d'être décoratifs au plus haut point. Le dessin en est généralement pauvre et banal; quelques fleurs très-conventionnelles et quelques rosaces grossièrement tracées en font tous les frais; mais la couleur en est toujours ingénieuse, et va souvent jusqu'à l'enchantement. Peu de nuances diverses; mais des couleurs franches, simples et sans ambiguïté. Les rouges, les verts, les bleus, les jaunes, accordent leurs tons les plus francs avec une audace triomphante. Il faut remarquer que ces couleurs ne tirent leur éclat que de combinaisons dues à la plus sagace observation de la nature. Quand, dans la nature, un objet nous attire par la mystérieuse intensité de ses tons et par je ne sais quoi de vivant qui semble se mouvoir dans la couleur, jamais cette attraction n'est le résultat d'une coloration simple et uniformément répandue sur toutes les parties. Toujours la perception, que l'on croit une et partout semblable à elle-même, est la somme d'une infinité de perceptions partielles qui s'absorbent et se résument dans une même résultante. Regardez attentivement une forêt ou un pré dont le vert nous enchante, un lac dont le bleu vous ravit, vous verrez que mille nuances diverses de vert et de bleu s'unissent et se fondent en des modulations infinies, pour vous faire croire à une identité qui n'est qu'un accord intégral et parfait. Il en est de même dans les tapis orientaux. Considérez de près ces larges surfaces vertes, bleues, rouges, dont l'éclat nous étonne et dont la sonorité nous séduit, vous observerez que mille nuances différentes de vert, de bleu, de rouge composent ces teintes, qui tirent leur relief de leur diversité même. Voilà des exemples, voilà des modèles, que notre commerce a la bonne pensée de s'approprier, et sur lesquels notre industrie ne saurait trop fixer ses méditations. Non que je voudrais voir notre fabrication s'annihiler dans une imitation plate et servile. Chacun doit rester soi-même, sauvegarder sa manière de voir et son sentiment personnel. Les arts d'ornementation font partie de notre vie, de nos mœurs, des habitudes de notre esprit aussi bien que de nos convenances et de nos délicatesses. Nous ne pensons pas plus comme les Orientaux que nous ne vivons comme eux, et ce qui leur convient ne saurait nous plaire au même degré. Je souhaiterais seulement qu'on s'inspirât d'eux sans les copier, que notre science moderne ne dédaignât pas leurs vieilles technologies, qu'elle leur empruntât la manière de trouver l'unité d'impression dans la variété presque infinie des tons, qu'elle leur demandât surtout comment un rayon de lumière, en s'accrochant dans de certaines conditions aux molécules colorantes, donne à la couleur le relief, l'éclat, l'harmonie, la chaleur et la vie.

Si quelques-uns de nos compatriotes ont mis sous leurs noms des produits orientaux, les Anglais en ont usé de même et dans de bien plus larges proportions. Dans leur longue exposition de tapis (les tapis garnissent toute la paroi verticale de la galerie consacrée à la céramique), ce sont les tapis turcs et persans qui méritent la plus sérieuse attention. Je m'en tiens à la question d'art, cela va sans dire, car, industriellement parlant, il faut compter grandement avec les fabriques qui satisfont à de si bas prix l'énorme consommation du Royaume-Uni. Il importe de remarquer spécialement, comme des produits estimables au point de vue de la décoration, les moquettes de MM. J. Crosley et Sons, J. Brinton, James Templeton, Woodward Grovenor, etc. Quant à MM. Watson-Bontor, Lapworth Brot[s], Gregory, H.-R. Willis, etc., c'est par les tapis de Smyrne et de Madras, etc., que leurs expositions sont surtout remarquables[1].

Il convient de citer, à côté des tapis, les cachemires des Indes et les châles brodés orientaux qu'ont exposés MM. Verdé-Delisle et Dalsème, pour la France, et ceux qui remplissent une vitrine placée au milieu de l'exposition de peinture anglaise. Ce sont des notes étincelantes et d'une riche harmonie jetées au milieu du concert, souvent confus, discordant même quelquefois, de tous les produits de l'invention et du génie humains, qui se mêlent, se confondent et se heurtent souvent dans ce vaste bazar.

Les étoffes somptueuses, où les plus précieuses matières sont accumulées en vue de l'ornementation, doivent également être mentionnées. Tels sont, en première ligne, les vêtements sacerdotaux envoyés par MM. Tassinari et Chatel, de Lyon; la chasuble dont la trame d'or est enrichie par des applications de fleurs de velours; les évangélistes brodés sur bandes destinées à une étole; l'agneau pascal, brodé d'or et d'argent sur un fond de soie rouge, enrichi lui-même d'arabesques brodées d'or; de très-belles étoffes de soie brochée; des fleurs rouges et or, accompagnées de feuillages d'un vert pâle et or, sur fond noir. Tout cela est d'un très-remarquable effet, et est digne, à tous égards, d'être encouragé. — Les soieries de M. Duplan sont aussi d'une rare beauté. — Les broderies religieuses de MM. Biais fils et Rondelet (une figure de Christ et une tête d'ange) méritent d'être spécialement recommandées. — N'omettons pas non plus les applications à la main de M. Achille Bleuze, et les broderies

_____

1. MM. Schütz et Juel, de Saxe, ont exposé aussi un curieux tapis turc sur fond noir.

sur étoffes de Mme Villot... Mais là encore, les broderies orientales d'or et
d'argent sur fonds de velours, de satin, de cachemire, les tissus d'or et
de soie envoyés par les Indes, ainsi que les soieries chinoises exposées
par M. Dalsème, sont incomparables au point de vue de l'éclat, de la
lumière, de l'harmonie, de l'entente et du goût décoratifs.

Il est un autre ordre de produits qu'il importe aussi de mentionner,
ce sont les dentelles et les broderies. Elles appartiennent à ces industries
qui ne relèvent que du goût, et dans lesquelles nous avons été, nous
sommes et continuerons d'être, il faut l'espérer, des maîtres. — La robe
en point d'Alençon exposée par M. A. Pagny est une merveille dans son
genre. Le dessin en est bon, et, quoique très-chargé, il paraît léger.
De grandes palmes donnent à la base une indispensable solidité. Mille
points variés mettent en relief, ici des feuillages, là des fleurs, ailleurs des
palmes et des rinceaux ; une végétation luxuriante sort de vases élégants
et va se ramifiant de bas en haut, gagnant en délicatesse et en légèreté
à mesure qu'elle s'élève davantage, de manière à dégager presque complétement la ceinture. La femme parée de cette dentelle semblera
surgir d'une création aérienne[1]. — M. Verdé-Delisle nous montre des
volants non moins beaux, également en point d'Alençon. Des roses, des
clématites, des églantines, des clochettes et des fleurs des champs,
courent en se jouant à travers le réseau presque invisible, et s'arrangent
en guirlandes qui se rattachent entre elles par des nœuds formés à
ravir. Sur d'autres volants, des boules de neige, des tulipes et des renon-
cules s'élancent en gerbes, et composent comme un bouquet magique,
auquel l'œil se laisse prendre sans presque pouvoir s'en détacher...
Je ne parle que pour mémoire des dentelles de soie noire... Quant aux
broderies, je me contente de rappeler la robe et le mouchoir qu'a exposés
M. Lecomte-Maillard[2]. On se demande avec quels yeux, avec quels fils,
avec quelles mains, de pareils ouvrages se peuvent faire... Parmi les
dentelles rangées dans les galeries étrangères, je signalerai surtout les
ombrelles en point, avec fleurs en relief, de M. Ed. Hoorickx (Belgique)...
Ce ne sont là, d'ailleurs, que de simples indications. Beaucoup de
fabriques font défaut dans cette première épreuve : Malines, Valenciennes, Chantilly, Bayeux, Bruxelles, etc. n'ont point fourni leur contingent. Elles nous dédommageront bientôt, nous n'en doutons pas.

1. M. A. Pagny a également exposé de très-belles dentelles noires.
2. M. Lachez-Bleuze a aussi envoyé des broderies d'un goût remarquable.

CÉRAMIQUE.

Parmi les industries qui ont des relations directes et intimes avec les arts, la céramique tient une place considérable. Elle en occupe une beaucoup plus importante encore au point de vue de cette étude, puisque, pour cette première année, elle figure en première ligne dans l'Exposition internationale de Londres et que c'est elle qui en fait principalement les frais. En abordant cet ordre de produits dans cette revue sommaire, le danger serait de nous y trop attarder. Il nous faudra résister à la tentation d'exposer le moindre des développements que comportent les nombreuses considérations se rapportant à toutes les branches de cette industrie. Je n'oublierai pas, d'ailleurs, que toutes les questions industrielles me sont interdites par le programme même qu'il me faut remplir. Les applications de l'art à l'industrie étant le seul intérêt qu'il me faille servir en ce moment, je tâcherai de me dégager de toute autre préoccupation. Je laisserai donc de côté toutes les questions de science, d'histoire, d'archéologie, etc., et j'examinerai simplement ce que valent, relativement à l'art, les produits exposés. Nos céramistes, surpris, mais non découragés par les malheurs qui nous ont accablés du mois de juillet 1870 au mois de mai 1871, ont répondu avec courage, mais sans préparation aucune, aux louables excitations de nos commissaires généraux. Les produits céramiques français n'ont donc pas, cette année, le caractère d'apprêt et de solennité qu'ils auraient eu s'ils avaient été faits en vue d'un grand concours comme celui-ci; ils se présentent pêle-mêle, sans ordre, tels qu'on a pu les recueillir à la hâte au milieu de nos ruines. Eh bien! dans ce désarroi général, je trouve une consolation. Je revois encore la France avec ses qualités sérieuses et aimables. Les produits sortis du sein de sa ruine conservent leur saveur, leur accord particulier, et, à certains égards, leur incontestable supériorité. Là, cependant, plus que partout ailleurs, les efforts de nos concurrents ont été considérables, et couronnés de succès qui nous doivent inspirer de sérieuses réflexions. Tout n'est pas perdu pour nous, tant s'en faut. Je le prouve en nommant M. Deck en tête de nos exposants.

M. Deck a poursuivi, avec une science pleine de désintéressement, la découverte d'une faïence qui satisfît à toutes les exigences de l'art, comme à toutes les fantaisies de la décoration. M. Deck, après avoir longtemps cherché, a trouvé. Il est arrivé à des résultats qui font de ses faïences les plus belles assurément de toutes celles qui se fabriquent aujourd'hui, non-seulement en France, mais en Angleterre même, et par conséquent dans le monde entier, car c'est de l'Angleterre seule que nos céramistes ont à redouter une concurrence sérieuse. Dans ses recherches, M. Deck a fort judicieusement tourné ses regards vers l'Orient. Les anciennes faïences persanes sont, en effet, les plus remarquables parmi celles que les arts décoratifs aient mises en œuvre. Dans ces faïences, pâtes, glaçure, décoration, tout concourt aux effets les plus variés, les plus riches, les plus inattendus, les plus harmonieux. C'est en s'appropriant la technologie, le goût, l'esprit de telles faïences, que M. Deck est arrivé aux excellents résultats qu'il nous offre aujourd'hui. M. Deck apporte le plus grand soin au choix de l'argile, à ses qualités plastiques, à la finesse du sable, à la pureté de la chaux. Ses pâtes sont légères et bien homogènes. Il attache la plus sérieuse importance à la transparence des glaçures et à la translucidité des vernis. Ses émaux sont généralement alcalins, et il arrive à des vitrifications d'une limpidité surprenante. Les fonds d'azur qu'il emploie souvent semblent profonds comme l'air ambiant, et, dans cette belle atmosphère, les fleurs, les oiseaux, les arabesques, les feuillages, ont l'éclat et la solidité des gemmes les plus rares, tout en conservant la légèreté et la grâce de fantaisies véritablement aériennes. Parmi les artistes que M. Deck associe journellement à ses travaux, il faut citer surtout : Mme Éléonore Escallier, MM. Ancker, Ranvier, Gluck, Schubert, Émile Benner, Legrun, etc. Bien que les faïences exposées cette année par M. Deck nous soient déjà connues, nous nous y arrêtons avec bonheur, parce que nous y trouvons résumés tous les progrès que comporte la science, aussi bien que l'art céramique. Les céladons ont la richesse et l'éclat des céladons chinois. Une seule chose laisse encore à désirer, le craquelage à mailles serrées que les anciens faïenciers du Céleste Empire savaient donner à leurs émaux, et que les fabriques modernes de la Chine ne peuvent plus reproduire. M. Deck, qui a tant trouvé déjà, nous donnera cela encore, et il apprendra aux Chinois eux-mêmes comment il faut faire. — Ses grands plats persans sont des interprétations plutôt que des imitations. Ce sont des produits qui, tout en rappelant l'Orient avec intelligence et fidélité, restent français et conservent leur originalité. — J'en dirai autant de la grande vasque qui a déjà figuré avec honneur à l'Exposition de 1867. Les dimensions de cette pièce sont exceptionnelles. Les palmes dont elle est ornée (vertes et rouges, bleu foncé et bleu-turquoise) sont du plus bel effet décoratif. — Les plaques émaillées, hautes de 1 mètre et larges de 0^m,45, sont des revêtements du plus riche effet, dont l'architecture ornementale devra certainement tirer parti : sur des fonds tour à tour jaune-paille, bleu clair et gros bleu, des oiseaux voltigent au milieu des roseaux et des fleurs. M. Deck,

dans ces sortes de faïences, est le maître de ceux qui savent. Nous trouverons en Angleterre des produits similaires, nous n'en trouverons pas qui
réunissent au même degré des qualités aussi rares. — A côté de ces pièces
admirables, où domine la préoccupation des technologies étrangères, je
trouve, dans l'exposition de M. Deck, d'autres faïences qui ne relèvent
que d'elles-mêmes et de l'inspiration personnelle. Je signalerai surtout
deux grands plats circulaires, où des oiseaux se jouent avec bonheur au
milieu de clématites et de branches chargées de fruits. Sur un autre plat
extrêmement remarquable, deux tourterelles roses se viennent désalté-
rer dans le calice de fleurs d'un rose plus tendre encore. Ailleurs, deux
Amours enlacés sont emportés dans les airs au milieu d'un baiser. Ces
faïences sont de la plus grande beauté ; l'imagination et la science s'y dis-
putent le pas. Ce sont, à la fois, des produits céramiques de premier
ordre et de vraies œuvres d'art, où la plastique joue son rôle en même
temps que la peinture. Les sujets sont modelés dans la pâte, de manière
à se dessiner en un faible relief, puis peints, et enfin recouverts de cet
émail translucide qui donne à la masse tant de profondeur et tant de légèreté. Voilà de la belle et saine décoration ; voilà de vrais produits céramiques, qui n'ont aucune prétention de rivaliser avec la peinture proprement dite, mais qui tiennent aux technologies les plus savantes en même
temps qu'à l'art le mieux entendu. Mme Éléonore Escallier a fait une
sorte de chef-d'œuvre dans sa composition des deux tourterelles, et
M. Legrun a fait œuvre d'artiste aussi en consacrant ses deux Amours à
la faïence et aux émaux de M. Deck. J'aime moins les grandes têtes peintes
par M. Ranvier sur des médaillons circulaires, parce que la faïence y est
trop effacée sous la peinture. J'en dirai autant de la figure d'Éthiopienne
peinte par M. Hisch, et, jusqu'à un certain point aussi, des chasses de
M. Gluck et des compositions de M. Ancker. Je ne considérerai jamais la
faïence comme un simple panneau à l'usage du peintre. Il faut que la
faïence conserve avant tout son apparence et ses qualités plastiques ; si la
peinture intervient, ce ne doit être qu'à titre décoratif. Quand le public
demande autre chose, il a tort. Que M. Deck tienne bon dans sa manière
de voir, et il ramènera à lui les plus récalcitrants. Ce que je souhaite
maintenant, c'est qu'on fasse au plus tôt sortir M. Deck du cercle étroit
d'une exposition ordinaire ; c'est qu'on mette à sa disposition de grands
espaces, et que là on le laisse libre de faire selon son gré. La cour qui
précède le quartier français à l'Exposition internationale est vide encore
de toute décoration[1] ; que M. Deck la revête de faïences, et il démontrera

1. Dans cette cour se trouve déjà, cependant, la charmante fontaine en faïence de
M. Léon Parvillée.

notre supériorité, j'en ai l'assurance, non-seulement au point de vue du goût, mais également au point de vue de la fabrication.

L'exposition de M. Rousseau, importante par le nombre, se signale en même temps par des pièces d'un vrai mérite. — Je citerai, en première ligne, un très-beau coffret formé de cinq plaques de porcelaine, sur lesquelles M. Solon Milès a modelé, dans d'élégants reliefs, des sujets empruntés à l'histoire de Pandore. Ces ingénieuses compositions, exécutées dans la pâte et recouvertes d'émail, n'ont pas, assurément, le caractère classique que commande le sujet; elles sont plutôt conçues dans le goût du xviiie siècle, et s'adaptent fort ingénieusement à une technologie qui, entre les mains de M. Rousseau, s'avance vers la perfection. En prenant l'initiative d'un œuvre de cette valeur, M. Rousseau s'est placé au niveau des fabricants les plus habiles et les plus soucieux de leur art. — Nous voyons, à côté de ce coffret, de grands vases de faïence, bons de formes et rares de tons, qui fournissent également la preuve d'une très-intelligente fabrication. — Les plaques peintes par M. Rischgitz doivent être également remarquées. — Je ne veux point omettre non plus les services de table si largement décorés d'animaux et de fleurs dont M. Braquemont semble avoir dérobé le charme à l'extrême Orient... Tous ces objets, dont les uns sont des œuvres d'art et dont les autres affectent des destinations familières, dénotent, de la part de M. Rousseau, la véritable intelligence des conditions décoratives qui s'imposent aux ouvrages de terre.

Le grand vase de M. Collinot nous est connu déjà. En le revoyant, nous avons toujours éprouvé le même effet. L'aspect général en est terne et triste. C'est une œuvre savante, mais froide, gourmée, d'un archaïsme un peu prétentieux. Les panthères qui forment les anses sont contournées d'une façon malheureuse. Je préfère les autres panthères gravées en creux et légèrement teintées sur la panse du vase. Il y a, dans tout cela, un grand effort pour un faible résultat. Il n'en faut pas moins encourager les entreprises de ce genre. Même quand elles ne sont pas couronnées d'un plein succès, elles dénotent des vues élevées et un louable désintéressement. Tout le monde connaît les émaux sur faïence de M. Collinot, ses curieuses imitations d'arabesques et de dessins persans. M. Collinot avait associé ses efforts à ceux d'un homme qui connaissait l'Orient et qui l'aimait presque à l'exclusion de tout. En perdant M. Adalbert de Beaumont, M. Collinot nous dira, dans un avenir prochain, je l'espère, qu'il a gardé pour lui toute cette science et toute cette passion. Nous le supplions de ne pas oublier que, dans ses modèles de prédilection, les couleurs, sans redouter aucune vivacité d'opposition, brillent toujours par leur richesse, par leur éclat, par leur franchise.

Au lieu de se tourner vers l'Orient, comme ont fait de préférence M. Deck, M. Rousseau, MM. Adalbert de Beaumont et Collinot, M. Jean cherche surtout à rattacher sa fabrication à l'Italie des belles époques. Un grand plat, décoré de couronnes concentriques bleues, avec une armoirie entourée d'enfants nus au centre, deux autres plats, de moins grandes dimensions (l'un avec arabesques sur fond jaune, l'autre également orné d'arabesques qui convergent vers une petite figure de femme), sont assez bien réussis et font presque illusion à distance; mais dès qu'on approche, le charme disparaît. On n'a plus devant soi que d'habiles imitations, faites en général sur de bons modèles, ingénieuses comme dessin, bien réussies comme fabrication, mais qui ne vivent pas de leur propre vie. Pourquoi attachons-nous tant de valeur aux belles faïences d'Urbino, de Faenza, de Gubbio, de Deruta, de Castel Durante, de Caffagiolo? C'est parce qu'elles appartiennent à une époque incomparable, que nous aimons avec passion et qu'aucune puissance humaine ne nous rendra jamais. Ce qui est inimitable dans ces faïences, ce n'est pas leur fabrication, c'est le sentiment qui respire en elles et qu'elles nous communiquent avec vivacité. Voilà ce que nulle imitation ne peut rendre, et pourquoi il est téméraire de tenter l'entreprise. S'inspirer des meilleures technologies est recommandable; copier des œuvres de simple ornementation est possible; mais il ne faut jamais se prendre à la figure humaine, car chaque époque, en dépit d'elle-même, la façonne à son image, et il n'est si grande fidélité apparente que l'esprit ne trahisse. Copions, si nous voulons, les faïences persanes ou hispano-mauresques; mais ne nous attaquons point à celles où respirent le style et l'âme des maîtres, nous n'y pouvons atteindre. Quoi que fassent nos plus habiles faïenciers, ils ne reproduiront jamais que la surface de leurs modèles, ils n'en pourront pénétrer l'âme et la véritable intelligence.

MM. Soupireau et Fournier, eux aussi, se sont appliqués à des reproductions de faïences italiennes, et ils nous montrent un grand plat qui est fait dans un bon parti d'imitation. Là encore, cependant, l'illusion n'est que superficielle, et les observations que nous venons d'adresser à M. Jean, nous les soumettons à tous ceux de nos habiles fabricants qui sont engagés dans la même voie. — Nous trouvons également, sous le nom de MM. Soupireau et Fournier, les ingénieuses imitations que M. Avisseau, de Tours, a faites des terres émaillées de Bernard Palissy. Je signalerai surtout un plat qui porte en son centre les armes en relief de a maison de Metternich. Voilà une pièce d'un rare mérite, et à laquelle il faut applaudir presque sans réserves. M. Avisseau est, comme son illustre modèle, un vrai *ouvrier de terre*. S'il a copié les *rustiques figulines*, c'est pour s'inspirer de leur esprit, et pour faire ensuite, en son propre nom, des œuvres presque de premier ordre au double point de vue de l'art et de la fabrication. — Sans quitter encore l'exposition de MM. Soupireau et Fournier, je veux noter aussi, comme une faïence d'un mérite exceptionnel, le grand plat de M. Ulysse, conservateur du musée de Blois. Une armoirie est au centre, entourée d'un cadre formé de modillons en relief, et tout autour circule une ronde guerrière du temps de la Ligue. — Enfin, sous le couvert de MM. Soupireau et Fournier, on voit jusqu'à un encrier en faïence de la façon de M. Carpeaux. Un petit buste de Lazzarone Napolitain, très-vivement modelé, surmonte cette écritoire. Cette figure spirituelle et vivante est ici très-bien à sa place. Toutes les prédilections de l'artiste se sont portées sur elle; malheureusement, le reste a été négligé, et se trouve d'une exécution tout à fait insuffisante.

MM. Ristori et Signoret à Nevers, M. Gallé-Reinemer à Nancy, M. Boulanger à Choisy-le-Roi, MM. Geoffroy et Cie à Gien, se sont attachés surtout, depuis plusieurs années, à refaire les anciennes faïences du xviie et du xviiie siècle. Si ces fabricants étaient arrivés à restituer les vraies faïences de Delft, de Rouen, de Moustier, elles auraient rendu à la céramique un éminent service, car nous aurions désormais les plus belles pâtes sous les plus belles glaçures. Mais on n'a rien trouvé de semblable. Profitant d'un retour du goût public vers nos anciennes faïences, on s'est efforcé d'en reproduire la décoration par des procédés économiques, et on a été quelquefois assez habile pour favoriser (bien à contre-cœur, j'en ai l'assurance) l'improbité de certains marchands aux prises avec la crédulité de certains acheteurs. — M. Ristori a commencé, à Nevers, ce genre de fabrication, et il a laissé presque des modèles. Je n'en veux pour preuve que la charmante assiette exposée dans la galerie de peinture au premier étage. La forme extérieure affecte les meilleurs contours de l'époque Louis XV. La décoration se compose d'arabesques et de rinceaux bleus sur fond blanc, avec des palmes d'un bleu plus tendre, encadrées de moulures jaunes sur les bords. Cette assiette parut à l'Exposition universelle de Paris, en 1855, et fut achetée par le musée de Kensington. Quand l'interprétation conduit à des résultats aussi sérieusement cherchés, elle est, non-seulement permise, mais recommandée. — M. Signoret, venant après M. Ristori, s'est tenu plus terre à terre dans les voies de l'imitation, et il a poussé quelquefois la fidélité de ses copies jusqu'au trompe-l'œil. Ses faïences à décors bleu et rouille, font, pour des yeux peu exercés, une sorte d'illusion. Ses vases, d'époque Louis XV, sont intelligemment reproduits. Son grand plat de style italien, avec des figures dans le goût de Mantegna, dénote aussi de louables préoccupations. M. Signoret est évidemment un faïencier très-capable d'imprimer à son art une impulsion salutaire. — Ce que M. Signoret a fait d'une manière générale en copiant la plupart de nos anciennes faïences, M. Gallé-Reinemer (de Nancy) l'a spécialement appliqué aux faïences de Lorraine, dites du roi Stanislas. D'intéressantes armoiries sont reproduites sur ces faïences. — Je veux recommander les bonnes et belles formes des assiettes et des plats exposés par M. Boulanger. Je ne puis nommer ici cet homme honorable et courageux, sans le remercier, au nom de la France, de l'effort qu'il a fait pour paraître dignement à Londres, alors que son usine de Choisy-le-Roi, ravagée, pillée, brûlée par nos envahisseurs, fumait encore. — Quant à la fabrique de Gien, elle s'est livrée d'une façon trop servile à l'imitation du Rouen, du Moustier, du Nevers, de l'Italien, de tout enfin. Que ne fait-elle pas? Et à si bon compte! Une assiette, d'une richesse exceptionnelle comme décoration (bleu et rouille avec armoirie), qui coûterait jusqu'à cinq ou six cents francs, si elle était ancienne, peut-être ébréchée et fêlée, coûte ici vingt deux shillings six pence, et rien n'y manque! Il n'y a même aucun des défauts qui abondent dans les pièces originales; on n'aperçoit ni bouillons ni fissures dans la pâte, ni manques ni défauts dans l'émail; le dessin est bien net, bien propre, identique à lui-même dans toutes ses parties ; il n'y a enfin aucune défaillance dans la coloration, nulle part la couleur ne bave dans la pâte, ne fond sous l'émail. C'est tout avantage! Quand on a pour presque rien du neuf aussi irréprochable, il ne reste plus vraiment qu'à sourire de pitié en voyant les maniaques payer les vieilleries au poids de l'or. Oui, mais, sous cette apparente perfection, il n'y a qu'une machine, souverainement froide et inintelligente dans sa rectitude ; tandis que, sous les imperfections nombreuses des faïences anciennes, il y a l'homme, l'homme avec sa main souvent maladroite, mais aussi avec sa manière de voir et son sentiment, quelquefois même avec son émotion. Je suis, je l'avoue, sans rigueur pour les insensés qui cherchent à s'approprier cette humanité, ce sentiment, cette émotion. Je réserve ma pitié pour ceux qui ont des yeux pour ne rien voir et une intelligence pour ne rien sentir. Ce que nous aimons, dans les faïences françaises du xviie et du xviiie siècle, c'est l'image, vive et saisissante encore, d'un temps où notre originalité fut incontestable et incontestée, où nos arts d'ornementation furent admirables et partout recherchés. Cette image, nous ne la retrouvons pas dans les pastiches de nos fabricants. Si je cherche querelle à la plupart de ces imitations, c'est que je leur reproche de n'être point autre chose que des imitations, qui, tout en copiant servilement et mécaniquement de bons modèles, ne nous en rendent ni le relief, ni l'éclat, ni la vie.

Parmi beaucoup d'estimables peintures sur matières céramiques, j'appellerai particulièrement l'attention sur les paysages exécutés sur émail cru par M. Michel Bouquet. M. Bouquet a triomphé de la plus grande des difficultés qui se puissent rencontrer dans son art. Peindre sur une poussière d'émail, que le moindre souffle suffit à faire envoler ; calculer et deviner ses effets dans cette boue à moitié liquide ; retrouver, après la cuisson, l'identité de la conception primitive ; que de tâtonnements ! que de patience ! souvent que de déboires ! mais aussi que de solidité dans cette peinture, et de quel caractère particulier elle se trouve revêtue ! — De M. Raymond Balze, chercheur infatigable aussi, je trouve la bénédiction pontificale à Sainte-Marie-Majeure. — Mme de Callias, qui, de simple amateur qu'elle était, est devenue artiste, a envoyé de grandes plaques de faïence émaillées, sur lesquelles on voit : Hercule terrassant l'hydre, Persée tenant la tête de Méduse, Minerve remettant la pomme à Pâris, etc. Ces peintures sont recommandables à plus d'un titre. Mme de Callias nous montre, en outre, un service de faïence décoré d'esquisses vivement peintes, dans le goût de Grandville. — Mme Rodolphe Olmade, élève de Troyon, a cherché et trouvé de son côté de terribles effets de couleurs. Ce sont des têtes furibondes de bêtes féroces qu'elle se plaît à peindre. Ces animaux, ouvrant la gueule, grinçant des dents, prêts à tout dévorer, se détachent sur des fonds d'un bleu vif et cru, entremêlés de feuillages. Panthères, hyènes, léopards, tigres, loups, singes et chats sauvages, tout cela forme une ménagerie, qui n'est certes pas sans valeur. L'effet, toutefois, est trop violent pour être vraiment décoratif. — Il me reste à nommer M. Jules Houry, dont les faïences prennent la mollesse de la porcelaine sans pouvoir en gagner les délicatesses. Chaque matière, cependant, a ses qualités propres, qu'il faut se garder d'atténuer et surtout d'effacer. Les conditions de la décoration de la faïence sont toutes différentes de celles de la décoration de la porcelaine. Faire de la miniature sur une grande échelle est une hérésie. Les faïences de M. Houry ont le tort de vouloir ressembler à de vrais tableaux. Les tons sont chargés, éteints, modelés et modulés par des transitions insensibles. Ce n'est point ainsi qu'il convient de décorer la faïence. Les chiens de M. Jadin perdent singulièrement à une telle reproduction. M. Houry a, d'ailleurs, dans son exposition, des porcelaines à côté de ses faïences, et il est difficile de distinguer les unes des autres [1].

_____

1. Je regrette de ne pas voir, parmi nos faïences françaises, les revêtements architectoniques dus aux savantes recherches de M. Delange.

La manufacture de Sèvres, dont les produits ont été sans rivaux depuis la moitié du dernier siècle, n'a pu prendre part au concours. Elle aurait dû paraître à la tête de notre industrie, mais la guerre avait envahi son domaine; on n'avait eu le temps que de sauver bien vite à Paris son musée céramique, et tout travail avait momentanément cessé pour elle. Elle n'a donc pu rien envoyer à Londres, et elle n'est représentée dans l'Exposition internationale que par quelques produits rétrospectifs, recueillis çà et là selon la bonne volonté de leurs possesseurs. Malheureusement ces produits n'appartiennent pas à la bonne époque, et sont peu faits pour donner une haute idée de notre fabrication nationale. Au point de vue décoratif, la porcelaine n'a pas les ressources monumentales de la faïence, mais elle a des qualités de délicatesse et d'intimité que la faïence ne possède pas. L'essentiel, c'est de ne pas faire confusion entre ces deux matières, de laisser à chacune d'elles son caractère propre et son genre d'agrément. Voilà ce qu'on n'a pas toujours fait, ce qu'on a surtout négligé dans notre manufacture, depuis trois quarts de siècle... La porcelaine chinoise, introduite par les Portugais en Europe au commencement du XVIe siècle, ne fut, pendant plus de deux cents ans, qu'un objet de grand luxe et presque de curiosité. La faïence servait alors et devait satisfaire à tous les usages de la vie. Quand Bötger, en 1709, après avoir trouvé la matière et les procédés de fabrication de la porcelaine dure, eut fondé la manufacture de Meissen ; quand, quelques années plus tard, en 1727, les sieurs Chicoineau eurent établi à Saint-Cloud les rudiments d'une fabrication de porcelaine tendre, qui alla de progrès en progrès, en passant successivement par Vincennes, en 1740, par Sceaux, en 1751, pour s'établir définitivement à Sèvres, en 1756, la Saxe, la France et bientôt toute l'Europe, qui avaient regardé depuis si longtemps avec convoitise les porcelaines chinoises, eurent le bon esprit de garder pour elles leur trouvaille et de façonner leurs porcelaines à leur image. Or, en ce temps-là, le goût européen était partout le goût français. La France, en possession d'une pâte délicate et tendre, comprit que, avec une telle matière, il convenait de produire des objets qui se fissent aimer par leurs qualités exquises et un peu précieuses, et les porcelaines qui sortirent de Vincennes et de Sèvres, de 1740 à 1789, furent comme un accompagnement naturel, presque comme une note obligée, dans le concert de toutes les élégances mondaines de la société la plus raffinée qui fut jamais. Voilà la tradition ; je la rappelle, parce que, à Sèvres même, elle a été presque oubliée. Les secrets de la porcelaine tendre sont restés dans les cendres de la vieille société française. Au commencement de notre siècle, la porcelaine dure, dont les premiers essais à Sèvres remontent à 1770, fut considérée comme la seule et vraie porcelaine, et il ne fut plus désormais question de pâte tendre. En même temps qu'on reniait la matière de ce que j'appellerai notre porcelaine nationale, on s'éloignait de plus en plus des traditions qui l'avaient mise en œuvre. Aux formes françaises, charmantes et mignonnes, qui nous avaient appartenu, on substitua je ne sais quel archaïsme bâtard, qui, sous prétexte de style, fut la négation de tous les styles. La décoration, légère et parfaitement adaptée à la nature comme aux nécessités de la pâte, devint banale et sans caractère. Les porcelaines furent les plus ingrats des panneaux sur lesquels on exécuta les plus froides des peintures. D'habiles artistes y épuisèrent leur talent, qui eût trouvé un si utile emploi dans une bonne direction. Ne pouvant plus faire beau, on voulut faire grand ; mais les dimensions seules furent grandes, et le résultat fut mesquin. Ce qu'on n'aurait dû tenter qu'avec de la faïence, on l'essaya alors avec de la porcelaine; le diamant se fit pierre, et l'on prétendit construire avec lui. C'est ainsi que nous voyons, à l'Exposition internationale de 1871, de grands vases de Sèvres qui datent, je crois, de la Restauration, et sur lesquels sont peints deux paysages d'après M. Édouard Bertin. Or, ces belles conceptions, auxquelles la pierre noire convenait mieux que la couleur, peintes avec minutie sur des surfaces sèches et tournantes, semblent ennuyeuses à l'excès. C'est presque une œuvre contemporaine, et elle paraît comme chargée de rides ; elle a vieilli, en effet ; vieilli, non pas des quelques années qui nous en séparent, vieilli, non pas par l'inconstance de notre goût ; elle a vieilli, comme tout ce qui est faux, pour ne rajeunir jamais. Bien que beaucoup plus près de nous, la grande coupe, dite coupe de Pise, ornée de bas-reliefs mythologiques émaillés de blanc sur fond vert, mériterait presque, dans son genre, la même critique. Cette pièce importante, qui parut à l'Exposition de 1855, est froide et compassée. M. Regnier y a mis cependant tout son talent, tous ses soins ; mais, en dépit des efforts de l'artiste, la matière est restée elle-même et rebelle aux prétentions du grand art... Sous l'habile direction qui va relever notre établissement national, nous verrons renaître, j'en ai l'espoir, les bonnes formes, les bonnes décorations, en un mot toutes les bonnes traditions de la porcelaine française [1].

1. Il convient de rappeler les émaux métalliques de M. J. Brianchon. Ces émaux, qui simulent les tons nacrés des coquillages à perles, s'appliquent également, nous dit-on, sur la porcelaine, sur la verrerie, sur la faïence. — M. L. Ernie a exposé quelques porcelaines peintes. — N'omettons pas non plus certaines peintures sur porcelaine : la *Source* et l'*Angélique,* peintes, d'après M. Ingres, par Mᵐᵉ Delphine de Cool ; des fleurs, par Mᵐᵉ Mélanie de Comoléra et par Mᵐᵉ Amélie Langlois ; deux portraits,

Citons, à propos de la peinture sur émail, quelques œuvres et quelques artistes : les portraits, émaillés sur lave, de la reine Victoria et du prince Albert, par M. Jollivet; un portrait d'après Larguillère, et une jeune fille jouant avec l'Amour, par Mlle Blanche Yverneaux; une Andromède et une Sapho, par M. Eugène Richet; dix-sept petits émaux dans un même cadre, par Mlle Sophie Bourgeois; le *Portement de croix*, d'après Paul Véronèse, par M. François Gillet, etc.

Les verres émaillés de M. Brocard méritent aussi, dès cette première épreuve, une mention spéciale. Ce sont des imitations orientales fort remarquables, bien que différant encore notablement des pièces originales. La coupe décorée de feuillages verts et de fleurs blanches, bleues et rouges sur fond d'or, est charmante dans tous ses détails, et produit un délicieux effet d'ensemble. Deux autres coupes, ornées de méandres bleus, brodés d'or, sont d'un très-bon goût. Un vase à long col, sur lequel des oiseaux d'or sont jetés dans des médaillons bleus entourés d'arabesques rouges, bleues et or, attire par son harmonie en même temps que par sa richesse. Des lampes arabes sont séduisantes par leurs formes aussi bien que par l'heureux effet de leurs couleurs. Si ces émaux pèchent par quelque chose, c'est par l'excès de leur perfection matérielle, par la sûreté et par la froideur aussi de leur exécution. On voit trop l'instrument de précision qui les a façonnés, on ne sent pas assez la main de l'artiste ou de l'artisan toute frémissante d'émotion en présence de son œuvre... Je me répète, mais c'est l'éternel reproche à faire aux imitations... Les émaux sur verre de M. Brocard n'en demeurent pas moins des interprétations pleines de savoir, de bon goût et d'intelligence. C'est sous cette bonne impression que nous quitterons la céramique française pour considérer les céramiques étrangères et surtout la céramique anglaise.

La céramique de la France exceptée, toutes les céramiques étrangères sont réunies dans une longue galerie où elles produisent le plus brillant effet. Il est vrai que, sous le couvert de toutes les nations, ce n'est guère que la Grande-Bretagne qui remplit à elle seule cet immense espace. N'oublions pas que cette exposition a été conçue et conduite par l'Angleterre en vue d'elle-même. Cela est trop apparent. Si la France n'avait réclamé et obtenu son autonomie, ses produits seraient, eux aussi, noyés dans l'océan des produits anglais. Tous les céramistes du Royaume-

---

par Mlle Blanche Langlois; l'*Amour captif*, par M. Achille Le Gost; divers sujets d'après Boucher et Chaplin, par Mme d'Ollendon.

Uni ont, en effet, rivalisé de zèle et d'intelligence pour paraître ce que beaucoup d'entre eux sont réellement, non-seulement des manufacturiers passés maîtres dans toutes les branches de leur technologie, mais aussi des hommes ayant acquis, à force d'études et de sacrifices, l'intelligence de leur art. Nulle part on ne saisit mieux que dans cette galerie ce que peuvent le travail et l'application au service de la persévérance et de la volonté.

Les nations étrangères sont donc peu ou point représentées dans ce concours. — La Chine, le Japon, les Indes anglaises, paraissent avec quelques-unes de leurs faïences et de leurs porcelaines anciennes et modernes; mais ces produits ne sont ni en quantité ni de qualité suffisantes pour donner une idée vraie de cet art et de ces technologies orientales, qui ont été et sont encore à certains égards l'A et l'Ω de la céramique[1]. — Je lis aussi le nom des États-Unis d'Amérique, voire celui du Canada, mais sans rien trouver d'instructif ni d'intéressant sous cette dénomination. — Il en est de même de la Russie. — Quant à l'Allemagne, c'est la manufacture royale de Berlin qui la représente, représentation sérieuse, mais pédante et sèche, ennuyeuse et triste au possible. Les vases de porcelaine blanche, quoique arides de formes, sont encore les plus supportables. Quant aux vases décorés, ils sont chargés de peintures qui ont la prétention d'être de la vraie peinture et de rivaliser avec de vrais tableaux. Dans les deux grands vases dont les sujets représentent *Psyché portée au ciel par les Amours*, d'après Prud'hon, et l'*Enlèvement d'Eurydice*, d'après Drolling, les couleurs sont tellement épaisses, l'effet de la vraie peinture est tellement cherché, que l'aspect général prend quelque chose de sombre et de quasi-funèbre. Ces produits sont bien de leur pays. L'agrément leur fait presque complétement défaut. Les Prussiens sont, dans leur céramique, ce qu'ils sont en tout : des gens sérieux, savants, raides, guindés. Ils semblent ne pas savoir que la porcelaine est faite pour le plaisir des yeux. — Je ne parle pas des quelques porcelaines de Saxe, qui paraissent n'être là que pour nous rappeler une fabrication célèbre jadis, et pour nous la faire regretter par comparaison. — Le Danemark a envoyé aussi quelques porcelaines insignifiantes, et quelques biscuits dans le goût des œuvres de Thorwaldsen. Une copie de la statue d'*Hébé*, exécutée en porcelaine sur une grande échelle, démontre que le sculpteur danois n'a rien perdu de son ancien prestige sur ses compatriotes. En général, l'imitation aride, non-seulement de la

[1]. Je signale surtout les fabriques de Sazouma comme nous donnant des pâtes à émaux vitreux d'une qualité de ton et d'un craquelé remarquable.

forme des vases antiques (particulièrement des vases grecs et étrusques),
mais de la décoration classique de ces vases, donne à la céramique
scandinave quelque chose de raide et de peu conforme à la raison d'être
de ce genre de produits... Le reste de ce vaste musée céramique est
rempli par les produits anglais.

Les porcelaines anglaises sont nombreuses et variées. Un grand
effort, couronné de succès, a été fait dans cette direction particulière. —
Les porcelaines peintes et émaillées, à l'imitation des émaux de Limoges,
occupent une place importante parmi les produits de la manufacture de
Worcester. — M. Maclise a tiré plusieurs sujets bien réussis de l'histoire
de la conquête des Normands. — M. Thomas Botta a décoré, avec un rare
bonheur d'exécution, une aiguière et son plateau de motifs empruntés à
la même histoire. Sur les fonds bleus, presque noirs, les petites figures
s'enlèvent en blanc avec beaucoup de relief et de vivacité. — Les vases,
ornés de camaïeux roses, exposés par MM. Battam et fils rappellent, dans
les peintures qui les décorent, tantôt l'école romaine, tantôt l'école de
Parme ; ils démontrent à la fois une bonne fabrication, la pratique assidue
des bons modèles, et une science consommée des matières colorantes et
de leurs excipients. — Les petites pièces bleues et roses de M. J. Rose
sont généralement bien venues, franches de tons, en même temps que
légères et transparentes. — La décoration des porcelaines de M. T. Goode
est plus remarquable encore. Le petit plateau sur lequel une ronde
d'Amours est peinte en camaïeu bleu sur fond blanc prouverait encore à
lui seul la transformation opérée depuis une quinzaine d'années dans le
goût anglais. A chaque instant, d'ailleurs, on sent, dans cette exposition
céramique, l'influence du voisinage et de l'enseignement de Kensington.
Disons que, à chaque instant aussi, on y reconnaît la main d'artistes
français à la solde de la fabrication anglaise. — M. Daniell a exposé de
belles bouteilles décorées de nénuphars blancs, qui s'épanouissent sur un
fond bleu-turquoise très-franc. Des Amours contenus dans des médaillons font bon effet aussi sur des vases également bleus. — Je cite, comme
mémoire seulement, les porcelaines de M. Mortlock, de M. Birney, de
M. Screen, et j'arrive à l'un des grands noms de l'industrie anglaise.

Depuis les premiers essais de porcelaine tentés à Chelsea en 1745,
les porcelaines de Wedgwood n'ont cessé d'être fort estimées, non-seulement en Angleterre, mais partout où s'est éveillé l'esprit de recherche et
de curiosité. Ces œuvres, plastiques autant que céramiques, coïncidaient
avec le mouvement de retour vers l'antiquité provoqué par Winckelmann,
et le nom d'Étruria, que Wedgwood donna au pays où il établit ses manufactures, indique le but qu'il se proposa et la tradition qu'il entendit

léguer à ses descendants. Le vase Portland, qu'il répéta avec tant de prédilection, peut être considéré comme un des types favoris de cette fabrication [1]. Reproduire les bons modèles sous une matière dure, belle et durable, surtout les modèles de l'antiquité, fut la préoccupation constante de Josiah Wedgwood, et les héritiers de son nom ont été fidèles à cet enseignement. Ces reproductions, la plupart du temps un peu molles et sans caractère, ces reliefs et ces camées en pâte de biscuit de porcelaine blanche sur fonds bleus pâles ou noirs, toutes ces compositions classiques auxquelles Flaxmann, ami et collaborateur de Wedgwood, a attaché son nom, l'exposition actuelle continue de nous les montrer. Les Muses, les Amours, les Faunes, les Nymphes et toutes les divinités païennes, poursuivent leurs évolutions aimables au milieu des guirlandes de fleurs et des têtes de béliers, dont l'arrangement démontre encore, en 1871, le goût du xviiie siècle. Les fonds seuls semblent avoir changé de nuances, et ce n'est point à leur avantage : le bleu très-pâle et presque gris de l'ancienne fabrication a fait place à un bleu dur, sec et foncé ; les verts sont ternes, et un noir grisâtre, qui affadit les contours, a été substitué au noir d'ébène que nous voyions jadis. Ainsi, pour les statuettes et les vases, plus de ces pâtes à tons fermes si propices au modelage; pour les simples reliefs, plus de ces transitions douces entre les sujets et les fonds. Cette fabrication a vieilli. L'antiquité, vue par les yeux des contemporains de Georges III, ne nous suffit plus. Ce que nous aimons du xviiie siècle, c'est le xviiie siècle lui-même; quant à sa manière de voir sur l'antiquité, elle nous paraît fausse. Les pièces classiques de M. Wedgwood sont donc d'un style suranné, en même temps que d'une fabrication moins heureuse que par le passé.

Si le nom de Wedgwood est le plus ancien et le plus illustre dans l'histoire de la céramique anglaise, le nom de Minton en est aujourd'hui le plus important. M. Minton a travaillé sans relâche depuis plus de vingt ans pour acclimater dans son pays toutes les branches de la céramique qui se confondent avec l'art, et le succès a récompensé ses efforts. A la première Exposition universelle, en 1851, Sèvres et nos principaux porcelainiers français furent l'objet d'une admiration presque exclusive. A la cinquième épreuve qui réunit toutes les nations, en 1871, les porcelaines anglaises rivalisent avec ce que nous pouvons produire de plus beau. Ainsi, tandis que nous restions stationnaires, les Anglais travaillaient, travaillaient sans cesse, et, moins bien doués que nous, dérobaient à la nature, par un redoublement d'ardeur et d'application, ce qu'elle semblait

---

1. Le vase Portland est au British Museum.

vouloir leur refuser. La science leur a livré tous les secrets de la pâte dure et de la pâte tendre, de la préparation des oxydes métalliques et de la composition des fondants. Les porcelaines de M. Minton sont généralement heureuses de formes et très-belles comme colorations. Les bleus-turquoise particulièrement arrivent à une intensité de tons tout à fait remarquable. Sur ces fonds si riches, des cygnes d'une blancheur éclatante, des cigognes, des hérons, des chardonnerets, des perroquets rouges aux ailes vertes, des branches d'aubépine, des roseaux, des fleurs d'églantier ou de clématite, des papillons, toutes les couleurs dont la nature se plaît à nous éblouir et à nous charmer se produisent avec une audace presque toujours heureuse. Les artistes qui dirigent ces décorations ne reculent pas devant les oppositions, si violentes qu'elles soient, et ils suivent en cela les modèles de l'Orient, qu'ils ont médités et dont ils s'inspirent, sans les reproduire textuellement. Les pièces de porcelaine en céladon vert tendre, ornées de figures émaillées de blanc et modelées dans la pâte, sont dignes aussi de remarque. Je signalerai encore, sur ces mêmes céladons, les médaillons noirs, avec de très-fins reliefs bleus, et les guirlandes bleues de feuillages et de fleurs également en relief.

La porcelaine anglaise, en général, ne vise pas à faire grand; elle a raison, j'ai dit déjà pourquoi. Elle est dans une bonne voie d'imitation. Elle trouve la plupart du temps ses modèles là où il faut les chercher, dans l'ancienne Chine et dans l'ancien Japon, et, plus près de nous, dans la Saxe et surtout dans la France du xviiie siècle. Non que les manufacturiers anglais nous rendent au vrai le vieux Saxe ou notre vieux Sèvres; mais ils savent maintenant ce qu'ont valu ces produits au point de vue de la délicatesse et du goût, ils en affectionnent les formes, ils en veulent pénétrer l'esprit, ils travaillent à en dégager les parfums. Cependant les formes archaïques ne sont pas sans tenter aussi les fabricants anglais; mais, dès qu'ils cèdent à la tentation, ils s'égarent. Les statuettes en biscuit de porcelaine sont abondantes dans l'Exposition, et quelquefois c'est aux dépens de l'art classique que le goût britannique arrive à se satisfaire. Cette pâte, d'apparence laiteuse et molle, est une matière plastique qui se prête mal aux contours austères de l'antiquité. L'esprit grec ou romain laisse une fausse empreinte dans le kaolin; l'image de la Renaissance s'y reflète également avec fadeur; le xviie siècle lui-même ne s'y reconnaît qu'avec grimace. Les œuvres d'imagination de l'extrême Orient exceptées, et, à ne considérer que l'histoire des technologies occidentales, la porcelaine et le xviiie siècle semblent avoir été faits l'un pour l'autre. Cela posé, nous n'avons plus qu'à remonter aux sources et à nous inspirer des vrais modèles, en tâchant de les adapter à nos convenances et à notre manière de voir.

En dehors de la fabrication délicate et un peu bornée de la porcelaine, les céramistes anglais aspirent à être les premiers faïenciers du monde. Ils le sont en effet, et de beaucoup, par l'importance des œuvres qu'ils entreprennent; ils sont en train de le devenir aussi par la qualité de leurs produits, réserve faite pour quelques exceptions que nous avons revendiquées hautement pour la France.

Nous apporterons d'abord une sérieuse attention aux terres cuites et aux faïences architectoniques de M. Doulton. Il y a là de sérieux progrès, accomplis en vue de l'architecture et de la grande ornementation. Les terres de M. Doulton affectent les plus beaux tons de la pierre, et elles ont, quoique moulées, la netteté de contour des plus fines sculptures. Les arêtes sont vives et comme faites au ciseau. Si les produits de M. Doulton ne tentaient pas de se mesurer avec la figure humaine, il n'y aurait guère que des éloges à leur donner. Voilà une industrie, très-voisine de l'art, appelée à un grand avenir. — Les produits similaires exposés par MM. J. Stiff, W. Tholland, Standing et Marten, de Pulham, etc., sont intéressants aussi, mais inférieurs à ceux de M. Doulton.

Parmi les faïences peintes et émaillées, nous placerons avec distinction celles de M. Simpson. Ses deux cheminées avec arabesques, blasons et figures, sont faites dans un excellent esprit de décoration; elles seraient parfaitement à leur place dans nos habitations. Ses grandes plaques ornées de vases où fleurissent de grands lis, au milieu desquels voltigent des oiseaux, sont également bien réussies au point de vue de nos ameublements. Ses imitations de mosaïques sont d'heureuses tentatives aussi, dont nos monuments religieux pourraient s'enrichir. Son escalier surtout donne l'idée du parti que notre architecture pourrait tirer de la faïence : la rampe et les balustres se détachent sur un pan de muraille revêtu de carreaux émaillés, dessinant, au milieu de rinceaux et de méandres fleuris, une infinité de petits sujets d'un goût et d'un ton charmants. Dans de pareilles entreprises, on sent revivre les plus chers souvenirs des plus belles époques. — Les pilastres à fonds violets, avec arabesques modelées dans la terre et émaillées de blanc; la grande gourde, avec un lis entouré d'Amours; les têtes de jeunes filles, librement peintes sur plaques émaillées; tout cela fait honneur à M. Copeland. — Les grandes figures en terre cuite, représentant les mois, et les bas-reliefs en forme de frises sur lesquels on peut suivre les diverses phases des manipulations de la poterie, nous ramènent vers M. Wedgwood. Un sculpteur anglais, M. Rowland J. Morris, est l'auteur de ces sculptures, qui sont destinées

à un monument élevé à Josiah Wedgwood au centre même de sa manufacture. A défaut d'artistes anglais, un peintre français, M. Lessore, nous
forcerait d'ailleurs à revenir encore vers l'exposition de M. Wedgwood.
M. Lessore, qui a, depuis bien des années déjà, associé sa vie aux travaux
des plus importantes manufactures anglaises, possède une rare intelligence des conditions décoratives de la faïence. Les esquisses dont il
décore les vases, les jardinières, les brûle-parfums et jusqu'aux simples
assiettes, sont généralement empruntées à la vie champêtre ou aux jeux
de l'enfance. Ces peintures, faites d'une manière toute conventionnelle,
avec une fantaisie pleine de verve, sont généralement ingénieuses et
quelquefois charmantes; quelquefois aussi elles sont trop lâchées d'exécution et manquent de clarté dans la forme. Ainsi que M. Lessore, de
nombreux artistes français mettent leur talent et trouvent souvent leur
fortune au service de l'industrie anglaise. M. Minton a pour collaborateurs assidus des hommes d'un vrai talent, M. Carrier-Belleuse,
M. Solon-Milès, M. Bouquet, etc; de sorte que, en considérant les entreprises les plus considérables de la céramique anglaise, ce sont des noms
français qu'il faut citer en première ligne[1]. Les faïences de M. Minton sont
en nombre considérable à l'Exposition, et plusieurs d'entre elles méritent
une attention sérieuse. Des revêtements en briques émaillées, peintes
dans le style oriental, sont d'une excellente fabrication. De grandes
plaques, avec des oiseaux et des plantes modelés et peints sur fonds
bleus, sont des répétitions bien venues de pièces très-importantes dont
M. Deck peut à bon droit revendiquer l'invention. Des plats, dont la décoration est empruntée aux faïences persanes; d'autres, copiés d'après les
majoliques italiennes; des faïences littéralement modelées sur celles de
Henri II, etc., montrent que si, en fait d'imitation, M. Minton n'a pas tout
réussi, il a tout entrepris, tout osé. Enfin, de grandes pièces, souvent
trop compliquées d'invention et trop emcombrées de sculptures, insuffi-
santes presque toujours dès que la figure humaine intervient, prouvent
que, s'il reste encore à faire au point de vue de l'art, toutes les difficultés
pratiques ont pour ainsi dire disparu.

Je ne me croirais pas quitte envers les hommes d'un rare mérite
qui, sous le nom de Minton, ont donné une si remarquable impulsion à
une des branches les plus remarquables de l'industrie britannique, si je

1. C'est un de nos compatriotes, M. Arnould, habile ingénieur et remarquable
céramiste, qui a la plus large part dans la direction des usines de Stock on Trent. Nos
révolutions l'ont forcé de chercher en Angleterre la sécurité nécessaire au travail, et,
depuis 1848, il dirige la plus importante exploitation de Staffordshire.

ne me transportais un moment de l'Exposition internationale au musée de Kensington. Là, en effet, est la véritable exposition, l'exposition monumentale de la céramique anglaise. C'est tout un palais de faïence et d'émail. Les escaliers, les vestibules, les galeries, les buffets, les cuisines, les couloirs, etc., tout a reçu déjà ou va recevoir bientôt son revêtement de terres émaillées. De grandes colonnes de faïence, couronnées de riches chapiteaux corinthiens, sont décorées de feuillages dans la partie supérieure du fût, et enrichies à la base par de larges anneaux sur lesquels des Amours se jouent au milieu de grandes lettres majuscules. Ces colonnes soutiennent des plafonds, qui seront également revêtus de faïences. Les rampes d'escalier, les marches, les balustres sont en faïence, et les parois verticales des murs en sont aussi parées. Tout cela est de la plus belle, de la plus vive, de la plus originale exécution. Les formes sont heureuses, l'ornementation est délicate, les couleurs sont discrètes. Rien de plus inattendu que la galerie du premier étage. Les faïences et les porcelaines de tous les temps et de tous les pays, classées méthodiquement dans ce palais dont les moindres détails rappellent les conquêtes de la céramique, doublent de valeur dans un pareil cadre. La lumière prend une qualité inusitée en frappant sur ces surfaces émaillées; la clarté, qui se répand partout sans efforts, met en évidence l'ordre et l'exquise propreté qui règnent dans toutes les parties de l'édifice. Les buffets, de leur côté, ne le cèdent en rien aux galeries; peut-être même faudrait-il leur donner le pas sur elles. On sait quelle place importante occupe dans la vie anglaise tout ce qui touche au comfortable. Nulle part on n'a donné une si large satisfaction aux besoins matériels, en les rehaussant de tout ce que peuvent imaginer la délicatesse et le goût. La *Restauration* est donc à elle seule un monument céramique d'une grande importance. La salle principale est décorée de colonnes en faïence, accouplées deux à deux, qui soutiennent trois grands arcs, commandant la tribune où se trouvent les buffets. Les parois verticales, toutes revêtues de caissons hexagones émaillés de blanc et entourés d'arabesques noires, sont encadrées dans des frises sur lesquelles sont figurés des banquets, des cortéges bachiques et des légendes inscrites en grandes lettres, au milieu desquelles circulent une multitude d'enfants nus. Le plafond lui-même est recouvert de faïences, dont le dessin rappelle les voûtes de la villa Madama. La décoration de la cuisine est plus remarquable encore. Les saisons et les mois occupent la partie supérieure de ces murailles de faïence et d'émail; tandis que, à la partie inférieure, une foule de petits cercles, inscrits dans une infinité de briques carrées de 0^m,30 environ, sont autant de tableaux où des figures, des paysages, des marines, sont

7

esquissés d'une main spirituelle et savante. Tout cela forme un ensemble
où l'œil et l'esprit trouvent en même temps leur satisfaction. Dans de tels
monuments, l'antiquité, la Renaissance, tous les bons modèles de tous les
temps ont apporté leur contingent d'informations aux artistes aussi bien
qu'aux industriels. Il est clair que les hommes qui ont conçu et exécuté
de pareilles choses vivent dans l'intimité des plus belles œuvres. Les céramistes anglais ont fait, dans ces quinze dernières années, d'énormes
progrès, et ils ont accompli de grandes choses. Ils ont démontré, à eux
seuls, toute l'utilité d'un établissement aussi bien pourvu, aussi magni-
fiquement doté que le Kensington Museum. Si nous avons encore des céramistes qui demeurent les premiers, l'ensemble de nos industries céramiques
est maintenant dépassé. Il n'en est pas de même, nous l'avons vu dans
cette étude, pour la plupart des autres applications de l'art à l'industrie.
La France, tout en voyant grandir à ses côtés des émules, est loin d'avoir
trouvé des maîtres; il ne tient qu'à elle encore de rester l'arbitre du
goût, mais il faut qu'elle se hâte d'apprendre et de travailler. Les efforts
tentés par les Anglais depuis vingt ans n'ont pas, d'ailleurs, produit
tous les résultats qu'ils auraient pu donner. Pourquoi? Je vais le dire en
terminant; et puisque les développements monumentaux de la céramique
anglaise nous ont amenés au musée de Kensington, nous nous y tiendrons
comme d'un excellent point de vue d'où nous pouvons regarder sur nous-
mêmes et résumer cette étude.

L'Exposition internationale de Londres a été faite spécialement en
vue de l'Institut de Kensington; l'idée en a été conçue par les administrateurs de cet établissement, qui ont eux-mêmes réglé toutes les
conditions du concours. Or, en mettant en lumière la science acquise et
les résultats obtenus, ils ont montré avec évidence par où leur système
aussi faisait défaut.

En 1851, à la suite de la première Exposition universelle, les Anglais,
émerveillés de notre supériorité en matière de goût, comprirent qu'ils
devaient faire un effort considérable pour mettre leurs arts à la hauteur
de leurs industries, et ils fondèrent le Kensington Museum. Ils partirent
de cette doctrine, qu'il n'y a pas d'art proprement dit, d'art abstrait,
qu'il faille considérer en dehors de la vie pratique et usuelle, mais que
l'art est partout et dans tout, qu'on le trouve à la base comme dans les
ramifications de toutes les industries, et que les mêmes procédés d'étude
lui conviennent, quels que soient son but et sa raison d'être. Cela posé,
ils créèrent un vaste musée qui dut comprendre, presque sous une même
étiquette, les plus merveilleux chefs-d'œuvre des plus grands maîtres et

les plus remarquables produits de toutes les industries; puis, de ce musée, ils firent le centre d'un vaste enseignement, où l'art fut professé, non-seulement en lui-même, mais dans toutes ses applications profession- nelles. Ainsi se trouvèrent confondus l'art et les arts industriels[1]. Or, quoi qu'on dise et qu'on fasse, l'art et l'industrie sont deux choses séparées, parfaitement distinctes. On ne les peut confondre sans danger. Ce qu'il faut cultiver avant tout, c'est l'art proprement dit, ce qu'on appelle très- judicieusement le grand art, l'art considéré en lui-même, aimé pour lui- même, en dehors de toute idée d'intérêt et de spéculation. Voilà la flamme sacrée qu'il faut tâcher d'allumer, si elle n'a point encore paru, d'entretenir et de développer, dès qu'elle a lui déjà. A ce foyer viendront d'eux-mêmes s'ennoblir et se purifier tous les métiers et tous les besoins de la vie. Une galerie de tableaux, un musée de sculptures, ne doivent point être confondus avec des œuvres de métier, quelque estimables qu'elles soient d'ailleurs. L'idée d'un tel assemblage est fausse, et c'est elle, à mon sens, qui a empêché le Kensington Museum de produire, dans toutes les directions, les résultats qu'on en attendait. Comme cette idée tend à prévaloir aussi chez nous, mon devoir est de la dénoncer.

Jusque dans ces dernières années, il eût paru inadmissible à nos peintres et à nos sculpteurs de voir leurs œuvres assimilées à celles de l'industrie; la pensée d'abriter leurs tableaux et leurs statues sous le même toit que les machines et les objets de fabrique, de les exposer à la même curiosité, de les soumettre aux mêmes compétences, les eût révol- tés. Cela s'est vu, cependant, à l'Exposition de 1867, sans soulever par trop les réclamations des artistes, non plus que les protestations du public. Et quelle triste figure faisaient là nos œuvres d'art! Quel rang secondaire elles prirent tout à coup, presque sans protester, dans les préoccupations et dans les prédilections générales! C'est que l'art, chez nous, s'était courbé sous le joug qui soumettait tout, l'argent. Les artistes ne visaient plus guère qu'à une chose, s'enrichir. On parlait beaucoup plus du prix vénal que de la valeur esthétique. En devenant annuelles,

---

1. Je ne voudrais pas qu'on se méprît sur ma pensée. Je crois que les bases de l'enseignement du dessin doivent être unes pour tous. Il y a un enseignement primaire que tous indistinctement nous devons recevoir. De même qu'il n'y a pas deux manières de mettre l'orthographe, il n'y a pas deux façons de dessiner correctement. Le même alphabet esthétique est indispensable à toutes nos écoles. Seulement, une fois les notions élémentaires données de part et d'autre, l'industrie suit sa voie en appliquant, en vue du commerce, les arts du dessin aux besoins de la vie, tandis que l'art pro- prement dit garde, en dehors de toute idée de spéculation, ses priviléges, ses aspira- tions personnelles, son indépendance.

presque permanentes par conséquent, les expositions de peinture n'étaient guère, d'ailleurs, que des bazars de marchandises, et, quand il s'est agi pour nos artistes de prendre rang dans une véritable exposition industrielle, cela s'est fait tout naturellement, comme la chose la plus simple et la plus rationnelle du monde... Rappelons-nous 1855 et la première Exposition universelle de Paris. L'Empire, à peine né, vivait des générations élevées par les précédents régimes; c'est avec elles qu'il venait de vaincre en Crimée, et c'étaient elles aussi qui fournissaient les éléments du grand concours auquel la France conviait alors tous les peuples. Quelle noble place tinrent alors nos arts et quelle grande position nos artistes! On ne leur avait point élevé de palais; il n'y avait là ni buffets pour bien boire, ni bosquets pour agréablement causer; et les hangars improvisés de l'avenue Montaigne se remplissaient chaque jour d'une foule animée d'une curiosité saine. C'est que, là, nous pouvions lire encore, écrite en nobles caractères, l'histoire de nos aspirations, de nos rêves, de nos luttes, de nos gloires. Telle salle contenait l'œuvre d'Ingres; telle autre celle de Delacroix; ici c'était Horace Vernet; là Heim; ailleurs Decamps; Flandrin était dans toute sa grâce; Rude, par un succès éclatant et mérité, couronnait sa laborieuse carrière; Duret obtenait une juste récompense; Duban revendiquait, pour notre architecture, une incontestable supériorité; M. Henriquel-Dupont prouvait, comme il n'a pas discontinué de le faire, que, en dépit des conquêtes de la photographie, la gravure française n'avait pas dégénéré. Nous vivions de notre passé, le présent nous permettait d'espérer encore, et, dans notre imprévoyante présomption, nous ne songions point à l'avenir. Douze ans plus tard, cependant, nous étions façonnés à tout, prêts à tout accepter. Nos sentiments avaient fait place à des sensations, et l'Exposition universelle de Paris, en 1867, donna aux sens une complète satisfaction. L'art lui-même, envahi par la jouissance, ne se trouva pas dépaysé dans ce grand caravansérail, où il faisait alliance avec toutes les convoitises... Voilà ce que nous avons été jadis, voilà ce que nous sommes aujourd'hui. Pourrons-nous remonter ce courant, revenir aux sources et y retremper notre caractère? Oui, si nous voyons notre mal, si nous en reconnaissons la cause, si nous comprenons que, avec une histoire de quinze siècles, nous devons, sans abdiquer nos aspirations vers le mieux, nous rattacher aux traditions qui nous ont faits grands. Or la France a eu pour vocation d'aimer l'art pour lui-même, de le patronner et de le faire aimer sous cette forme indépendante et presque platonique. Revendiquons ce privilége, que notre époque positive traite peut-être de folie; et, si notre heure est venue, n'achetons pas quelques années d'existence par des qualités d'emprunt, qui ne sont la plupart du temps que des vices d'imitation; n'abdiquons pas notre génie; gardons jusqu'à la fin notre genre d'éloquence, notre esprit, notre clarté. Que toujours l'art et l'industrie soient pour nous deux choses séparées, bien distinctes, Ayons des collections technologiques, dans lesquelles l'art tiendra le plus de place possible. Apprenons, dans ces collections, les développements et les vicissitudes du goût; attachons-nous aux belles époques; respectons les traditions, tout en nous préservant des imitations banales et indifférentes; affranchissons-nous de la tyrannie du luxe à outrance, et cherchons dans la simplicité les éléments du beau. Donnons ainsi une large satisfaction à toutes les industries qui relèvent de l'art. Cela fait, gardons l'art pur dans nos musées, comme un trésor qu'il faut tenir à l'abri de tout contact profane[1]. Recouvrons la dignité de notre art, et nos arts décoratifs retrouveront d'eux-mêmes leur prépondérance. Ayons notre Kensington, mais gardons notre Louvre; ayons nos arts décoratifs, mais conservons notre art indépendant et désintéressé; perfectionnons notre enseignement professionnel du dessin, mais ne touchons à notre École des Beaux-Arts que pour la relever et lui rendre ses prérogatives... La chose importante, en effet, c'est l'art lui-même, l'art considéré, je le répète, en dehors de toute idée d'application et de spéculation. Faites l'art grand et pur; vous aurez, par surcroît et comme conséquence nécessaire, des arts industriels aimables et charmants. Toutes les belles époques de l'art ne nous ont-elles pas laissé d'admirables technologies? Si les vases, les ivoires, les bronzes d'ameublement, les monnaies et les bijoux de l'antiquité nous ravissent, c'est qu'ils portent la vive empreinte de cette beauté immuable qui fut l'âme de la Grèce. Si la Renaissance également nous enchante par ses meubles, ses parures, ses émaux, ses nielles, son orfévrerie, sa céramique, etc., c'est que le moindre de ces objets respire ce parfum d'humanité si émouvant dans les maîtres de cette époque. De même, toutes proportions gardées pour ce qui relève du goût, une tapisserie ou une faïence du xviie siècle reflète la magnificence du grand règne; le moindre fragment de pâte tendre nous introduit dans l'intimité des raffinements du xviiie siècle...

1. On m'objectera sans doute que la plupart des grands musées de l'Europe possèdent des vases et des bijoux antiques, des bahuts, des faïences et des émaux de la Renaissance, et qu'ils s'en font honneur. Mais, dans tout musée bien ordonné, ce qui appartient aux technologies anciennes est classé à part et n'est confondu ni avec la sculpture, ni avec la peinture. Si, d'ailleurs, cette confusion se produit, elle n'a pas, toute blâmable qu'elle est encore, le danger qu'elle présente quand il s'agit du mélange de notre industrie actuelle avec nos arts contemporains; car, les intérêts matériels n'étant plus en jeu, l'art n'a plus autant à redouter du voisinage de l'industrie.

Mais, nous dira-t-on, pourquoi, durant la période libérale de notre xixᵉ siècle (1815-1851), les applications de l'art à l'industrie ont-elles été pauvres alors que l'art était dans une si bonne voie d'agrandissement? C'est que nos révolutions ont arrêté et paralysé la force vitale quand elle n'avait point encore eu le temps de passer du centre à la circonférence et comme du cœur aux membres. Une époque quelconque de civilisation est comme un corps complet, dont toutes les parties se tiennent et se développent en leur temps; si des bouleversements politiques incessants viennent entraver les évolutions de sa croissance, toutes les espérances de virilité qu'avait fait concevoir la jeunesse s'évanouissent sans presque laisser de traces après elles. C'est l'histoire de notre époque. Jadis, une idée mettait des siècles à se perfectionner sous une forme sensible. Maintenant, nous brûlons de nos propres mains les assises sans cesse renouvelées sur lesquelles nous essayons de bâtir, et nous ne laissons après nous que des cendres. De toutes les négations qui nous obsèdent, parviendrons-nous à faire surgir un principe nouveau? Ou bien reviendrons-nous de guerre lasse à l'ancien idéal qui nous faisait vivre? Ce n'est point ici le lieu de répondre à cette question. Mais je demande à l'art de ne se point décourager, et, quelles que soient nos destinées, de reprendre et de faire respecter le haut patronage qu'il ne doit jamais abdiquer. Je le supplie surtout de s'insurger contre la promiscuité qui tend à l'assimiler à l'industrie. L'industrie doit procéder de l'art et s'y rattacher par des liens intimes. L'art doit garder son indépendance; il doit, sans descendre de ses hauteurs, répandre ses rayons sur tous les courants de la vie.

A. GRUYER.

III

CÉRAMIQUE

RAPPORT DE M. DE LUYNES

III

CÉRAMIQUE

RAPPORT DE M. VICTOR DE LUYNES

Professeur au Conservatoire des arts et métiers.

POTERIES ORDINAIRES.

Tous les objets dont la fabrication est du domaine des arts céramiques sont essentiellement formés d'une terre plus ou moins plastique dont les propriétés ont été modifiées par l'action du feu.

L'argile appelée vulgairement terre glaise peut être considérée comme le type le plus parfait de la terre plastique. A l'état humide, elle est molle et peut recevoir, à cause de sa plasticité, les formes les plus variées, qu'elle conserve fidèlement lorsqu'elle a été durcie par la dessiccation. Mais vient-on à la mouiller, sa plasticité et sa mollesse reparaissent, et sa forme et ses détails peuvent s'effacer sous l'action de la moindre pression. Des vases ou des figures, fabriqués avec l'argile dans ces conditions-là, ne se prêteraient à aucune application utile.

Mais si l'argile travaillée est soumise à l'action du feu, elle acquiert une dureté et une solidité bien différentes de celles qu'elle possédait après avoir été simplement desséchée ; elle subit par la cuisson des modifications profondes dont la plus importante est la perte complète de sa plasticité ; de telle sorte que cette terre, cuite, réduite en poudre impalpable, et mélangée avec une quantité convenable d'eau, formera une masse semblable à du sable mouillé, n'ayant aucun liant, et complétement dénuée de cette plasticité qui, avant la cuisson, était son caractère le plus saillant.

L'argile devient donc, après avoir été cuite, assez dure et assez résis-
tante pour que les formes qu'elle a reçues ne puissent plus être détruites
par l'eau, et sous l'action d'une faible pression.

Ainsi transformée par le feu, l'argile constitue la terre cuite proprement dite. Mais, lorsqu'on l'emploie seule, elle est trop grasse et trop
plastique pour se prêter à un travail rapide et sûr ; de plus, l'eau, se
dégageant avec difficulté pendant la cuisson, à travers une masse si
liante, produirait, pour se frayer un chemin, des fentes ou fissures qui
altéreraient la forme et la solidité de l'objet ; c'est pourquoi, à cette
argile si grasse on ajoute du sable, du grès, ou de la terre cuite pilée, etc.
Ces matières, qui forment ce que l'on appelle le ciment, ou l'élément
dégraissant, diminuent la plasticité de la pâte, et rendent son travail plus
aisé, en même temps qu'elles facilitent le dégagement de la vapeur d'eau
pendant la cuisson.

Dans cet état, la terre cuite est éminemment poreuse ; elle peut constituer des matériaux de construction, tels que tuiles, briques, etc., mais
elle serait d'un emploi impossible pour les usages domestiques. Les
vases en terre cuite sont trop poreux pour contenir des liquides ; et, au
contact des aliments, ils s'imprègnent de matières organiques qui leur
communiquent au bout de peu de temps une odeur des plus repous-
santes, qui force à les rejeter.

FAÏENCE ORDINAIRE. — Pour remédier à ces inconvénients, on
recouvre la terre d'une couche de matière vitreuse, qui, se répandant
sur tout l'objet, substitue un enduit dur et imperméable à la surface
tendre et poreuse de la terre. Cet enduit s'appelle en général une glaçure,
et, dans presque toutes les poteries, il y a lieu de considérer deux éléments essentiels : le corps du vase et la glaçure.

La nature de la glaçure varie selon la composition de la terre qu'elle
doit recouvrir.

Lorsque la terre cuite présente une coloration plus ou moins intense
et désagréable, on emploie comme glaçure un verre à base d'étain, blanc
et opaque, que l'on appelle l'émail blanc, et qui, tout en détruisant la
porosité des surfaces, dissimule par son opacité la couleur du corps de
vase.

La poterie ainsi obtenue constitue la faïence ordinaire, ou ancienne
faïence ; elle est facile à reconnaître ; en la brisant, on trouve la terre
tendre colorée et poreuse sous la couche d'émail blanc et opaque.

Sa fabrication est très-simple. La pâte crue, composée en général
d'argile, de marne argileuse et de sable, pulvérisés et mélangés, est
travaillée et placée, après avoir reçu sa forme, dans un four où elle subit

une première cuisson. Elle en sort à l'état de biscuit, c'est-à-dire de terre poreuse plus ou moins colorée.

On procède ensuite à la mise en émail; ce dernier, réduit en poudre fine, est mis en suspension dans l'eau ; on obtient ainsi par l'agitation une liqueur laiteuse, dans laquelle on plonge l'objet, si l'on opère par immersion, ou que l'on répand à la surface, si l'on a recours à l'aspersion. Par les deux procédés, le biscuit, en vertu de sa porosité, absorbe une partie de l'eau de la liqueur, ce qui produit à sa surface le dépôt d'une couche d'émail dont l'épaisseur dépend de la durée de l'immersion. La pièce recouverte d'émail est placée dans des étuis en terre émaillés intérieurement, et soumise dans le four à une seconde cuisson qui détermine la fusion de l'émail. On obtient ainsi la faïence émaillée blanche, dont la fabrication ne se fait plus que sur une échelle assez restreinte. Mais cette faïence peut être décorée de différentes manières : soit en remplaçant l'émail blanc par des émaux colorés, opaques ou transparents, appliqués sur toute la surface, ou bien au moyen de pinceaux, en des endroits déterminés par la nature de la décoration ; soit en y réalisant de véritables peintures par l'emploi des couleurs vitrifiables.

Dans ce dernier cas, la peinture peut s'effectuer sur émail cuit ou sur émail cru.

Pour peindre sur émail cuit, on délaye la couleur dans un peu d'essence qui facilite son adhérence à l'émail, et l'on compose le sujet comme une peinture à l'huile. La pièce décorée est d'abord légèrement chauffée pour opérer le dégagement de l'essence, et mise ensuite dans un moufle où on l'expose à un feu plus ardent qui produit la fusion des couleurs, et les fixe d'une manière permanente sur l'émail.

La peinture sur émail cru présente plus de difficultés; mais elle donne des résultats bien plus satisfaisants. Ce genre de peinture ne nous paraît pas assez connu du public, et par suite n'est pas assez apprécié. Voilà pourquoi nous croyons utile d'entrer dans quelques détails à ce sujet.

Nous avons dit comment l'émail se déposait sur le biscuit de faïence. Avant sa cuisson, il constitue une poussière blanche, très-fine, et qui adhère très-faiblement à la terre cuite. C'est sur cet émail cru que l'artiste doit tracer son dessin, et déposer sa couleur ; mais on comprend quelles difficultés doit offrir l'instabilité de cette surface sur laquelle le sujet sera composé, quelle sûreté et quelle légèreté de main ce mode de peinture exige chez l'artiste pour qu'il puisse placer sa couleur sans enlever l'émail qui, sous son pinceau, se comporte comme un véritable sable mouvant. La couleur délayée dans un peu d'eau est absorbée par l'émail spongieux, qui en est alors intimement saturé ; les tons obtenus seront donc plus profonds que dans la peinture sur émail cuit, où le colorant ne s'étale qu'à la surface ; mais aussi, chaque trait de pinceau est indélébile, puisqu'un coup donné à faux ne peut être corrigé qu'à la condition d'enlever l'émail. La couleur qui trouve dans cet émail le fondant nécessaire à sa vitrification est employée le plus souvent à l'état d'oxyde ; elle ne possède donc pas, à l'emploi, la nuance que lui donnera la cuisson, et que l'artiste doit connaître à l'avance, ou plutôt deviner, pour arriver à l'effet voulu. Enfin, lorsque l'œuvre du peintre est achevée, la terre revêtue de son émail est placée à nu dans les fours où se cuit la faïence, et exposée au grand feu nécessaire à la cuisson de l'émail. Peu de couleurs résistent à ce grand feu, de sorte que le peintre sur émail cru ne dispose pas d'une riche palette, pour produire le plus d'effets possible.

Pendant la cuisson, l'émail fond ; en se combinant avec les oxydes, il développe les tons et les nuances désirés, et le travail se trouve alors accompli. En échange des obstacles à vaincre, cette peinture présente des avantages qui donnent aux poteries qu'elle recouvre une valeur artistique exceptionnelle. D'abord, par suite de la manière dont la couleur est absorbée par l'émail, la quantité de matière colorante déposée est plus considérable, et la coloration qui en résulte plus intense, à cause de sa profondeur. La couleur fondue avec l'émail fait corps d'une manière plus intime avec lui. Les traits moins secs, avec des tons plus chauds, se détachent sur le fond gras et velouté de l'émail, et offrent à l'œil un ensemble dont la suavité le charme ; la couleur, existant à la surface comme au fond de l'émail, s'aperçoit également sous toutes les incidences, et ne présente pas, malgré la finesse de son glacé, le miroitage désagréable des peintures sous vernis transparent. Enfin, à ces qualités s'ajoute la solidité de la faïence, qui assure à l'œuvre une durée indéfinie.

Tel est le genre de peinture appliqué à la décoration des vieilles poteries de Nurnberg, d'Italie, de Delft, de Rouen, de Nevers, etc., que l'on admire dans nos musées et dans les riches collections, et dont le prix n'a pas de limites pour les vrais amateurs.

Longtemps oublié, ce genre de peinture a été restauré en France par M. Pinart.

M. Hippolyte Pinart a abandonné, vers 1855, la peinture à l'huile qu'il cultivait avec talent et succès pour se livrer tout entier à la décoration artistique de la faïence. Élevé dans une faïencerie de Lille, où il exerçait un modeste emploi, il fut distingué par un de ses chefs qui, frappé de ses dispositions, conseilla de le placer dans les ateliers de décoration. Ce fut là qu'il se forma, et surtout qu'il s'initia comme par instinct aux détails du genre de peinture sur faïence qu'il devait illustrer plus tard.

En étudiant avec soin les effets produits par la décoration des vieilles faïences, il ne tarda pas à comprendre que la peinture sur émail cru pouvait seule conduire à des résultats semblables pour la transparence des couleurs et l'harmonie des tons.

Un jour que M. Riocreux, le savant conservateur du musée de Sèvres, lui faisait remarquer les défauts d'un émail recouvert d'une riche peinture : « Ce n'est pas étonnant, répondit-il ; l'émail cuit avec la couleur, et le défaut s'est produit après la peinture. » Ce genre de défaut est même, suivant M. Pinart, le meilleur moyen mécanique de reconnaître la vraie nature du décor.

Ce qui caractérise les œuvres de M. Pinart, c'est l'habileté avec laquelle il conserve la forme, malgré la difficulté qu'on éprouve à déposer la couleur qui, trop liquide, fait tache, et, trop épaisse, ne pénètre pas dans l'émail.

M. Pinart prépare lui-même ses couleurs ; et, grâce à ses connaissances céramiques, il est arrivé à se constituer, après un grand nombre d'essais, une palette relativement assez riche ; il fabriquait aussi ses pinceaux avec les poils qu'il allait, au marché de Lille, arracher de l'oreille des vaches. Les peines et les travaux de sa longue carrière sont aujourd'hui récompensés par l'estime spéciale qui s'attache à ses œuvres, et par le haut prix qu'elles atteignent.

M. Pinart, très-remarqué dans toutes nos expositions, et qui a abordé tous les genres, n'a pu rien envoyer à Londres cette année. La liste de ses œuvres a été publiée [1]. Les dernières qui représentent la *Fuite en Égypte* et un paysage d'après Claude Lorrain appartiennent à M. Bailly. Mais nous avons cru devoir donner ces détails sur l'origine de ce genre de décoration, le seul qui constitue la faïence véritablement artistique.

M. Michel Bouquet a exposé dans une des galeries latérales de l'annexe française cinq belles plaques qui permettent d'apprécier son talent de paysagiste, en même temps qu'elles témoignent chez lui d'une rare habileté à réaliser sur émail cru les effets dont l'heureuse variété se faisait remarquer dans ses paysages.

M. Bouquet qui, sous le rapport artistique, s'est chargé de repré-

[1]. M. Demmin, *Guide de l'amateur.*

senter à Londres la peinture sur émail cru, a cultivé pendant longtemps d'une manière distinguée la marine et le paysage, à l'huile et au pastel. C'est vers 1862 qu'il s'est mis à peindre sur émail cru, en conservant ses genres favoris. Il a eu la hardiesse d'essayer, ce que nul artiste n'avait osé tenter avant lui, de donner au paysage un caractère de réalité vivante. Les Italiens, les Castelli, ont bien fait de jolis paysages, mais c'était purement décoratif, et très-loin de la réalité. M. Bouquet est réaliste, et, avec son goût éclairé, il sait choisir ses sujets et ses effets. Ce n'est pas qu'il évite les difficultés ; il paraît au contraire les rechercher dans ses marines et dans ses paysages, où tous les tons doivent avoir leur valeur atmosphérique, où tous les détails doivent être légers et délicats. Avec ses couleurs et ses oxydes dont la véritable nuance ne se développe qu'au feu, il sait deviner ses tons et les atteindre avec une rare précision. Il évite les lourdeurs de la gouache en n'employant jamais de blanc, et en réservant le champ sur lequel il peint.

Les *Barques sur le lac de Genève*, borné par la fuyante perspective des montagnes ; les *Bords de rivière*, avec la coloration verdâtre de l'eau ; le *Marais en Bretagne*, avec ses arbres à feuilles jaunissantes, et cette végétation qui couvre à peine un terrain si gras et si glissant ; cette *Vue de Hollande*, dont l'eau verte et agitée paraît si profonde ; enfin le *Moulin des Roches*, avec son ciel tourmenté, et cette atmosphère dont la transparence, qui permet de voir au loin les objets avec tant de netteté, est l'indice d'une pluie prochaine ; toutes ces plaques sont des œuvres de premier ordre, exécutées largement, avec une grande légèreté de main, une vigueur et une variété de coloris remarquables. M. Michel Bouquet a noblement soutenu l'honneur de l'art français et de la peinture sur émail cru.

Exclusivement artistique lorsqu'elle sort des mains de M. Bouquet, la faïence stannifère nous est offerte sous le rapport industriel par la fabrique de Saint-Clément, avec une variété de formes et de décorations qui font le plus grand honneur à l'activité et à l'intelligence de MM. Thomas et Gallé-Reinemer.

Saint-Clément possède, comme faïencerie, une réputation qui remonte au siècle dernier.

En 1757, le sieur Jacques Chambrette possédait à Lunéville, en Lorraine, une fabrique de faïence fondée en 1731 sous le duc François III, et qui, protégée par le roi Stanislas Leczinski, prospéra si bien que Chambrette lui donna une succursale à Saint-Clément, sous la direction de son fils Charles.

Dans son conseil d'État tenu à Versailles le 3 janvier 1758, Louis XV rendit un arrêt par lequel il autorisait « ledit Chambrette à s'établir à Saint-Clément et à y fonder une manufacture, sous la condition qu'elle marcherait dans un an telle que celle qu'il possède à Lunéville, avec les mêmes avantages et priviléges dont il jouit en Lorraine ».

La nouvelle fabrique n'atteignit tout son développement qu'après la mort de Chambrette père, le 5 février 1763. En effet, la manufacture de Saint-Clément fut licitée entre les sieurs Charles Loyal, gendre de Chambrette, Richard Mique, premier architecte du roi de Pologne, et le fameux Paul Cifflée (Cyflet ou Cyflé), sculpteur.

Sous cette direction, Saint-Clément se fit rapidement une réputation considérable.

Stanislas, dont Lunéville était la résidence favorite, aimait à visiter les deux fabriques de Chambrette, que le peuple lorrain appelle encore les fabriques de Stanislas.

Le duc de Lorraine y fit modeler sa statue, qu'on voit à la bibliothèque de Nancy, ainsi que le buste de Voltaire et la figurine du nain Bébé, en grandeur naturelle.

C'est à cette époque, la plus brillante pour Saint-Clément, que Cyflet produisit ses délicieux modèles et ses groupes si estimés, le *Savetier et le Merle*, le *Berger* couronné et le *Petit Voleur* de pommes. La *Chèvre chérie* est l'œuvre de son fils François. (On peut voir au musée de Sèvres quelques exemplaires de ces groupes réédités dans les anciens moules sur la demande de M. Riocreux.)

Du même temps date une série de médaillons connus sous le nom de terres de Lorraine, représentant les grands hommes de l'époque ou des siècles précédents, surtout les contemporains de Louis XIV : Blaise Pascal, René des Cartes (*sic*), Guillaume Ier, prince d'Orange, Henry de la Tour d'Auvergne, vicomte de Turenne, etc., etc. La fabrication resta florissante sous Louis XVI, et se ralentit sous le Directoire et l'Empire.

Depuis lors jusqu'à 1830, les propriétaires et actionnaires de Saint-Clément renoncèrent aux glorieux souvenirs d'autrefois pour faire de la faïence industrielle qui, sous des formes et des décors moins délicats, n'en resta pas moins la belle faïence du XVIIIe siècle.

Après 1830, l'établissement a pris des proportions beaucoup plus vastes, grâce surtout à l'administration de M. Thomas père. M. Thomas fils, directeur depuis 1847, a ajouté les importantes fabrications du cailloutage, des terres à feu, de la terre de Cologne, etc. Mais, depuis 1863, la faïence étant revenue en faveur, la manufacture est entrée dans une nouvelle voie. M. Gallé-Reinemer a eu l'heureuse idée de rééditer les modèles originaux des styles Louis XV et Louis XVI, en maintenant ses produits dans des prix abordables.

L'exposition de Saint-Clément consiste en faïence stannifère, en terre rougeâtre de Lorraine et en cailloutage.

Nous avons remarqué le service du roi Stanislas, et les assiettes à 72 francs la douzaine, décorés au moufle, avec dorure mate; un autre avec des fleurs variées, à la main, à 45 francs la douzaine; un joli service bleu décoré sur le cru au cobalt; un autre avec des armoiries, de 11 à 15 francs la douzaine, suivant la richesse du blason.

A côté de ces objets se trouvaient un grand nombre de pièces décorées sur émail cru, lampes, jardinières, vases à émaux colorés avec reliefs; imitations persanes, japonaises; mosaïques algériennes noires, bleues, jaunes; miroirs, vierges et statuettes en biscuit; une imitation d'une cruche du prince de Chimay, monochrome bleu avec réserve de biscuit; une jolie encoignure Louis XVI avec un nid d'hirondelle, etc.

Toutes ces pièces sont bien travaillées. Le biscuit est fin, légèrement jaunâtre ou rose, et produit un excellent effet sous l'émail ou dans les réserves.

M. Gallé-Reinemer, à l'obligeance duquel nous devons les renseignements historiques qui précèdent, nous a déclaré que la plupart des pièces étaient décorées dans les campagnes par les habitants du pays, et, en nous montrant une collection où se trouvaient représentées des allégories peintes à la main, il nous fit remarquer celle de l'Alsace qui, figurée par un myosotis lié au poteau germanique, semblait dire : « Ne m'oubliez pas. »

FAÏENCE FINE. — Si l'on est obligé de recouvrir la terre colorée de la faïence d'un émail blanc opaque, on comprend que cela n'est plus nécessaire lorsqu'à la pâte grossière qui sert à l'obtenir on substitue des argiles plus pures, et donnant par la cuisson des biscuits blancs ou très-peu colorés.

C'est le cas qui se présente dans l'emploi de certaines argiles, qui, soumises à l'action du feu, deviennent presque incolores. En additionnant ces argiles de silice et de craie, on obtient une pâte blanche, mais poreuse, et qui, pour se prêter aux usages généraux des poteries, exige seulement une glaçure transparente, puisque le corps du vase n'est pas coloré. Cette glaçure transparente s'appelle un vernis.

Ce vernis est généralement un verre plombeux assez fusible. Et la poterie ainsi obtenue constitue un genre appelé autrefois terre de pipe, et aujourd'hui complétement abandonnée. Car son vernis tendre se rayait sous le moindre effort et tressaillait avec la plus grande facilité;

les liquides ou matières grasses pénétraient alors dans le biscuit, qui prenait une odeur repoussante. Enfin des œufs ou d'autres corps sulfurés noircissaient le vernis en sulfurant le plomb qu'il renferme.

On a donc cherché à perfectionner ces poteries.

Le premier résultat fut obtenu par la fabrication de la faïence fine ou cailloutage, dont la pâte, essentiellement composée d'argile plastique et de sable ou de quartz, donne un biscuit plus réfractaire que la terre de pipe, et qu'on recouvre d'un vernis à base de plomb. C'est l'earthenware des Anglais.

Enfin, en introduisant dans la pâte de la faïence fine du kaolin et une petite quantité de feldspath, on obtient un biscuit encore plus dur, dont le vernis, plus dur aussi, renferme une certaine quantité d'acide borique. Cet acide dissout les traces de fer qui existent à la surface du corps de pâte, et augmente la blancheur du produit. Cette poterie, appelée faïence fine dure ou feldspathique, ironstone en Angleterre, est caractérisée par un biscuit blanc très-dense, très-peu poreux et sonore, et dont le vernis dur résiste bien au couteau et peut supporter des changements brusques de température sans tressailler. Elle comprend les variétés connues sous le nom de porcelaine opaque, demi-porcelaine, granit, etc. Elle se travaille bien, se prête à la décoration et permet aussi d'allier à un prix modéré une certaine élégance, ce qui en rend l'usage excessivement répandu.

Cette faïence fine, sous les formes les plus variées, constitue l'exposition de M. Boulenger, de Choisy-le-Roi.

Créée en 1804, sur la rive gauche de la Seine, dans les bâtiments de l'ancien château royal construit par Louis XV, la manufacture de Choisy-le-Roi fut gérée par ses fondateurs, MM. Paillart frères, jusqu'en 1824. A partir de cette époque, cet établissement resta la propriété de MM. Hautin et Boulenger, puis de leurs veuves, qui l'ont cédé en 1861 à M. Hippolyte Boulenger. La production de Choisy-le-Roi était alors de 300,000 francs par an.

C'est à ce moment, quand le traité de commerce ouvrait aux faïences étrangères l'entrée du marché français, que M. Hippolyte Boulenger, jaloux de conserver au pays une fabrique où le travail ne s'était jamais arrêté, en fit l'acquisition. Ce fut un acte de courage; car l'usine, dont le terrain seul représentait près d'un demi-million, était d'un prix élevé, le matériel se trouvait en mauvais état et devait être complètement renouvelé, et par suite le capital considérablement augmenté.

Sous l'intelligente et énergique direction de son nouveau chef, la production de l'usine a quadruplé de 1861 à 1870, en restant constam-

8

ment au-dessous des demandes qui s'accroissaient sans cesse, à cause de la qualité, de la·beauté et du bon marché relatif de la fabrication.

Pour marcher dans cette voie de progrès, M. Boulenger a dû se rendre complétement indépendant. Il fait tous ses modèles ; il n'emploie que des terres de provenance française ; il prépare ses couleurs. Tout son outillage, machines, fours, modèles, etc., se fabrique à l'usine.

Afin d'obtenir des résultats d'une extension aussi rapide et pour les maintenir, M. Boulenger a dû créer et s'attacher une population ouvrière nouvelle et nombreuse, ce qui n'était pas sans difficultés aux environs de Paris. C'est pourquoi la main-d'œuvre fut augmentée, bien que le produit vendu eût subi une baisse de plus de 15 pour 100 sur le prix de 1662. Les conditions d'existence furent rendues plus faciles pour les ouvriers par l'établissement d'une cantine dont il fournit gratuitement le local, le matériel, le chauffage et l'éclairage. Enfin, depuis 1867, une crèche et un asile, fondés sous le patronage de Mme Boulenger, reçoivent les enfants des ouvrières occupées à l'usine.

Le 1er février 1871, dès qu'il a été possible de sortir de Paris, M. Boulenger s'est installé de nouveau au milieu des ruines de Choisy-le-Roi, avec un certain nombre d'ouvriers en bâtiments, de mécaniciens et autres ; il a pu ouvrir ses ateliers le 30 mars et arracher à la Commune de Paris des ouvriers qui, depuis cette époque, n'ont pas cessé d'y travailler, malgré les incursions et les menaces des fédérés. C'est dans cette période qu'ont été expédiés les objets exposés à Londres, et qui représentent les principaux types de la fabrication de M. Boulenger.

Cette fabrication comprend :

Des assiettes blanches depuis 1 fr. 40 jusqu'à 2 fr. 15 la douzaine ; des assiettes à sujets imprimés à 2 fr. 80 la douzaine ; des plats ronds et ovales de 15 à 20 centimes, et tout un assortiment de bols de 11 à 16 centimes ; coquetiers, 4 centimes ; cuvettes, 50 centimes ; et tous produits du même genre, remarquables par leur blancheur, leur dureté et l'extrême modicité du prix. Quelques pièces décorées et d'un prix beaucoup plus élevé, entre autres un plateau représentant les sept péchés capitaux, montrent que M. Boulenger pourrait aborder avec succès une fabrication plus élevée que celle des objets courants que nous venons de mentionner. Une partie de l'usine de M. Boulenger a été incendiée pendant le siége de Paris. Des piles considérables d'assiettes ont été soudées par le feu ; mais un grand nombre d'assiettes seulement noircies par la flamme, et qui sont restées exposées au froid pendant le reste de l'hiver, ont été retrouvées intactes, sans que le vernis ait subi aucune tressaillure. Peu de poteries auraient résisté à pareille épreuve, ce qui vient à l'appui de ce que nous disions au sujet de la qualité excellente de la faïence de Choisy-le-Roi. En faisant sortir de ses ruines les produits qu'il a envoyés à Londres, M. Boulenger a fait un acte de véritable patriotisme.

L'exposition de MM. Geoffroy et Cᶦᵉ, de Gien, achève de représenter, avec la précédente, la faïence fine industrielle. Fondée par l'Anglais Hall, le même qui créa l'usine de Montereau, la faïencerie de Gien vient d'entrer dans une nouvelle voie de fabrication. Sous la direction actuelle, tout l'établissement a été changé. Les vieux bâtiments ont été démolis et remplacés par des halles immenses, sous lesquelles s'exécutent toutes les opérations relatives au travail des pâtes. De nouveaux fours sont en construction, et, malgré le développement du materiel, la fabrication reste constamment au-dessous des demandes. Gien fabrique non-seulement la faïence fine ordinaire, platerie et service pour les usages domestiques, la faïencerie produit encore sur une assez grande échelle des pièces décoratives d'un cachet spécial, et qui lui ont valu une notoriété bien méritée. Nous citerons principalement ses pièces très-réussies en imitation de vieux Rouen, Moustiers, etc.; plats, jardinières, cachepots, vases de jardins, imitations persanes, japonaises, hollandaises, etc., etc., qui sont tellement recherchées que MM. Geoffroy ont été obligés d'en établir un dépôt à Londres.

Ce sont ces produits qui formaient presque toute l'exposition de Gien à Londres; et la faveur dont ils jouissent prouve le bonheur avec lequel MM. Geoffroy exploitent ce genre de fabrication, pour lequel M. Longuet leur apporte une utile collaboration.

PORCELAINE DURE. — La porcelaine dure française n'est pas représentée à Londres[1]; on en trouve seulement quelques échantillons parmi les pièces décorées de M. Rousseau. Cette poterie occupe au contraire une place importante parmi quelques expositions étrangères. Nous croyons donc utile de la définir en quelques mots.

Elle se distingue de toutes les poteries précédentes qui sont opaques, par la finesse de sa pâte, sa dureté et surtout par sa translucidité qui est son caractère saillant. De plus, sa glaçure, nommée couverte, est terreuse et dure.

[1]. Mues par un sentiment élevé de patriotisme, nos manufactures du Limousin et du Berry avaient fait à la hâte leurs préparatifs pour aller à Londres représenter la grande industrie de leur pays. Mais leurs efforts se sont trouvés inutiles devant l'impossibilité d'expédier par les chemins de fer dont les lignes étaient interceptées. Nous citerons MM. Hache et Pepin Le Halleur, de Vierzon; MM. Alluaud frères, Labesse, Gibus, de Limoges, etc.

M. Vieillard, de Bordeaux, avait été arrêté par les mêmes motifs.

La pâte est composée de deux éléments : le premier, argileux, infusible, est le kaolin ; le second, maigre et fusible, est le feldspath. Par l'association de ces deux éléments, additionnés quelquefois d'une petite quantité d'autres matières siliceuses ou calcaires, on obtient la pâte à porcelaine qui, quoique plus courte que la pâte à faïence, est néanmoins assez plastique pour se travailler au tour et à la main.

La pâte façonnée et séchée subit une première cuisson partielle dans la partie supérieure et la moins chaude des fours à porcelaine.

On obtient ainsi la porcelaine dégourdie, remarquable par sa porosité et son extrême fragilité.

On procède alors à la mise en couverte. Le mélange qui la constitue (feldspath et quartz), réduit en poudre impalpable, est mis en suspension dans l'eau. C'est dans la liqueur laiteuse ainsi préparée qu'on trempe chaque pièce dégourdie. L'eau est absorbée, comme dans la mise en émail de la faïence, et la couverte se dépose. Mais ici l'opération est plus délicate, car la couverte doit avoir partout une épaisseur uniforme avant la cuisson ; il faut donc que l'ouvrier chargé de ce soin ait la précaution d'immerger la pièce de telle sorte que chaque portion reste plongée le même temps dans le bain.

Les pièces mises en couverte et desséchées sont ensuite encastées, c'est-à-dire mises une à une dans des étuis ou cazettes en terre réfractaire sur des supports convenables ; après quoi, on les place dans le four.

Le four se compose de deux parties : la partie inférieure qu'on remplit avec les cazettes et où se fait la cuisson ; la partie supérieure ou globe, et qui est séparée de la partie inférieure par une voûte ouverte au centre ; c'est là, où la température est moins élevée, que se produit le dégourdi.

Ce qui distingue encore la porcelaine des poteries précédentes, c'est que la cuisson de la pâte se fait en même temps que celle de la couverte.

La cuisson dure de 38 à 60 heures et quelquefois plus, suivant la dimension des fours et l'importance des pièces à cuire. Comme la porcelaine se ramollit au moment de sa cuisson, il est important de surveiller le feu, de manière à ne pas dépasser la température voulue ; sans cette précaution la porcelaine se ramollirait au point de se déformer. L'on y parvient au moyen de montres, c'est-à-dire d'objets de même nature que ceux que l'on cuit et que l'on retire de temps en temps du feu, pour apprécier la marche de la cuisson.

Lorsque la porcelaine est bien cuite, elle possède cette translucidité et cette dureté qui la rendent, pour l'usage, supérieure à toutes les autres poteries; mais, précisément à cause de la fusion partielle qu'elle subit au moment de la cuisson, elle est sujette à se déformer. Les pressions inégales exercées sur la pâte pendant le travail reparaissent au feu; des soufflures, des fentes et un grand nombre d'autres accidents se produisent pendant la cuisson, de sorte que, outre le prix élevé des matières premières et de la main-d'œuvre, la porcelaine arrive à une valeur encore plus grande, à cause des déchets qui se produisent forcément pendant sa fabrication.

Grès. — Certaines terres naturelles, convenablement travaillées, peuvent, lorsqu'on les soumet à une température suffisamment élevée, subir une fusion partielle, qui donne au corps du vase l'aspect vitreux en même temps qu'une grande dureté. Seulement ces terres, généralement colorées, sont opaques après la cuisson; ces poteries, désignées sous le nom de grès cérames ou grès communs, sont caractérisées par leur dureté et leur cassure vitreuse. Ces grès reçoivent quelquefois une couverte; le plus souvent, c'est en projetant du sel marin dans le four à la fin de la cuisson qu'on détermine, aux dépens des éléments du sel marin et de l'eau, la formation d'un silicate alcalin, qui forme un vernis à la surface du vase.

Les grès fins blancs ou colorés présentent une composition complétement différente de celle des grès communs. On peut les considérer en quelque sorte comme de la faïence fine, à laquelle on aurait ajouté une certaine quantité de feldspath, de manière à augmenter la proportion de l'élément fusible. On obtient ainsi des poteries opaques à grains très-fins, colorées ou incolores, suivant la composition de la pâte, tantôt sans glaçure, tantôt recouverte d'un vernis très-mince, généralement plombifère.

Porcelaine tendre. — Quant à la porcelaine tendre dont nous dirons quelques mots à propos des expositions étrangères, elle renferme, sauf les proportions qui varient, les mêmes éléments que le verre à glace. Ces matières, broyées et calcinées, donnent une masse agrégée nommée fritte, qui sert à constituer la pâte. La pâte n'est pas plastique, elle se moule et se tournasse à sec. Elle subit une première cuisson et se transforme en une matière dure, fine, dense, translucide et d'une texture presque vitreuse. Le biscuit obtenu n'est pas poreux; on le recouvre avec un vernis qu'on peut considérer comme du cristal, c'est-à-dire verre à base de plomb, et on lui fait subir, comme pour la faïence fine, une seconde cuisson à une température un peu moins élevée que pour le biscuit. Le vernis est plus dur que celui de la faïence fine, et

plus tendre que celui de la porcelaine dure. Par sa nature chimique
et sa fusibilité, ce vernis se prête beaucoup mieux que la couverte de
la porcelaine dure à la peinture et à la décoration. Il prend mieux les
couleurs qui, faisant corps avec lui, sont plus douces et plus profondes ;
enfin il le développe et permet d'obtenir des roses, des bleus, etc., qu'on
n'obtient pas sur la porcelaine dure.

Cette porcelaine tendre, qu'on fabriquait originairement à Sèvres
vers 1760, constitue ce qu'on nomme le vieux Sèvres. La richesse de sa
décoration, l'éclat des couleurs et la rareté des pièces authentiques lui
donnent aujourd'hui un prix sans limites. M. du Sommerard nous montrait à Londres, dans un écrin, une tasse avec soucoupe qui avait été
payée 3,500 francs, et M. Bapterosses nous faisait voir dernièrement à
Briare une tasse beaucoup plus simple avec sa soucoupe et dont
M. Wedgwood lui avait offert 1,500 francs.

POTERIES DÉCORATIVES.

Les Arabes, auxquels on doit la faïence stannifère, la transportèrent
dans les contrées qu'ils occupèrent successivement, et notamment en
Espagne, d'où, par l'intervention d'ouvriers venus de ce pays, elle passa
en Italie vers le commencement du xve siècle. Le nom de majoliques,
sous lequel on désigna en Italie presque généralement cette faïence,
provient d'une corruption de Majorica, etc., Mayorque. La *Terra Inve-
triata* de Lucca della Robbia, les produits de Pesaro, d'Urbino, devinrent
bientôt célèbres.

Le goût de ces poteries se répandit en Allemagne, en Hollande et en
France, où leur fabrication devait être retrouvée et illustrée par Bernard
Palissy vers 1545, époque à laquelle, dans notre pays, les procédés pour
fabriquer la majolique étaient perdus ou complétement ignorés.

Nurnberg (ou Nuremberg), Delft, Rouen, Nevers, etc., devinrent des
centres importants jusqu'à la fin du xviiie siècle.

La faveur publique commença à quitter la faïence décorée vers le
commencement du xvie siècle (1508), date de l'introduction de la porcelaine en Europe par les Portugais. La blancheur, la translucidité et la
solidité, jointes à l'éclat des émaux et de la décoration qu'on rencontre
dans les poteries orientales, leur créèrent bientôt une vogue qui fut une
rude concurrence pour la fabrication de la faïence. Cette dernière fut
négligée et devint bientôt plus grossière. La porcelaine tendre et la porcelaine dure, découverte en Allemagne, puis en France, attirèrent toute

l'attention publique qui se fixa exclusivement sur elles pendant de longues années.

Mais, depuis quelque temps, la mode a changé, le goût s'est épuré; la vue de nos musées qui se sont enrichis, des collections qui se sont formées, ont ramené l'attention sur la faïence. On a compris toutes les ressources qu'elle offrait pour la décoration. Les artistes les plus distingués, nos potiers les plus habiles ont tenté d'imiter les formes originales et les couleurs harmonieuses des faïences orientales. Ils ont voyagé, cherché, travaillé; ils ont trouvé et ils trouvent tous les jours. La décoration de nos appartements, la construction de nos maisons se prêtent à l'emploi de ces poteries, et la faveur avec laquelle on les recherche promet un nouvel aliment à notre industrie, en même temps qu'elle donne un nouvel essor au développement de l'art en France.

Nous signalerons en première ligne l'exposition des faïences de M. Théodore Deck.

C'est en 1841 que M. Deck commença à s'occuper de céramique. Après avoir voyagé en Allemagne et en Hongrie, de 1844 à 1847, M. Deck fut, en 1851, chargé de diriger la nouvelle maison de Mᵐᵉ Dumas qui acquit bientôt une réputation méritée dans la fabrication des poêles en faïence, et qui reçut une médaille à l'Exposition universelle de 1855.

C'est à cette exposition qu'en examinant les produits céramiques anglais M. Deck conçut l'idée de créer en France une poterie artistique qui nous faisait complétement défaut.

Il fit paraître le résultat de sa première fabrication en 1858. C'était une poterie par voie d'incrustation de pâtes colorées, à l'imitation des faïences dites de Henri II. Au milieu de la salle officielle figurait un grand vase, copie de celui de l'Alhambra, exécuté dans ce genre, daté de 1862, et que le musée de Kensington avait acquis en 1865 à une exposition des arts industriels.

En 1859, séduit par les belles couleurs des faïences persanes dont un échantillon ébréché lui était tombé entre les mains, M. Deck comprit qu'il y avait là pour nous un genre de fabrication tout nouveau.

A partir de ce moment, il consacra tout son temps et tous ses soins à la découverte de procédés qui lui permissent d'imiter cette belle céramique. Ses recherches furent longues et pénibles. Cependant en 1861 il fit paraître ses premiers produits à l'Exposition des arts industriels de Paris, au palais de l'Industrie. Cette tentative lui valut des commandes assez importantes pour lui permettre de continuer et de développer ses travaux.

Ce qu'il rechercha tout d'abord, ce fut ce bleu spécial qu' n'existe dans aucune faïence française ou italienne, ce bleu-turquoise qui offre tant de ressources dans la décoration des poteries et dont les Persans et les Chinois ont tiré un si grand parti dans leur céramique architecturale.

Pour arriver à ce résultat, il fut obligé d'abandonner la peinture sur émail stannifère, et de créer des pâtes de composition nouvelle, sur lesquelles il put, avec une peinture sous couverte alcaline, obtenir ce qu'il cherchait. Ses bleus-turquoise qu'aucun fabricant anglais ne possédait furent très-remarqués à l'Exposition de Londres de 1862, ainsi que plusieurs de ses pièces décorées dans le style oriental.

A ce moment M. Deck s'était acquis un rang distingué parmi les faïenciers. Mais la beauté de ses couleurs n'était obtenue qu'aux dépens de la qualité de ses poteries. Ses pièces étaient sujettes à la tressaillure; il fallut surmonter ce nouvel obstacle sans altérer les couleurs obtenues, et c'est à l'Exposition des arts industriels de 1864 que M. Deck montra ses premières pièces non craquelées.

M. Deck a développé depuis ce temps sa fabrication et multiplié ses essais.

Les reliefs appliqués sur des fonds colorés, ses reflets métalliques obtenus en 1869 en collaboration de M. Longuet, la perfection de sa fabrication persane, ainsi que celle de ses bleus-turquoise et de Chine, les reliefs obtenus par le modelé des émaux de peintures sur des fonds de couleurs, tous ces types sont remarquables par la richesse, la franchise et la transparence des couleurs; ils sont une vraie conquête pour l'art national.

M. Deck a pu simplifier assez ses procédés de peinture pour que, sans une grande étude préalable, l'artiste pût manier ses couleurs à son gré, en évitant ces ennuis et ces difficultés qui sont un véritable obstacle à l'inspiration et à l'originalité de la composition.

Parmi les artistes éminents qui, depuis plusieurs années, ont prêté leur concours à M. Deck, nous citerons Mme Escallier, dont le talent sympathique est si apprécié, et dont on a remarqué aussi les charmants tableaux de fleurs, peints à l'huile, exposés dans la galerie du premier étage; ajoutons encore MM. Hamont, Français, Ancker, Ranvier, Ehrmann, Gluck, Legrain, Hirsch, Benner, Schubert et Reiber. Ils ont su concilier leurs qualités artistiques avec les procédés de M. Deck, qui fait exécuter en même temps les autres décorations plus industrielles par des peintres céramistes qu'il a formés et qui travaillent sous sa direction.

Tous les genres de fabrication de M. Deck figuraient à l'Exposition de 1871.

Nous signalerons principalement quelques grands médaillons avec décoration de fleurs et d'oiseaux en relief largement traités par Mme Escallier : quelques autres médaillons et figures allégoriques, et surtout un grand plat (deux Amours s'embrassant), remarquable par sa belle exécution et sa bonne réussite, peints par M. Ranvier; un grand panneau avec glaneuse, ainsi que plusieurs têtes de caractère dus au pinceau de M. Ancker.

M. Gluck, fidèle au genre dans lequel on a pu souvent l'apprécier, a exécuté trois grands panneaux représentant des chasses et des chevaliers du moyen âge.

M. Legrain a fait de charmantes compositions avec des Amours.

Nous avons remarqué une femme mauresque sur un grand médaillon, et des scènes du moyen âge par M. Schubert, de jolis motifs de fleurs et d'oiseaux de M. Benner; enfin, des vases et des coupes de toutes formes et de toutes dimensions s'ajoutaient aux œuvres d'art que nous venons d'énumérer et témoignaient de la haute importance qui est réservée à la partie artistique dans l'établissement.

Mais le mérite de ces œuvres d'art était rehaussé par la valeur réelle des poteries qu'elles recouvraient.

Des fonds turquoise unis et avec ornements en relief, des décors en relief sur fonds céladon, bleu, jaune, etc.; des dessins obtenus par incrustation d'émaux de couleurs, dont les différents effets sont réalisés par la superposition de couleurs translucides sur les émaux incrustés tels que des décorations noires sur fond turquoise, etc., des plats et vases à décorations persane et japonaise, des spécimens de reflets métalliques, ont pu donner l'idée de l'importance et de la variété de la fabrication de M. Deck.

On avait constaté dans les Expositions précédentes les défauts dus au craquelage de quelques-unes de ses pièces; nous avons été heureux de reconnaître que ce défaut n'existait plus dans ses dernières productions. Nous ne rappelons ce fait que pour mieux faire apprécier le mérite de M. Deck par les difficultés mêmes dont il a su triompher. Nous avons aussi vu à Paris, dans la cour de sa fabrique, une belle décoration monumentale de fontaine, en faïence genre persan, et dont les émaux ont parfaitement résisté aux changements de température provenant de l'action du soleil et de la gelée.

M. Deck a conquis le premier rang dans la fabrication des faïences d'art, et l'impression produite par son exposition sur les visiteurs et amateurs de tous les pays qui sont venus l'admirer et se disputer ses poteries est plus que suffisante pour confirmer la justesse du jugement que nous portons sur lui.

M. Parvillée a exposé des spécimens remarquables d'architecture et de décoration orientales. Il s'occupait de recherches dans cette direction, lorsqu'en 1863 il fut chargé par le commissaire impérial Ahmed Sefill Effendi de diriger la restauration des édifices de Brousse, ruinés par un tremblement de terre. Dans son voyage, M. Parvillée put recueillir sur les lieux une collection d'un grand nombre de fragments appartenant à toutes les époques de la fabrication arabe et persane, tant sur pâte blanche que sur terre rouge ordinaire (terre à briques). Depuis cette époque, il a continué ses essais, et des résultats de ses travaux ont déjà figuré aux Expositions de 1867 et 1869.

Dans la cour ou jardin de l'annexe française figure cette année une fontaine turque, décoration en faïence, bien composée et bien exécutée; ainsi que divers morceaux de frises et des plaques de revêtements dans le style oriental. Il serait à désirer que le goût de l'application de la céramique à la décoration architecturale se répandît le plus possible. Essentiellement salubre et solide, dans les conditions où l'on fabrique aujourd'hui, la faïence émaillée contribuerait singulièrement à l'élégance des constructions qu'elle recouvrirait. Avec les compositions que nos artistes savent trouver, avec les colorations brillantes et variées que nos céramistes modernes savent donner à leurs émaux, nos maisons offriraient à tous les regards des modèles harmonieux par le style et la couleur qui vulgariseraient les saines traditions de l'art et du bón goût.

Nous ne pouvons donc qu'approuver et encourager M. Parvillée dans les tentatives heureuses qu'il a faites en 1863 ; nous le félicitons des résultats importants obtenus dans son établissement de Saint-Maur où il est à même de réaliser les pièces les plus considérables comme nombre et comme dimensions.

Nous citerons aussi dans l'exposition de M. Parvillée ses plats en terre, genre persan, et deux grosses potiches. Nous avons surtout remarqué une paire de vases de 45 à 50 centimètres de haut avec sujets japonais sur terre rouge sans engobe ; la décoration obtenue par l'emploi d'émaux opaques colorés avec une grande variété de tons est formée par huit motifs de compositions diverses, persans ou japonais, représentant des oiseaux, des poissons, des fleurs avec feuillage sur fond céladon. Ces différents motifs sont découpés dans un fond bleu-cobalt et encadrés d'or. Ces vases, achetés par M. Power 40 livres sterling, prouvent que M. Parvillée sait aborder la fabrication de la poterie d'art avec autant de succès que celle de la faïence architecturale.

Les produits de MM. Soupireau et Fournier méritent une mention spéciale. Leur établissement, fondé à Paris en 1865, a déjà fourni des faïences décoratives qui ont été remarquées aux Expositions précédentes.

M. Soupireau prépare les pâtes, émaux et couleurs. M. Fournier, qui est un habile sculpteur, compose les dessins et les modèles, et se réserve la partie artistique de la fabrication.

Des vases de formes et de dimensions différentes, jardinières, plats ronds et ovales, plaques décoratives monochromes ou polychromes, décorées sur le cru ou le cuit, constituent leur exposition à Londres. Mais nous devons citer aussi, comme exécutés par la même maison, les frises décoratives du parc des Buttes-Chaumont, le carrelage de l'hôtel Carnavalet, d'autres faïences ornementales placées aux hôtels Menier, de Païva, Lavaissière et Decamps ; enfin les musées de Limoges, de Tours, de Vienne et de Berlin possèdent également des pièces qui prouvent que le talent de M. Fournier a su se faire apprécier en dehors de son centre de fabrication.

M. Édouard Avisseau, en exposant cinq pièces de choix, nous rappelle un nom que son père Charles-Jean Avisseau a rendu cher à tous les amateurs de la faïence d'art.

Né à Tours le 25 décembre 1796, Avisseau père, inspiré par son goût pour la céramique, fit ses premiers essais, à vingt-neuf ans, dans la manufacture de M. le baron de Bezenval à Beaumont-les-Autels (Eure-et-Loir). C'est là que la vue d'un plat de Bernard Palissy fit naître en lui un vif désir d'en fabriquer un semblable. Sans éducation première et par la seule force de sa volonté, il se livra pendant dix-huit ans aux recherches les plus assidues pour arriver au but qu'il poursuivait ; en même temps que pour faire vivre sa famille il modelait des statues qui ont été très-remarquées dans les églises où elles ont été placées.

C'est en 1843 que les premiers objets figuraient à la fenêtre de son humble demeure de la rue Saint-Maurice. Ils attirèrent l'attention d'un employé de la manufacture de Sèvres qui fit l'acquisition d'un plat rustique pour le montrer à M. Brongniart, alors directeur à Sèvres. Celui-ci se le fit céder pour le placer dans le musée de la manufacture. Puis d'autres pièces, étant passées entre les mains de quelques hauts personnages, lui acquirent une réputation qui grandit rapidement et qui lui valut des commandes considérables tant en France qu'à l'étranger.

Nous ne pouvions passer sous silence ces quelques traits de la vie du potier de Tours qui, après vingt années de travail et de sacrifices, retrouva le secret que Bernard Palissy avait emporté dans la tombe, et devint son plus fidèle et son plus habile imitateur.

M. Édouard Avisseau, élève et collaborateur de son père, continue les traditions paternelles. Nous citerons un grand plat avec poissons, fond de pâtes de terres colorées; un rustique à M. le prince de Metternich, avec plantes et bestioles sur le marly, et avec des armoiries en émail sur fond bleu au centre ; enfin, un plat de forme très-allongée avec semis d'algues en léger relief.

Héritier des procédés de son père, M. Avisseau sait imprimer une véritable originalité à ses travaux. Chez lui tout est fait à la main; il ne se sert pas de moule. Tour à tour naturaliste, modeleur, peintre, émailleur et cuiseur, il trouve le temps de composer les sujets qu'il doit ensuite exécuter lui-même. Le talent de son neveu, M. L. Deschamps, lui apporte aussi une utile collaboration. Mobilisé du camp de La Rochelle, M. Édouard Avisseau, s'il n'a eu le temps d'envoyer une collection plus nombreuse de ses produits, ne s'est pas moins montré digne de son pays et du nom que son père a illustré.

La collection que M. Ulysse a envoyée de Blois est peu nombreuse, mais ses pièces portent le caractère d'originalité et de distinction qu'il sait donner à tout ce qui sort de ses mains. Ses procédés de fabrication se rapprochent de ceux qu'on employait en Italie au xvɪᵉ siècle. Il fait de la vraie faïence stannifère, décorée sur le cru. Il dirige lui-même son atelier composé de neuf personnes ; chaque pièce passe par ses mains et porte un décor spécial dont il ne reste ni calque ni copie ; c'est principalement d'après les modèles italiens de la Renaissance ou les faïences françaises du xvɪɪᵉ siècle qu'il se guide.

Un grand plat représentant une ronde de soldats allemands avec un centre et armoiries ; un grand vase avec médaillon et portrait équestre de Henri II, et arabesques, genre italien d'Urbino ; un cachepot avec frise de fleurs, fruits et oiseaux, aussi dans le genre italien ; et enfin une charmante aiguière ronde à anse et à bec, imitation de Rouen, polychrome, prouvent une fois de plus le rang auquel M. Ulysse sait maintenir ses œuvres ; et le n° 9,880 de la dernière, fabriquée depuis l'année 1862, où il a fondé son établissement, constatent la faveur dont jouissent ses produits, qui sont presque toujours demandés et achetés avant d'avoir subi leur dernière cuisson.

M. Brocard a continué avec succès la fabrication des verres émaillés qu'il a créés. C'est à la vue d'échantillons d'anciens verres orientaux qu'il avait eus sous les yeux que M. Brocard eut l'idée de chercher à en faire d'analogues. Dans ce but, il a d'abord composé un verre d'une nature et d'une coloration spéciales, propre à recevoir et à faire ressortir la décoration dont il devait l'orner. Sur ce verre il dépose ses émaux et sa dorure et soumet le tout à la cuisson.

C'est ainsi que sont obtenus ces grands vases orientaux, ces coupes, ces lampes de mosquées qui formaient son exposition. Indépendamment de leur valeur artistique, ces pièces doivent une partie de leur prix à la manière dont elles sont réussies. En effet, cette fabrication est longue et délicate. Les verres employés par lui sont toujours soufflés et n'ont pas cette régularité de forme qu'on trouve dans les pièces moulées. Tout le décor doit donc être appliqué à la main et mis en harmonie avec la forme du vase. Après le posage des émaux, la cuisson est une opération très-délicate, qui exige une grande habileté pour être menée à bonne fin sans déformer le vase qui la supporte. Ce sont toutes ces causes qui font le mérite et l'originalité des productions de M. Brocard.

M. Rousseau ne fabrique pas lui-même; mais, artiste et chercheur éclairé, il a fait exécuter un grand nombre de pièces ou de décors d'après des modèles qu'il a créés et qui ont tous été d'heureuses innovations. Ses services en faïence fine de Creil avec les décorations qu'il a inventées ont obtenu un réel succès, qui en a permis l'exportation en Angleterre, et qui a valu à M. Rousseau d'être copié par la maison Minton; ce qui montre que, décorée avec le goût français, la faïence fine de France pourrait lutter favorablement avec les produits similaires anglais. A côté de ces services se trouvaient des peintures sur porcelaine dure, bayadères dansant à la corde, des peintures pâte sur pâte exécutées d'une manière remarquable, des décorations très-originales sur porcelaine tendre d'après des compositions japonaises, deux plats en terre cuite vernissée, poissons et plantes aquatiques, très-bien réussis, enfin d'autres terres cuites, des grès, etc. M. Rousseau a le rare mérite de savoir concilier les exigences de l'art avec celles de l'industrie et de livrer ainsi au commerce, dans des conditions avantageuses pour lui et pour les consommateurs, des produits à la portée de tout le monde et qui servent en même temps à la propagation et au développement du bon goût.

M. Jean avait envoyé une collection de ses faïences décorées sur émail cuit, dans le genre italien et le vieux Rouen, grands panneaux à personnages, vases à fonds bleus, pendules, cages à oiseaux et autres objets analogues d'une fabrication délicate et faits avec l'habileté dont ce fabricant a donné déjà bien des preuves; et M. Signoret nous a permis de constater une fois de plus le bonheur avec lequel il continue l'imitation des anciennes faïences de Rouen et surtout de Nevers, comme on a pu le remarquer en examinant les jardinières, vases Médicis et objets de jardins, cachepots, etc., qui formaient son exposition.

Nous ajouterons en terminant que nous avons aussi remarqué des faïences décorées par MM. Charles et Jules Houry pour l'ameublement, d'autres par Mme de Callias, et enfin une collection d'animaux féroces peints par Mme Olmade avec une richesse et une vigueur de coloris remarquables.

M. Brianchon avait réuni une collection de porcelaines et de cristaux représentant tous les effets nacrés et irisés qu'on peut produire sur la terre ou sur le verre avec les compositions dont il est l'inventeur.

FABRICATIONS ACCESSOIRES. — L'exposition de M. Feil, bien que distincte en apparence de celle des produits céramiques, s'y rattache cependant assez pour qu'il ne nous soit pas possible de la passer sous silence.

M. Feil est un chercheur habile et un inventeur heureux ; il sait travailler ses compositions avec un soin et une adresse remarquables, et les hautes récompenses qu'il a obtenues pour les produits de sa fabrication aux dernières Expositions prouvent que ce n'est pas d'aujourd'hui qu'il a su se placer au premier rang dans la fabrication des verres d'optique dont nous avons vu à Londres de si beaux échantillons, et surtout des flints lourds si appréciés et si recherchés en Angleterre.

Mais ce qui, à notre point de vue, nous intéresse le plus dans ses envois, c'est une série d'essais sur des matières vitrifiables, comprenant seize échantillons de matières amorphes ou cristallisées, incolores ou colorées, à base d'alumine de chaux, de magnésie et de silice, avec addition de différents oxydes colorants.

Les résultats obtenus à des températures excessivement élevées par la trempe et le recuit de certains mélanges à base de cuivre ou d'autres métaux sont dignes de toute l'attention des céramistes, qui ont pu y trouver d'utiles indications pour la fabrication de certaines couvertes et de certains émaux.

C'est en travaillant dans cette voie que M. Feil est arrivé à préparer ses pierres précieuses artificielles, si dures et si éclatantes qu'il faut une véritable attention pour ne pas les confondre avec les pierres naturelles dont elles renferment les éléments et dont elles imitent si parfaitement la teinte.

Les visiteurs regardaient avec intérêt et curiosité un riche assortiment de perles de toutes couleurs, mates ou brillantes, nacrées ou dorées, élégamment disposées dans un cadre et sortant de la fabrique de M. Bapterosses, de Briare. A côté d'elles, quelques simples boîtes renfermant de petits boutons de porcelaine, cousus sur des feuilles de carton, paraissaient des objets égarés ou oubliés au milieu des statues, des instruments de musique et des riches poteries qui se trouvaient dans la même galerie. Et cependant ces petits boutons n'étaient pas moins dignes d'attention que les colliers éclatants qui étaient placés au-dessus d'eux ; car ils repré-

sentent une des plus intéressantes conquêtes de notre industrie nationale. L'histoire de ces petits boutons, la voici :

Certaines pâtes céramiques, réduites en poudre fine et soumises à
une forte pression, peuvent s'agglutiner au point de constituer une masse
assez cohérente pour garder la forme du moule dans lequel elles ont été
comprimées.

C'est la méthode employée par les enfants pour faire des pâtés avec
la terre qu'ils pressent dans des gobelets.

Ces pâtes, sous l'action de la chaleur, éprouvent un commencement
de fusion qui en soude toutes les parcelles, et donne à l'objet moulé la
solidité de la porcelaine. C'est sur ce principe qu'est fondée toute la
fabrication des boutons de porcelaine.

Le procédé originaire d'Angleterre consistait à presser la pâte,
presque exclusivement composée de feldspath pulvérisé, dans un moule
qui lui donnait la forme du bouton. La pression était produite par un
balancier. Chaque coup de balancier ne frappait qu'un seul bouton ; ce
bouton était placé à la main sur un rondeau en terre cuite ; ce rondeau,
avec d'autres, était encasté comme les poteries et introduit dans un four
à porcelaine où il restait pendant toute la durée de la cuisson.

Cette fabrication, qui exigeait une grande dépense de main-d'œuvre
et de combustible, en était là, lorsque M. Bapterosses inventa ses nouvelles presses et ses procédés automatiques. Les presses de M. Bapterosses,
mues par un seul ouvrier, frappent jusqu'à cinq cents boutons à la fois. Les
boutons moulés sont disposés par la presse elle-même sur une feuille de
papier soutenue sur les bords d'une sorte de raquette en fer. Ce papier,
placé sur une plaque en terre chauffée au rouge, brûle, et les cinq cents
boutons qu'il supportait, déposés ainsi instantanément et sans secousse
sur la plaque, sont introduits dans un moufle chauffé au blanc où ils
restent quelques minutes. La plaque étant retirée, les boutons sont jetés
dans un panier et la fabrication se poursuit ainsi jour et nuit sans inter-
ruption. Chaque fourneau renferme un grand nombre de moufles sur-
veillés par le même ouvrier, de sorte que la main-d'œuvre est aussi
restreinte que possible.

Mais nous ferons mieux comprendre encore le degré de perfection
que M. Bapterosses a réalisé, en passant en revue les différentes phases
de la fabrication de ces boutons.

Ainsi, les matières premières, feldspath et autres, sont d'abord
amenées du lieu d'extraction à l'usine.

Elles sont concassées entre des cylindres, puis porphyrisées sous
des meules.

Après quoi, la pâte est lavée et desséchée.

Elle est ensuite mise sous la presse, moulée et portée au four.

Les boutons cuits sont transportés dans un atelier et on les soumet à un triage.

Puis les boutons sont encartés, c'est-à-dire cousus sur des feuilles de carton, mis en boîte et expédiés.

Après ces opérations multiples, le prix de la masse de boutons, c'est-à-dire la douzaine de grosses ou 1,728 boutons, est de 1 franc, soit 8 centimes et demi la grosse, ou 7/10mes de centime la douzaine!

Primitivement installé à Paris, rue de la Muette, n° 27, c'est vers l'année 1850 que M. Bapterosses a transporté son usine à Briare. Depuis cette époque, son industrie s'est accrue. A la fabrication des boutons blancs, ou décorés à la main ou par impression, en or et en couleurs, il a joint celles des boutons à agrafe et des perles. Grâce à ces développements, M. Bapterosses occupe aujourd'hui à Briare, dans l'usine même, près de 1,500 ouvriers. Tout se fait chez lui, machines, fours, couleurs, impression des cartes, boîtes, etc. Des halles magnifiques, de 120 à 130 mètres de long, abritent les fours ou servent d'ateliers pour les travaux à la main. Le large espace assure à la fois la régularité du travail et le bien-être des ouvriers. La sollicitude de M. Bapterosses se révèle jusque dans les moindres détails matériels de l'organisation du travail. Deux grandes salles d'école pouvant contenir plus de trois cents enfants, pourvues d'un matériel inventé par M. Bapterosses et qui figure à l'Exposition, reçoivent les enfants à des heures réglées de telle sorte que le travail et l'éducation puissent marcher ensemble.

Les villages environnants sont chargés de tout le travail qui n'exige pas la présence à l'usine. Des vieillards, des infirmes trouvent ainsi des moyens de se procurer un salaire, qui, arrivant au village pour n'en jamais sortir, y amène en même temps l'aisance et le bien-être.

M. Bapterosses fabrique environ 6 millions de boutons par jour. Depuis son installation à Briare, il a jeté plus de 20 millions de francs dans le pays qui, pauvre auparavant, a trouvé dans ce centre industriel une source de richesse qui se manifeste à chaque pas. Parti des rangs les plus modestes, il a surmonté par son courage, par son génie inventif et par sa haute probité, et les obstacles qu'on rencontre toujours dans une fabrication qu'on crée, et les difficultés causées par les concurrences; et il est arrivé, dans l'industrie, à la plus haute position qu'il soit permis d'ambitionner.

En présence de ces résultats, l'Angleterre a été obligée de renoncer à la fabrication des boutons. Elle vient les prendre aujourd'hui chez

M. Bapterosses, dont les produits sont aussi recherchés dans toute l'Amérique ; voilà pourquoi nous répétons que les quelques boîtes de boutons de M. Bapterosses doivent être placées au premier rang et parmi les produits les plus intéressants de notre exposition.

MATIÈRES PREMIÈRES. — Comme matières premières pouvant être utilisées dans la fabrication des produits céramiques, nous n'avons rencontré que les échantillons de feldspath et de roche kaolinique provenant des mines de Montebras (Creuse).

Ce sable feldspathique agrégé forme une sorte d'amas allongé, orienté nord-est et plongeant d'environ 45° au nord-ouest. Le gîte est encaissé par du granit de dureté moyenne. Au toit entre le sable et le granit, court une veine stannifère de 0^m,60 à 0^m,90 de puissance contenant comme gangue de l'étain oxydé, du quartz et du feldspath rosé.

Il présente deux variétés. La variété dure, formant l'échantillon exposé sous le n° 1, est un mélange à grains fins de 70 à 80 pour 100 de feldspath orthose blanc et de 20 à 30 pour 100 de quartz avec quelques petites paillettes de mica blanc.

La variété tendre n° 2 ne diffère de la précédente que par quelques centièmes de kaolin très-blanc disséminés dans la roche. Ce kaolin cuit blanc.

L'élément alcalin, d'après l'analyse faite par M. Moissenet à l'École des mines, s'élève à 5,86 pour 100. La potasse y domine.

L'aménagement de la carrière, dont l'existence est assurée pour de nombreuses années, est disposé de manière à maintenir la roche propre de tout mélange. Dès aujourd'hui 18,000 à 20,000 tonnes sont prêtes pour l'abatage.

Les échantillons n°s 3 et 4 de roches brutes cuites au four et les échantillons de produits manufacturés où la roche est employée soit pour préparer la couverte, soit dans la composition de la pâte, prouvent qu'elle peut être employée avec avantage dans l'industrie céramique.

Comme frais de transport, le coût par tonne de roche transportée de l'aiguille de Montebras est de 7 fr. 50 pour Vierzon, et 6 fr. 15 pour Limoges.

Les navires qui amènent à Bordeaux le kaolin de Cornwall peuvent prendre la roche comme fret de retour le coût par tonne de Montebras ; est de 14 fr. 86 pour Rochefort, et 14 fr. 18 pour Bordeaux.

Les premiers essais faits en 1869 dans les manufactures de porcelaine de Vierzon ont été assez satisfaisants pour que plusieurs fabriques de cette contrée aient employé cette roche comme matière première.

En résumé, l'exposition des produits céramiques réunis dans l'annexe française a été un véritable succès pour notre art et notre industrie.

Les expositions de M. Hippolyte Boulenger, de Choisy-le-Roi, et celles de MM. Gallé-Reinemer et Thomas fils, de Nancy et Saint-Clément, ont prouvé le développement considérable pris par la fabrication de la faïence fine et des autres terres dans ces deux établissements. Les qualités industrielles et artistiques des poteries de Saint-Clément ont frappé tout le monde, et, pour notre part, nous ne pouvons que souhaiter aux directeurs habiles et éclairés de la faïencerie de Lorraine la continuation du succès qu'ils viennent d'obtenir.

De son côté, M. Hippolyte Boulenger a accompli un véritable tour de force en arrivant aux résultats importants qu'il a réalisés dans son usine de Choisy-le-Roi. Les qualités exceptionnelles de la faïence fine ou demi-porcelaine qui sort de chez lui, et l'extrême bon marché auquel il la livre au commerce, sont deux points dont l'existence n'est douteuse pour personne et qui suffisent pour expliquer la vogue toujours croissante dont jouissent ses produits. L'extension inespérée prise par l'usine depuis la direction de M. Boulenger, qui construit toujours de nouveaux fours, lui assure, pour un avenir très-prochain, un des rangs les plus élevés dans la fabrication de la faïence fine en France. Gendre de M. le baron de Geiger, qui a fait prendre à Sarreguemines le premier rang dans l'industrie céramique, et beau-frère de M. Paul de Geiger, actuellement directeur de la fabrique de Sarreguemines, M. Boulenger avait devant lui de grands exemples qu'il s'est montré digne de suivre.

Mais ce qui a donné à notre exposition de céramique une importance exceptionnelle, c'est que, par suite des circonstances dans lesquelles elle a eu lieu, elle était presque exclusivement composée de faïences et poteries décoratives. Or, nous pouvons dire sans exagération que, sur ce point, le succès a dépassé toute espérance. Ce fait est d'autant plus remarquable qu'à la suite d'une année douloureuse pendant laquelle tout travail avait dû cesser, nos faïenciers n'ont pu exposer que les modèles de produits qu'ils avaient chez eux; que rien de spécial n'a pu être préparé pour l'exposition et que la valeur même de ces produits envoyés d'une manière si improvisée à Londres est le signe le plus éclatant du niveau élevé auquel se maintient en France la fabrication des faïences d'art.

Nous avons fait remarquer la place brillante que M. Deck y avait acquise; mais si nous le rappelons encore, c'est pour dire que le succès obtenu n'a pas servi à lui seul et que l'impulsion vigoureuse donnée à son art a provoqué les progrès que chacun a pu constater dans ce genre de fabrication. Le goût des faïences décorées de ces belles peintures ou de ces brillants émaux s'est réveillé partout; chacun veut en posséder

maintenant et la consommation s'accroît à chaque instant. Recherchée
non-seulement comme poterie, mais appréciée maintenant sous toutes
ses formes, la faïence décorée appliquée avec goût à l'architecture ajoute
à l'élégance de nos constructions et trouve ainsi une application nouvelle
qui deviendra bientôt un débouché précieux pour les produits d'art
céramique. Il est clair que, le goût s'épurant par l'usage, le consomma-
teur deviendra plus difficile ; mais il n'y a rien à craindre sous ce rapport,
et, avec la pléiade d'artistes et de faïenciers qui s'étaient donné rendez-
vous à Londres, avec les Parvillée, Avisseau, Ulysse, Rousseau, etc., nous
pouvons affirmer, sans crainte de nous tromper, qu'il sera possible de
satisfaire à toutes les exigences de l'art et du progrès.

POTERIES ÉTRANGÈRES.

L'exposition des poteries étrangères avait lieu dans une des salles
du rez-de-chaussée, et les produits céramiques, tels que terres cuites,
matériaux de construction, creusets, etc., étaient placés dans la galerie
latérale donnant sur le parc. Dans le jardin situé en regard, de l'autre
côté de la salle principale, se trouvaient les machines destinées à la préparation et au travail des matières premières employées dans la fabrication des poteries. Tous les genres étaient représentés, depuis la terre
cuite la plus grossière jusqu'aux porcelaines les mieux achevées et les
plus riches.

Les poteries anglaises étaient nécessairement les plus nombreuses ;
et, comme elles occupaient exclusivement la plus grande partie de la
salle d'entrée, on éprouvait en y pénétrant une singulière impression à
la vue de ces services et de ces vases en porcelaine si uniformes dans
leur décoration et si froids dans leur élégance. C'est le goût du correct
poussé jusqu'à ses dernières limites, ce qui toutefois n'exclut pas, dans
certains cas, la perfection au point de vue de la fabrication.

Les porcelaines anglaises sont toutes des porcelaines tendres, qu'on
peut considérer comme faites avec la pâte de la faïence fine, à laquelle on
ajoute à peu près 45 pour 100 de phosphate de chaux. Elles reçoivent
un vernis plombifère et tendre, et se prêtent à la décoration presque
aussi bien que la porcelaine tendre de l'ancien Sèvres. Le bleu-turquoise,
si pâle sur la porcelaine dure ; le rose Dubarry, si violacé sur la même
pâte, s'appliquent au contraire avec avantage sur la porcelaine anglaise,
et formaient la partie principale des fonds dans les produits exposés.

La dorure n'était pas épargnée ; mais, si elle augmente l'éclat d'une pièce sur laquelle elle est appliquée avec discernement, nous ne saurions approuver l'abus qu'on en fait en recouvrant complétement d'or certaines parties d'un vase, anses ou pieds, etc., ce qui ôte à la poterie son véritable caractère, sans produire l'effet qu'on obtiendrait avec une monture en métal.

Mais, ces restrictions faites, il faut reconnaître qu'il y avait dans l'exposition anglaise des produits d'un ordre très-élevé, et dont nous allons signaler les principaux. Après quoi, nous indiquerons celles des poteries étrangères qui nous ont paru les plus dignes de remarque.

L'exposition la plus nombreuse et la plus variée est celle de MM. Minton et Cⁱᵉ. C'est aussi la plus remarquable sous tous les rapports. Fondée en 1788 à Stoke-upon-Trent, dans le Staffordshire, par Minton père, cette manufacture passa successivement entre les mains de son fils, Herbert Minton, et en dernier lieu entre celles de ses neveux, MM. Hollins et Colin Minton Campbell, aujourd'hui seuls propriétaires de la fabrique. En 1848, M. Minton eut la bonne fortune de s'adjoindre M. Léon Arnoux, et il nous sera permis de dire que notre compatriote a contribué pour une part importante à tous les perfectionnements et à tous les développements grâce auxquels cette maison a conquis un rang si élevé dans l'industrie céramique.

Il est presque impossible de rappeler ici les genres si différents qui sortent de la fabrique de MM. Minton et Cⁱᵉ, et dont chacun marque, pour ainsi dire, un progrès dans la fabrication : les cailloutages, la porcelaine tendre, le parian, les majoliques, les imitations de poteries de Della Robbia, celles de Palissy, les mosaïques et les carreaux de différentes espèces, etc.

La porcelaine tendre se présente avec la perfection de travail, la richesse de couleurs et l'élégance de formes auxquelles nous a habitués la maison Minton. Mais, au milieu de ces produits qui n'offrent rien de nouveau comme fabrication, il convient surtout de signaler des pièces plus importantes par leurs dimensions ou leurs modes de décors. Tels sont des vases noirs et céladon avec peintures pâte sur pâte par Solon, représentant, l'un, des Nymphes au milieu d'Amours, l'autre, plus petit, montrant l'Amour pris dans une toile d'araignée ; et, dans un autre genre, un grand vase cylindrique avec des oiseaux et des fruits émaillés sur fond turquoise, ainsi qu'un grand nombre d'autres pièces décorées d'une manière analogue, remarquables par leur réussite. Enfin, des cassettes chinoises, des candélabres céladon avec imitation d'ivoire, des sujets chinois par Protat, des assiettes avec dorure sur gravure à l'acide, et une multitude d'autres pièces qu'il serait trop long d'énumérer, attestent par la multiplicité de leurs formes et de leurs couleurs l'infatigable activité de la maison Minton.

Mais la faïence fine est au moins aussi digne d'intérêt ; et, à côté de la platerie où figurent des imitations de dessins de Rousseau, nous avons remarqué huit pièces incrustées avec des terres colorées, dans le genre des faïences dites de Henri II, faïences qui ont été d'abord imitées par Deck, comme le prouve le grand vase acheté par le musée South Kensington en 1865.

D'autres vitrines sont remplies de vases émaillés de différentes couleurs. Mais le principal objectif de la fabrique anglaise a été l'obtention de ce bleu-turquoise dont nous avons à signaler un grand nombre d'échantillons. Certaines pièces sont très-bien venues ; mais toutes ne sont pas réussies. Plusieurs sont craquelées comme celles qui provenaient des premières fabrications de Deck. Nous avons remarqué aussi des vases bleu-turquoise avec dessins noirs paraissant sous émail, et obtenus par les mêmes procédés que ceux créés par Deck, et si cette imitation que la maison anglaise parvient à faire de ses produits décèle chez elle une grande habileté, elle est aussi un éclatant hommage rendu au génie inventif de notre éminent faïencier.

Citons encore des bustes en parian du duc et de la duchesse de Sutherland, le buste de la marquise de Westminster par Carrier-Belleuse, la statuette du docteur Livingstone ; des théières montrant différents spécimens de grès colorés, et une série de ces majoliques dignes de la vieille réputation de Minton, et parmi lesquelles se distinguent encore de jolis modèles de M. Carrier-Belleuse.

MM. Copeland et fils ont exposé les différents produits de leur fabrication ; des services en faïence fine et en porcelaine ; de très-belles pièces en porcelaine avec de riches peintures de fleurs dues au talent de M. Hurten ; des majoliques, et enfin une belle collection de figures et statuettes en parian. De grandes pièces telles que la coupe soutenue par quatre femmes assises, et l'aquarium qui se trouvait un peu plus loin, permettent d'apprécier l'habileté avec laquelle MM. Copeland savent préparer et travailler cette belle mais délicate matière.

MM. Wedgwood ont fait sortir de leur célèbre manufacture une collection de tous les types qui ont illustré la fabrication d'Étruria ; de jolis services, des majoliques de dimensions considérables, bien fabriquées, des peintures sur faïence par Lessore ; des terra-cotta auxquelles le contraste des émaux brillants et du fond terne de la pâte donne une certaine originalité ; de grandes figures en terre cuite représentant les mois, dues à un sculpteur anglais, M. Rowland J. Morris ; enfin un assortiment des grès fins et des genres similaires qui ont été créés par Wedgwood, camées blancs sur fonds colorés bleus, gris, noirs, olive, céladon, etc., parmi lesquels des imitations bien faites de vases étrusques et du vase de Portland. Nous ferons seulement remarquer que ce dernier genre paraît aujourd'hui un peu lourd à côté des peintures pâte sur pâte de Solon, et un peu froid au milieu des couleurs éclatantes des faïences modernes.

Nous n'avons rien de particulier à signaler dans les autres expositions anglaises, sauf la fabrique de MM. Simpson et fils, qui méritent une mention spéciale. Ces messieurs fabriquent sur une grande échelle les carreaux artistiques et les mosaïques de tout style pour la décoration intérieure ou extérieure des églises, monuments publics, etc., ainsi que des panneaux ou plaques décoratives comme celles qui se trouvaient dans une de leurs cheminées exposées, ainsi qu'un très-bel escalier en faïence.

Mais ce qui nous a surtout frappé, c'est une collection de petits vases ou bouteilles recouverts de tous les genres d'émaux qu'ils peuvent obtenir. Et, à part les émaux d'une seule couleur, de tons très-riches et très-francs, nous en avons remarqué d'autres jaunes et verts, jaunes et noirs, rose panaché de blanc ou de jaune, et offrant à l'œil un aspect agréable et bizarre, résultant des différentes combinaisons que des matières semi-fluides peuvent produire par un mélange imparfait.

La maison Borney et Cⁱᵉ, de Belleeck, a exposé des services en porcelaine et des statuettes en parian ; tout un service en porcelaine nacrée pour la reine d'Angleterre, bien travaillé, mais pour lequel on a trop abusé de l'emploi de ce genre de décoration.

La manufacture royale de Worcester a exposé des imitations du genre Limoges, des modèles style Louis XVI, des porcelaines à fonds jaunes, rouges, bleus, avec or en relief et perles d'émaux, des céladons avec peinture pâte sur pâte, de grands candélabres à quatre branches avec pied doré imitant l'or massif, des théières découpées comme à Sèvres, etc.

A la suite des expositions d'objets de luxe, de fabrication plus ou moins soignée, que nous ne pouvons mentionner toutes, une des plus intéressantes et des plus importantes est celle de la maison Doulton et Cⁱᵉ, à Lambeth.

Cette exposition comprend toute une collection de matériaux pour la construction et l'ornementation, médaillons, corniches, arcades soutenues par des colonnes, dessus de portes, et autres matériaux de toutes sortes en terre blanche et rouge, avec reliefs, avec ou sans vernis ; urnes, vases, siéges de jardins, ainsi que d'autres objets de plus grande dimension, tels que la statue de Minton et une fontaine avec sujet. Toutes ces pièces sont en terre cuite, parfaitement bien travaillées et bien réussies;

Ensuite tous les spécimens de creusets en terre, en grès, en plombagine, etc.; plusieurs de ces creusets avaient subi l'épreuve du feu dans la fonte des métaux, ce qui permettait d'apprécier la manière dont ils résistaient à la température de fusion du métal;

Des tuyaux en terre et tout ce qui se rapporte au drainage;

Des fourneaux à moufles, des fourneaux d'essai et tous autres objets concernant la chimie;

De magnifiques appareils en grès pour les opérations industrielles, serpentins, tuyaux, etc.;

Enfin dans la galerie des poteries se trouvait une charmante vitrine où MM. Doulton et Cie avaient réuni des objets plus délicats et plus soignés, en grès; des bouteilles, des vases, des pots à tabac, des pots à crème, à bière, vernis par places, recouverts partiellement d'émaux bleus en plat ou sur des reliefs.

Tous ces objets étaient d'un prix assez élevé; mais cette collection montre tout le parti qu'on pourrait tirer, au point de vue artistique, de la fabrication aujourd'hui trop abandonnée de ces vases en grès; ce n'est du reste pas un essai à faire; les anciens grès flamands, ce qui nous reste des fabrications de Voisinlieu, montrent ce que l'on a pu obtenir en ce genre, et qu'on dépasserait certainement aujourd'hui. Outre les objets d'art, on pourrait fournir à l'usage domestique des vases salubres, élégants et à bon marché. Enfin, il serait heureux que les anciens procédés de cuisson, aujourd'hui presque exclusivement employés dans les environs de Beauvais, fussent remplacés par des moyens plus économiques et plus rationnels. Le département de l'Oise possède des terres précieuses qui sont employées la plupart à l'état naturel; en les choisissant et les associant, et en les travaillant convenablement, on pourrait arriver à améliorer et à étendre considérablement cette industrie. Déjà M. Boulenger d'Auneuil est arrivé dans la fabrication de ses carreaux incrustés de différentes couleurs à des résultats très-importants. De son côté, M. Ludovic Pilleux a déjà su réaliser dans sa jolie fabrique de l'Italienne tous ses progrès relatifs au chauffage de ses fours et au travail de ses terres; et nous ne doutons pas qu'avec son activité et son esprit inventif il ne donne bientôt un élan remarquable à sa fabrication. Il y a de grands progrès à accomplir et de grands résultats à obtenir dans la production des grès en France. Et c'est un point sur lequel nous ne saurions trop appeler l'attention des fabricants dont les établissements se trouvent placés dans des conditions convenables.

Les grès et les terres cuites sont, du reste, largement représentés.

MM. Cliff et son Lambeth ont exposé des creusets de plombagine ayant servi à fondre deux tonnes et demie de métal, et qui se trouvent encore dans de bonnes conditions d'emploi. Nous avons remarqué encore les creusets liégeois faits à la presse par M. Dor, directeur des mines et des usines de Hampien-les-Huy, province de Liége, et une réunion immense de cornues à gaz et matériaux de terre cuite et grès sortant des principales fabriques anglaises, et qu'il serait trop long d'énumérer.

Parmi les poteries étrangères envoyées par les autres pays, nous n'avons constaté rien de bien saillant, ou que nous n'ayons vu dans les expositions antérieures.

Le Danemark avait des statuettes en biscuit ou en terre cuite, et surtout une jolie imitation en porcelaine d'un service de vieux Saxe.

La Suède (Gustafsbergs, Victory, Stockholm) se faisait remarquer par de plus grandes pièces, entre autres un très-beau vase en biscuit de porcelaine à anse, entouré d'une guirlande de fleurs, avec couvercle surmonté d'un joli bouquet. Une très-belle fontaine en parian avec des sujets allégoriques abrités dans le pied, de beaux et grands vases en porcelaine décorée, un grand vase en métal émaillé, etc., complètent cette exposition qui fait honneur à la fabrique suédoise.

Nous devons citer aussi un service corail, ainsi que des assiettes découpées très-bien faites, envoyées par la Hongrie ; des assiettes avec photographies imprimées, d'Autriche ; de jolies imitations de Saxe, de Copenhague ; et des assiettes avec dessins par enlevage sur noir de fumée exposées par la Suisse.

L'exposition portugaise se composait exclusivement d'imitations de Bernard Palissy. Quoique n'étant pas de premier ordre, cette fabrication est cependant recommandable par la bonne qualité des émaux et par la franchise de leurs couleurs, ainsi que par le choix des modèles. Comme pièces les mieux réussies, nous nommerons un poisson dans le fond d'un panier, et des taureaux d'après les anciens modèles des Romains.

L'exposition indienne, placée dans une salle spéciale du rez-de-chaussée, renfermait un grand nombre de poteries dignes d'être signalées non pas tant à cause de leur fabrication que pour leur forme et leurs dispositions spéciales. Malgré les bulles nombreuses que présentent leurs émaux, les formes sont si élégantes et si originales que ces poteries ont réellement un certain charme, auquel s'ajoute l'effet singulier produit par des décorations métalliques ou par des réflexions irrégulières, dues à la présence des lames de mica mélangées avec la pâte. Enfin, nous signalerons aussi des carreaux ou grandes plaques blanches ou colorées, à découpures plus ou moins compliquées, et qui pourraient être utilisées dans nos pays pour la clôture des parties basses ou humides des habitations ou autres pièces où l'eau doit pénétrer. On aurait ainsi des fermetures suffisantes, à la fois élégantes et plus propres.

MACHINES. — Le nombre des machines exposées était fort restreint; et, parmi celles-ci, la plupart étaient déjà connues depuis longtemps, par suite des Expositions précédentes. Nous en donnons cependant la nomenclature pour mémoire, en insistant seulement sur les points les plus intéressants :

La machine à fabriquer les briques d'une manière continue, par Henry Clayton son et Howlett's. Cette machine, qui peut faire 20,000 à 30,000 briques par jour, exige pour fonctionner une machine à vapeur de la force de 16 chevaux; son prix est de 8,250 francs. La même, ne produisant que 15 à 18,000 briques par jour, en employant une force de 12 chevaux, vaut 5,000 francs. Cette machine permet de réaliser dans une seule opération l'écrasage et le malaxage de la terre et la fabrication de la brique ;

Un autre appareil des mêmes constructeurs pour fabriquer les carreaux d'ornementation par pression avec la terre sèche et pulvérisée. Dans ce dernier, la pression est produite au moyen d'un balancier;

Enfin, d'autres machines pour fabriquer les briques d'après les différents systèmes connus;

Une machine à faire les briques, de J. D. Pinfold, avec alimentation et coupage automatiques de la terre;

La machine à broyer (Blake's Patent Stone Breaker) qui a déjà figuré à nos Expositions, et qui est employée dans un grand nombre d'usines;

Une machine à faire les briques par moulage, de Pollock et Pollock ;

D'autres machines à broyer le silex ou les roches entre des cylindres cannelés, de E. Camrouse ;

Un appareil à faire les pipes avec moulage par les procédés ordinaires;

Une machine à faire les mosaïques par pression avec la terre sèche (méthode employée primitivement pour la fabrication des boutons);

Enfin une jolie machine pour broyer les couleurs, par R. Rewley jun., Brook Home Fonndry, Uttoxeter. La substance à broyer est placée sur une table en verre circulaire, dont la circonférence est formée par une roue dentée qui reçoit d'un engrenage mû à la main ou à la machine un mouvement de rotation. Sept molettes en verre, mises en marche par la même force, se meuvent sur la table en verre dans la direction que leur imprimerait la main d'un ouvrier. Des ramasseurs fixes, formés par dés arcs de cercle métalliques, arrêtent la couleur entraînée par le mouvement circulaire de la table, et la ramènent constamment dans le champ des molettes. L'emploi de cette machine qui fonctionne fort bien réalise donc une économie de temps et d'argent, en même temps qu'elle donne pour le broyage un excellent résultat. Son prix est de 750 francs.

De Luynes.

IV

MATÉRIEL

ET

MÉTHODES D'ENSEIGNEMENT

INVENTIONS ET DÉCOUVERTES SCIENTIFIQUES

———

RAPPORT DE M. AD. FOCILLON

IV

MATÉRIEL

ET

MÉTHODES D'ENSEIGNEMENT

INVENTIONS ET DÉCOUVERTES SCIENTIFIQUES

RAPPORT DE M. AD. FOCILLON

Directeur de l'École municipale Colbert.

1° ENSEIGNEMENT.

La partie industrielle de l'Exposition de 1871 comprenait 4 classes de produits : 1° la céramique ; 2° les laines et tissus de laine ; 3° le matériel et les procédés de l'éducation ; 4° les inventions scientifiques. Dans cet assemblage assez bizarre, les deux dernières classes offraient au public studieux et réfléchi un attrait incontestable d'actualité. Une guerre terrible venait de mettre aux prises deux puissantes nations de l'Europe occidentale. Tous les revers avaient frappé l'une d'elles, l'autre n'avait compté guère que des succès. Ce résultat inattendu qui révélait chez les vainqueurs une prééminence encore ignorée, la différence profonde du génie et de l'état intellectuel des deux peuples donnaient un intérêt exceptionnel à l'étude des méthodes d'éducation et de leurs résultats de chaque côté du Rhin, à la divulgation des récentes inventions scientifiques qui avaient pu influer sur la puissance relative des deux adversaires.

Malheureusement l'Exposition ouverte en mai 1871 ne pouvait en rien satisfaire cette curiosité née des derniers événements. Je parlerai plus loin des inventions scientifiques. Quant au matériel et aux procédés

d'éducation, les États allemands faisaient défaut, et la France mutilée
avait encore mieux répondu que ses vainqueurs à l'appel des Commissaires britanniques. Déjà en 1867, à Paris, les États allemands, émus
encore des événements d'une guerre récente, avaient improvisé leur
exposition avec une précipitation inévitable, et les deux classes réservées
aux divers degrés de l'enseignement avaient frustré par de nombreuses
lacunes la curiosité des penseurs disposés à chercher le secret de la
prépondérance que la race allemande commençait à acquérir. En 1871,
aucun élément ne permet une étude de ce genre. La question la plus
importante reste donc en dehors et est réservée pour l'avenir. Mais du
moins à l'Exposition actuelle le royaume Britannique et ses colonies étaient
largement représentés. Puis la Suède avait installé sur un terrain contigu
aux bâtiments de l'Exposition une de ses écoles de village avec son matériel, et elle y avait réuni des spécimens intéressants des livres, cartes,
tableaux et ustensiles employés dans le pays pour l'enseignement des
enfants. Ce mode d'exhibition, qui peut être considéré comme un
souvenir des expositions diverses installées avec tant de succès dans le
Champ de Mars de Paris en 1867, est d'autant plus remarquable qu'il
était opposé aux indications fournies par les Commissaires britanniques.
Renonçant à l'idée traditionnelle et vraie des expositions, qui consiste à
montrer au public l'exposant individualisé et entouré des produits de
son pays, les Commissaires se sont proposé de réunir les produits
semblables de toute provenance; ils ont en réalité conçu des collections
de musée et non une exposition de produits industriels, faisant comprendre la valeur comparative des producteurs en même temps que celle
des produits sortis de leurs mains.

C'est donc au milieu des produits anglais qu'il fallait chercher ceux
du même genre exposés par la Belgique, l'Autriche-Hongrie, le Danemark
et quelques rares Allemands. Quant à la France, fidèle à l'idée vraie des
Expositions universelles, c'est dans un compartiment spécial qu'elle avait
tenu à grouper ses produits, et, parmi eux, ceux qui rappelaient ses écoles
populaires et les moyens d'éducation qui sont employés chez elle. Cette
dérogation au plan général des Commissaires britanniques a été surtout
inspirée par le désir de sauvegarder les intérêts des exposants, et c'est
au prix de sacrifices pécuniaires, en s'imposant la charge d'élever des
constructions à ses frais, que la Commission française a obtenu qu'il y
eût une *cour française* à l'Exposition internationale de Londres. Il semble
que le silence du catalogue officiel anglais ait puni cette infraction au
règlement primitif de l'entreprise. Dans la classe X notamment, la seconde
édition du catalogue officiel, bien que parue tardivement à cause des cor-

rections qu'on a dû attendre, ne mentionne aucun nom d'exposant français. Les rapports officiels publiés à Londres restent fidèles, à peu d'exceptions près, au même système d'oubli, au moins pour la partie industrielle. Heureusement la Commission française a pourvu à tout en publiant un catalogue spécial pour la France et des rapports sur l'Exposition interna-tionale, où les produits français ne seront point passés sous silence.

En ce qui concerne la classe X, le catalogue de la France ne portait pas moins de 74 exposants d'objets concernant diverses branches de l'enseignement, et 41 exposants d'inventions scientifiques de plus ou moins grande importance. Je vais m'occuper ici de ce qui est relatif à l'enseignement, et parler des exposants étrangers en même temps que de nos compatriotes à mesure que les diverses catégories d'objets m'y amèneront.

Les bâtiments d'école n'ont guère figuré à l'Exposition de 1871 qu'en dessins, en photographies, en plans et en élévations. La Suède faisait, comme je l'ai dit, une heureuse exception. Dans le jardin, à l'ouest de la galerie du matériel mécanique des filatures de lainages, s'élevait une élégante maisonnette toute en bois de sapin poli et verni. Retirée silencieusement sur une pelouse verdoyante, non loin du bruit grondant des machines industrielles, cette cabane coquette invitait le visiteur. S'il se laissait attirer et pénétrait dans ce petit sanctuaire, à ses yeux s'offraient des siéges et des pupitres en bois disposés sur quelques rangs de profondeur; devant eux, contre une des parois, un pupitre plus con-fortable, celui du maître évidemment. Çà et là des collections de livres d'étude, des appareils de démonstration pour le calcul, les poids et mesures et la géométrie pratique, des cartes géographiques, des modèles de dessins, etc. C'est l'école du village des campagnes de la Suède, soigneusement reproduite dans ses formes, ses dimensions et son mode de construction. On croirait la surprendre un jour de congé; le maître et les élèves y étaient hier, ils y reviendront demain; voilà leurs livres, leurs cahiers, leur petit matériel de travail. On ouvre volontiers les livres, on regarde les tableaux synoptiques, les cartes,... mais heureux ceux qui connaissent la langue scandinave! Les autres referment les livres, assez désappointés, et se bornent à examiner le matériel scolaire. Il est loin d'être dépourvu d'intérêt. Un trait surtout frappe l'attention; chaque élève a son pupitre et son siége à part. Cette disposition est avantageuse au point de vue scolaire; il serait désirable qu'elle pût être adoptée dans nos écoles. Mais elle comporte un surcroît de dépense qui est une objec-tion péremptoire, dans des pays où le bois est notablement plus cher qu'en Suède. M. Ekman, de Stockholm, en s'efforçant de réduire le prix autant que possible, ne saurait fournir un pupitre à caisson, avec siége à dossier et petit tableau en ardoise, à moins de 11 à 13 francs, suivant la taille. Le pupitre du maître mérite une attention toute particulière. Je ne m'arrêterai pas à décrire tous les tiroirs et compartiments qu'on y rencontre, mais je signale une planche à coulisse servant de tableau noir d'un côté et portant de l'autre une carte de Suède. Cette planche, fixée sur pivots en haut et en bas, tourne facilement sur elle-même, et une ingénieuse disposition la rend précieuse pour la leçon de géographie. La carte de Suède porte à l'emplacement de chaque ville une petite broche en fil de fer; le maître distribue aux élèves de petites étiquettes en bois portant chacune le nom d'une ville; c'est à eux de placer chaque étiquette sur la broche convenable. Je vois là un excellent exercice; ce matériel fort simple et très-solide s'y prête merveilleusement. On pourrait, ce me semble, imiter avec avantage ce système de carte muette.

Aux murs de cette modeste et coquette école de village étaient appendus des dessins, plans et élévations de l'École des arts et de l'industrie, de l'Institut polytechnique, de l'Institut des sourds-muets et des aveugles de Stockholm, de l'École technique élémentaire de Norrkoping (Suède). Dans un compartiment de l'école figuraient des modèles en relief, l'un d'une école communale de campagne, un autre de l'école secondaire de Norrkoping, un troisième de l'école secondaire d'Upsal.

Ce passage dans l'école suédoise était pour le visiteur comme un épisode de voyage, une demi-heure passée sous un toit scandinave. Combien paraissaient froides après cela les collections de plans, de pupitres, de bancs, d'objets de papeterie, de livres, de cartes, de modèles de dessin de toute provenance, méthodiquement rangées avec un aspect uniforme dans les petites salles de conférence d'Albert-Hall! C'est cependant là qu'il faut aller chercher le reste de l'exposition de la classe X, sauf ce que contient la galerie de la cour française.

Le royaume-uni de Grande-Bretagne et d'Irlande ne montrait rien de remarquable en ce qui concerne les bâtiments scolaires. Tout se bornait d'une part à deux modèles, l'un d'une école d'enfants (Société scolaire de la métropole et des colonies), l'autre d'un orphelinat élevé dernièrement à Hornsey-rise sous le nom de la princesse Alexandra et où le système de *cottages* séparés a été substitué à celui d'un grand bâtiment unique; d'une autre part, à plusieurs dessins d'une école de filles d'Ipswich (Angleterre), d'une école collégiale de Chiswick où a été essayé un système de peintures instructives pour la décoration des murailles.

Parmi les étrangers, la municipalité de la ville de Vienne (Autriche) exposait une série de dessins de maisons et de mobiliers d'école. La municipalité de Pesth (Hongrie) exposait en même temps 22 photographies des écoles communales de la ville, comprenant l'école supérieure et les écoles élémentaires de Josephstadt, de Thérésienstadt et de Léopolstadt. En examinant ces collections on était frappé de la grandeur et de l'aspect imposant de ces constructions scolaires. En Autriche, il ne faut pas l'oublier, les bâtiments scolaires ont depuis longtemps attiré tout particulièrement l'attention. On a réglé les dimensions, les conditions d'éclairage et de ventilation. Les bancs doivent être établis de façon à recevoir le jour à gauche. Pour contenir 50 élèves une salle d'école doit avoir au moins 7^m,98 de longueur, 6^m,84 de largeur et 3^m,80 de hauteur. Le conseil municipal de Vienne a décidé dès 1854 que dans chaque paroisse l'école communale doit se composer d'au moins huit salles et ne pas avoir plus d'un second étage; elle doit posséder un sous-sol affecté, l'hiver, aux exercices gymnastiques, qui, l'été, ont lieu dans la cour. Aux écoles de campagne il est recommandé d'annexer autant que possible un petit jardin pour la culture des légumes et des arbres fruitiers.

L'album de M. Blandot, architecte, réunit les plans de plusieurs écoles élevées en Belgique de 1860 à 1870. Ces écoles sont destinées à des nombres variés d'élèves, depuis 30 jusqu'à 150. Leurs dispositions intérieures et leur aspect architectural n'offrent absolument rien de nouveau à signaler.

Dans la galerie de la cour française, le visiteur curieux de se renseigner sur les constructions scolaires ne rencontrait rien de plus remarquable que dans les parties de l'Exposition dont je viens de parler. L'École normale spéciale de Cluny exposait seule les plans de ses bâtiments et des vues photographiques des laboratoires et des ateliers où s'exercent les élèves. Mais, conçues autrefois dans un autre but, et appropriées récemment aux usages scolaires, ces constructions ne sauraient être étudiées comme des types de bâtiments d'école.

Après les constructions scolaires se présente naturellement le mobilier de l'école; mais là encore, je ne puis m'empêcher de l'avouer, l'Exposition internationale de 1871 offrait un intérêt restreint.

Les industriels anglais semblent s'être évertués à montrer au public tout un assortiment de tables et de bancs d'élèves pouvant se transformer suivant les besoins et par des combinaisons on ne peut plus variées. Les problèmes le plus souvent résolus consistent à disposer le pupitre de façon à pouvoir en faire une table horizontale; ou abaisser le devant pour le transformer en une sorte d'établi dans les écoles de garçons, en une table pour le travail à l'aiguille dans les écoles de filles, à le rattacher au banc de façon à ce qu'il s'y puisse rabattre pour former dossier et changer le banc d'élève en une stalle d'église, etc. Tous ces ingénieux mécanismes de construction n'ont guère d'intérêt au point de vue de l'école primaire. Ils excluent l'économie, la simplicité d'établissement et la facilité de réparation que réclame avant tout un pareil mobilier, surtout dans les campagnes; ils ne peuvent résister longtemps au génie destructeur de l'écolier. Nos mobiliers d'écoles primaires sont conçus en France de façon à présenter pour l'usage la moindre complication possible, à ne renfermer que très-peu de parties mobiles pour éviter les mouvements bruyants où l'espièglerie des enfants cherche une occasion de distraction et de désordre. Cette même simplicité, nous la recherchons volontiers même dans la table du maître, et peu de nos instituteurs seraient tentés d'adopter les tables de maître ou de maîtresse avec compartiments, tiroirs, case à livres, etc., que l'on voit à l'Exposition anglaise.

Avec les tables sont exposés aux regards des curieux des tableaux noirs, des chevalets, des bouliers-compteurs, des boîtes de solides géométriques, des encriers, etc. C'est là plutôt une sorte d'étalage de produits de commerce qu'une véritable exposition d'objets adoptés dans des écoles et consacrés par l'usage. Je n'en dirai pas autant d'un modèle de table d'école avec strapontin exposé par M. Bapterosses, fabricant de boutons, à Briare (Loiret, France). Ce modèle reproduit la disposition adoptée dans l'école que cet industriel distingué a établie depuis bien des années dans sa manufacture pour donner l'enseignement primaire aux enfants de ses ouvriers. La table en pupitre réunit six élèves. Devant chaque place est un tabouret avec pied creux en fonte où le support du siége s'enfonce et peut être fixé à diverses hauteurs, suivant la taille de l'élève. L'encrier de la table-pupitre a une disposition remarquable; c'est un tube de plomb courant dans une rainure le long du bord de la table, en tête de la pente du pupitre. A chaque place d'élève le tube est percé d'un trou entouré d'un petit godet pour guider la plume. Cette disposition doit économiser l'encre en évitant l'évaporation si active en été; elle doit rendre plus difficile la projection de l'encre hors de l'encrier, à cause de la forme tubulaire ce celui-ci.

Après le matériel abritant et meublant l'école, il faut passer au matériel d'étude : livres, cartes, tableaux synoptiques, globes, instruments, etc. Pour les livres, l'examen offre une difficulté multiple. Il ne faut pas même songer à examiner un à un les ouvrages servant à l'enseignement dans diverses contrées. Le nombre de ces ouvrages est tel, que le temps nécessaire pour les passer en revue, en les parcourant seulement, excéderait sans aucun doute celui dont disposerait le visiteur le plus assidu. D'ailleurs la variété des idiomes viendrait arrêter plus d'un investigateur. En outre, il importe de remarquer que, rédigés presque tous pour répondre aux programmes d'études suivis dans le pays, ils représentent surtout ces programmes et y puisent tout leur intérêt. Je me bornerai, dans une revue sommaire, à signaler ici tout ce qui m'a paru intéressant pour le progrès des études dans nos écoles. La méthode d'exposition prescrite par les Commissaires britanniques donne nécessairement pour cadre à une revue de ce genre l'exposition des produits anglais.

Le royaume-uni de Grande-Bretagne et d'Irlande ne comptait pas moins de cent et quelques exposants de livres, cartes, figures murales, globes, etc., destinés aux écoles de divers degrés. Ces livres et ouvrages se rapportent aux matières suivantes d'enseignement : — Langue anglaise, — langues anciennes classiques (latin et grec), — langues modernes (français, allemand, indou, italien, espagnol, etc.), — histoire, — géographie, — mathématiques, — sciences physiques, mécaniques et naturelles, — dessin, — musique.

Les ouvrages concernant la langue anglaise sont de tous les degrés. Ce sont d'abord les alphabets, les livres de première lecture, les livres de lecture courante et les grammaires. Ces dernières sont destinées aux divers âges d'élèves ou d'étudiants ; parmi les plus savantes, je signale une curieuse grammaire du Rév. E. A. Abbott, intitulée *Grammaire Shakespearienne*, destinée à faire connaître quelques-unes des différences qui existent entre l'anglais moderne et celui du temps d'Élisabeth. Cet ouvrage peut rendre service aux étrangers qui tiennent à connaître la langue du grand poëte anglais. La série des classiques anglais est assez peu étendue. Les ouvrages de morceaux ou ouvrages choisis de tel ou tel auteur classique y abondent. Les principaux dictionnaires anglais sont ceux du docteur Ogilvie, de Bell et Dalby, édition de Webster, et les dictionnaires classiques de Collin.

C'est ici le lieu de citer un passage du rapport officiel de M. E. P. Bartlett sur cette partie de l'Exposition anglaise. Ce passage est curieux parce que, en y substituant les mots de *langue française* à ceux de *langue anglaise,* il s'appliquerait aussi bien aux résultats obtenus dans beaucoup d'écoles primaires françaises, qu'il peut convenir aux écoles de l'empire Britannique. « A en juger par les résultats, dans beaucoup de nos écoles primaires les enfants sont instruits à lire et à parler leur propre langue à peu près de la même manière qu'un perroquet à crier une phrase ; le maître leur enseigne d'une façon mécanique, comme s'il n'avait aucune idée ou aucun souci des dispositions naturelles de ses élèves. Les commissaires royaux chargés de faire une enquête sur l'état de l'éducation ont consigné dans leur rapport qu'on ne pouvait trouver des maîtres capables pour enseigner la langue anglaise. Dans nos écoles secondaires, dans les écoles publiques et les universités (celle de Londres exceptée), il n'est pas besoin de démontrer que la langue maternelle est aussi entièrement négligée. En parlant des étudiants sortant des écoles de grammaire, un examinateur d'Oxford disait, à ce que l'on rapporte : « L'absence d'une « facilité suffisante à lire correctement ou à expliquer une phrase anglaise « est un des fâcheux caractères de la classe. » C'est pour ce même motif que les commissaires du service civil rejettent un grand nombre des candidats qui se présentent pour être examinés... Jusque dans ces derniers temps la littérature de la Grèce et de Rome jouissait d'une sorte de monopole, mais maintenant le nombre toujours croissant des chaires d'anglais et l'importance donnée à l'étude de la littérature anglaise par l'université de Londres, les commissaires du service civil et d'autres corps examinants, sont autant de témoignages des droits de la langue anglaise à devenir dans nos écoles un sujet d'études méthodiques, sans toutefois exclure en aucune façon le latin et le grec, qui sans aucun doute sont essentiels pour acquérir une parfaite connaissance de l'anglais. »

Toutes les personnes qui suivent en France le mouvement de l'enseignement public et s'inquiètent de ses résultats en ce qui concerne l'étude de la langue française seront frappées, je crois, de l'analogie de la situation que déplorent les Anglais avec celle que nous pourrions déplorer nous-mêmes. En France, comme en Angleterre, on trouve bien rarement des maîtres capables de bien enseigner aux enfants leur langue maternelle. Trop souvent des méthodes purement mécaniques fatiguent les enfants sans développer leur intelligence et les mettre véritablement en possession de notre langue. Trop souvent l'ignorance de l'orthographe et de la construction correcte des phrases sont les motifs des refus que subissent les candidats aux divers examens. Trop souvent on entend proclamer l'inutilité des études grecques et latines sans lesquelles on ne sait jamais à fond la langue française. Enfin il faut signaler un mal plus grand certainement chez nous que chez nos voisins d'outre-Manche : on a presque complétement abandonné notre littérature nationale; on ne lit plus ces grands maîtres du style qui, au commencemen du xviie siècle, par la perfection de leur goût, l'élévation de leurs pensées et la rectitude de leurs principes moraux et religieux, ont établi la prééminence de la littérature française et contraint les autres nations à apprendre notre langue.

Les plaintes du rapporteur anglais ont trouvé un tel écho en moi, comme Français, que je n'ai pu m'empêcher de leur consacrer une page.

Je ne trouve rien à signaler parmi les ouvrages anglais concernant l'étude des langues anciennes classiques ou des langues modernes. Les livres destinés à l'enseignement de l'histoire n'offrent non plus rien de saillant. Je m'arrêterai au contraire à ceux qui concernent la géographie, et là encore je crois utile de montrer l'enseignement anglais jugé par un Anglais ; j'emprunte un passage au rapport officiel de M. E. P. Bartlett. « Le fait que l'étude de la géographie est pour la majorité des élèves une étude *aride* peut être attribué à l'imperfection des livres, aux vices des méthodes d'enseignement. Une suite de pages remplies de noms de localités, à peine interrompue par un mot qui excite l'attention ou l'intérêt de l'élève, réduit l'étude du sujet à une tâche fastidieuse. Par ce moyen, ce qui devrait constituer l'attrait est perdu... Dans l'enseignement de la géographie, comme dans beaucoup d'autres, il faut absolument être parfois dogmatique ; l'élève doit confier à sa mémoire des faits que l'on ne peut pas toujours rattacher à d'autres faits intéressants ; mais les auteurs et les maîtres devraient faire plus d'efforts pour éviter d'ennuyer les élèves avec la géographie *pure ;* ils devraient surtout, suivant les conseils réitérés des plus hautes autorités, combiner la géographie avec l'histoire, rattacher les noms des localités aux circonstances historiques qui les ont rendues intéressantes ou célèbres. » Ces excellents conseils sont de mise en France comme en Angleterre ; ils s'appliquent fort bien à un grand nombre d'ouvrages élémentaires répandus dans nos écoles. Mais chez nous, comme chez nos voisins, plusieurs auteurs s'efforcent d'opérer une utile réforme, et, entre autres exemples, le nom de M. Levasseur est attaché à des ouvrages qui font espérer une régénération de l'enseignement géographique en France.

Quant aux livres et atlas anglais que n'atteignent pas ces critiques, j'ai remarqué à l'Exposition la *Géographie physique et politique* et les cartes à grande échelle du professeur Hughes, le *Cours de géographie ancienne et moderne* publié par John Murray, le *Manuel de géographie moderne mathématique, physique et politique* du docteur Mackay. La géographie physique est spécialement exposée d'une façon instructive et vraie dans les ouvrages du professeur Ansted.

Il eût été bien intéressant de jeter un coup d'œil comparatif sur des ouvrages et cartes géographiques exposés par des Allemands, puisque l'Allemagne s'attribue pour ce genre d'étude une grande supériorité. Mais ces produits manquaient absolument à l'exposition de la classe X en 1871. Il faut donc s'en tenir aux rapports publiés après l'Exposition de

Paris en 1867, rapports très-favorables d'ailleurs aux travaux et aux publications géographiques d'outre-Rhin. Là sont spécialement signalés à l'attention des amis de l'enseignement de la géographie : les *Cartes murales isohypses* (à zones de hauteurs égales colorées d'une même teinte) de Vogel et Delitsch, de Leipzig, imprimées sur toile cirée et pouvant recevoir les dessins au crayon, comme elles permettent qu'on les efface plus tard ; les cartes murales de la maison Ernest Schotte, de Berlin ; les atlas si exacts, si nets et si riches de détails, tels que l'*Atlas de géographie physique* de Stieler, celui de Kiepert, l'*Atlas historique* de Spruner, l'*Atlas de géographie physique* de Berghaus, l'*Atlas universel* de Stein, monuments bien connus des hautes études géographiques; puis, dans un ordre d'études plus élémentaires l'*Atlas historique des écoles* de Rhode, de Glogau (Prusse), le *Petit Atlas classique* de Diehl, de Darmstadt l'*Atlas en relief de toutes les parties du monde* de Raaz, le *Petit Atlas classique de géographie élémentaire* de Vogel, de Leipzig, l'*Atlas de géographie universelle* de Delitsch, de Leipzig.

L'empire d'Autriche-Hongrie n'a pas déserté le terrain de la lutte pacifique à l'Exposition. Plusieurs éditeurs de Vienne ont exposé des ouvrages géographiques parmi lesquels se distinguent surtout les cartes et les atlas de Steinhauser, publiés par Artaria et Ce, dont le mérite frappera tous les yeux.

Les livres destinés à l'enseignement des mathématiques ne nous offrent rien de remarquable parmi les ouvrages d'auteurs anglais, ni parmi ceux des autres nations. L'attention du visiteur français s'arrêtait volontiers sur les produits inscrits sous le nom de l'Association internationale décimale, née à l'Exposition universelle de Paris en 1855, association qui s'est proposé et poursuit avec un succès progressif la mission de propager parmi les nations civilisées la nécessité d'adopter un système uniforme de poids et mesures à base décimale, et la convenance de choisir pour cela le système métrique. L'esprit traditionnel si cher aux Anglais s'oppose à la prompte réalisation de ces vœux, mais l'œuvre marche sûrement et réussira. Les esprits cultivés de l'Angleterre agissent énergiquement sur l'opinion publique en proclamant les avantages de cette réforme. Déjà ils ont obtenu que l'usage des mesures décimales métriques fût autorisé par la loi, premier succès bien insuffisant, j'en conviens, mais présage du succès définitif d'un système de poids, mesures et monnaies que les savants anglais recommandent avec une insistance infatigable, pour des motifs qu'ils énoncent en ces termes : 1° les mesures actuellement en usage sont variables d'une contrée à l'autre sur le territoire même du Royaume-Uni et rappellent la confusion des langues à la tour de Babel ; 2° le système décimal métrique est facile à apprendre ; 3° il économise la moitié du temps nécessaire pour apprendre l'arithmétique ; 4° il est maintenant en usage obligatoire, partiel ou facultatif parmi 451 millions d'hommes ; 5° c'est le meilleur moyen de préparer la voie à l'introduction d'un système de monnaies internationales. Voilà du moins une création de l'esprit moderne de la France qui a mérité d'être proposée comme modèle aux nations voisines et qui peu à peu est acceptée par elles comme un progrès réel.

L'enseignement des sciences comporte un matériel abondant en livres et surtout en instruments ; là une exposition peut fournir de très-précieuses ressources pour une étude comparative. Malheureusement l'Exposition internationale de 1871 est loin d'être complète sous ce rapport. Elle semble témoigner hautement, au nom de l'éducation et de l'instruction des peuples, du trouble profond que jette la guerre dans les travaux scientifiques. Dans les divers compartiments des galeries de l'Exposition on pouvait examiner de nombreux spécimens des livres et instruments employés en Angleterre pour l'enseignement des sciences ; mais on ne trouvait absolument rien qui provînt de l'empire d'Allemagne ; l'empire Austro-Hongrois, la Belgique, la Suède, la France étaient seuls représentés plus ou moins incomplétement.

La physique et la chimie nous occuperont d'abord. Rien à signaler de remarquable parmi les livres classiques consacrés à l'enseignement de ces deux sciences ; aucune nouveauté saillante ; mais on pouvait examiner avec intérêt des instruments destinés à l'enseignement expérimental. La plus grande part revient à l'électricité. Je citerai plusieurs séries d'appareils très-bien conçus pour les démonstrations. M. W. Peters exposait une série fort complète d'appareils propres à exécuter les expériences élémentaires de l'électricité par le frottement, puis des batteries et autres appareils galvaniques, une série d'appareils magnétiques et électro-magnétiques et un galvanomètre astatique à trois bobines, dont l'une munie d'un long fil de cuivre de petit diamètre qui rend l'instrument très-sensible ; la seconde bobine porte deux fils métalliques enroulés à côté l'un de l'autre pour mettre en évidence la force de deux courants ; la troisième est pourvue d'un fil relativement court, d'un gros diamètre, pour déceler les courants assez énergiques pour surmonter une forte résistance.

Le but de M. W. Peters est surtout de mettre à bon marché entre les mains du professeur et même de l'étudiant les instruments nécessaires à leurs études ; son galvanomètre coûte 78 francs ; sa série d'instruments pour exécuter les expériences de l'électricité de frottement, 57 francs.

D'autres séries d'instruments analogues sont exposées par M. Alfred Apps. Dans une boîte fermant à clef et que le professeur peut transporter pour organiser une leçon où il a besoin, M. Apps a renfermé une machine à plateau de 32 centimètres, un pendule à balle de sureau, un appareil à rotation électrique, une bouteille de Leyde d'un demi-litre, un excitateur et des plateaux pour la grêle et les danseurs électriques. Voilà vraiment un excellent matériel portatif pour l'enseignement élémentaire de l'électricité statique. Une autre collection du même fabricant concerne l'enseignement des phénomènes de l'électricité voltaïque; elle comprend un spécimen d'une pile de Daniell au sulfate de cuivre, deux éléments de la pile de Smée de dimensions différentes, trois éléments Bunsen, un de Marié Davy au sulfate de mercure, quatre spécimens de la pile au bichromate de potasse, un élément modèle de celle de de La Rue au chlorure d'argent, et deux piles de Grove à l'acide nitrique; enfin deux galvanomètres, dont un d'une extrême sensibilité, et une pile thermo-électrique. Une troisième série est appropriée à la démonstration des phénomènes d'induction; elle est remarquable par la simplicité et la perfection des appareils. M. Apps expose encore, outre deux appareils ozonogènes, une fort belle machine électrique et une bobine d'induction capable, assure-t-il, de donner une étincelle de 12 cent., enfin une collection d'appareils pneumatiques pour la démonstration des propriétés des gaz. Chacune de ces collections est renfermée dans une boîte portative. MM. Elliott frères exposent une collection d'appareils combinés pour l'enseignement de l'acoustique. La maison Griffin et fils soutient sa réputation en présentant une série d'appareils propres aux démonstrations d'un cours sur la chaleur, et diverses collections d'appareils relatifs aux analyses chimiques aux opérations qui exigent de hautes températures. Il faut encore citer les instruments télescopiques de M. Dallmeyer. Parmi eux brillent des chefs-d'œuvre qui intéressent plus les recherches scientifiques que l'enseignement. Mais les microscopes de MM. Murray et Heath sont de véritables instruments d'étudiant. L'un d'eux ne revient pas à plus de 62 fr. 50. Il est monté sur un support à trois pieds, avec oculaire, triple objectif combiné et achromatique, porte-objet et boîte en maroquin pour contenir le tout. Il convient de mentionner, comme appareil capable de rendre de grands services à l'enseignement, la *Lanterne magique instructive* de M. Samuel Highley, accompagnée de collections photographiques sur verre destinées à être projetées sur un tableau pour illustrer des cours de géographie, d'histoire, de botanique, d'entomologie, etc.

La France était représentée par quelques-uns de ses meilleurs constructeurs d'instruments scientifiques. C'étaient les frères Collot avec leurs balances de précision que connaissent tous les physiciens, et dont ne saurait se passer aucun chimiste analyste. Un peu plus loin on trouvait une exposition restreinte, mais fort remarquable, placée sous le nom justement renommé de J. Duboscq. Une partie seulement de son exposition intéressait l'enseignement proprement dit ; c'est cet appareil si bien combiné qu'on a vu avec tant de succès donner un attrait considérable aux conférences scientifiques de la Sorbonne, appareil destiné à reproduire en grand les phénomènes d'optique et de physique. Par un nouveau perfectionnement, M. Duboscq l'a rendu propre à projeter, sur le plan vertical du tableau, même les images des objets que l'on est forcé de laisser dans une position horizontale. L'autre partie de l'exposition de M. Duboscq nous montrait ces beaux appareils appréciés en 1867 par le jury international, et signalés dans ses rapports (tome II, pages 474 à 484), le spectroscope de Bünsen et Kirchoff perfectionné, l'appareil de polarisation de Norremberg combiné avec le microscope polarisant d'Amici, l'appareil universel pour la polarisation rotatoire, et enfin le colorimètre. M. Lebrun n'a pas manqué et il a eu raison de montrer une fois de plus au public ses instruments usuels d'optique, longues-vues, jumelles, loupes, microscopes, où l'on remarque à la fois une bonne fabrication, un aspect quelque peu rustique dépourvu de tout luxe, et un bon marché vraiment admirable. Mais comment parler de microscopes en France sans songer aussitôt à M. Nachet fils? Il est venu honorer par l'exhibition de ses excellents produits cette partie de l'exposition française. Là on pouvait apprécier tous les mérites de netteté, de bonne construction pratique de ses microscopes d'analyse et d'anatomie, de son microscope de poche pour le botaniste. Il y avait joint un œil artificiel et une trousse d'oculiste qui concerne beaucoup moins l'enseignement que l'art médical. Je termine cette revue des produits français concernant l'enseignement et la démonstration des phénomènes de la physique, en signalant d'une façon tout exceptionnelle les magnifiques collections de prismes optiques, de cristaux préparés pour la polarisation de la lumière, dus à la rare habileté de M. Soleil et exposés par lui. Je ne veux pas oublier de nommer ici, parmi les exposants français remarquables, les estimables instruments de mathématiques présentés par M. Coyen-Carmouche.

Quand on se reporte au mouvement organisé dans ces dernières années par les savants de l'Europe occidentale pour provoquer les observations météorologiques multipliées, il est peut-être intéressant de mentionner l'exposition de MM. Pastorelli, de Londres, que M. J. F. Iselin apprécie fort bien dans les termes suivants de son rapport officiel :

« MM. Pastorelli et Cie, de Piccadilly (Londres), exposent une collection d'instruments météorologiques spécialement construits pour favoriser et populariser l'étude de la météorologie, en offrant aux maîtres d'école, aux étudiants et à tout le monde en général, une série d'instruments qui unissent le bon marché à l'exactitude. La collection comprend un baromètre en métal dont les indications se lisent à l'aide d'un vernier à un centième de pouce, garanti d'accord avec les baromètres étalons de Kew ou de Greenwich, également exact dans toute l'étendue de son échelle; un thermomètre à *minima* et à *maxima*; des thermomètres à boule humide et sèche montés sur un support et pourvus d'échelles en zinc et de tubes émaillés, une jauge pluviométrique de cinq pouces vernissée, et un bocal de verre. Tout ce matériel météorologique est disposé pour être placé dans un préau ou un jardin d'école, et coûte tout complet 6 guinées (156 francs). »

Parmi les objets destinés à l'enseignement de l'histoire naturelle, j'ai remarqué, dans l'exposition anglaise, quelques heureuses innovations de M. E. Gerrard, en vue de faciliter l'étude de l'anatomie sur les squelettes préparés. Ce sont des squelettes d'animaux montés de façon que l'on peut enlever séparément le tronc ou les membres. M. E. T. Newton, de l'École royale des mines, nous donne mieux encore : une tête osseuse de lapin montée de façon que tous les os séparés les uns des autres peuvent s'enlever lorsqu'on veut les examiner librement, puis être remis en place; un squelette de furet monté de la même façon. C'est là une disposition très-utile pour l'enseignement.

M. E. Ward exposait sous le nom de *Musée scolaire de l'histoire de la terre* de petites collections peu coûteuses des types les plus vulgaires des différentes classes du règne animal, du règne végétal et du règne minéral. De semblables collections ont été depuis plusieurs années mises par divers marchands à la disposition du public français.

Dans la gracieuse maison d'école de la Commission royale suédoise se remarquaient des collections conçues dans le même but et formées sous l'inspiration du département royal ecclésiastique. C'est d'abord une collection de minéraux du prix de 21 francs, appropriée aux écoles communales, un herbier du même prix et réuni dans le même but par M. Anderberg; puis d'autres herbiers par M. Winslow, par M. Tiselius, par M. Kinmann; une collection de plantes médicinales suédoises, une autre des meilleures espèces de mousses et d'algues comestibles, deux autres collections de champignons comestibles ou vénéneux de la Suède, l'une par M. Smitt, l'autre par M. Fries, etc. Tout cela porte le cachet d'une culture active et habituelle de l'histoire naturelle nationale. Nous pourrions envier beaucoup sous ce rapport à la Suède, à la Suisse, à certaines parties de l'empire d'Allemagne. Il est désirable de voir renaître en France le goût des observations répétées de l'histoire naturelle locale ; à cet égard les sciences naturelles réclament chez nous une véritable régénération.

Les études et l'enseignement géologiques sont assez largement représentés par les exposants anglais et par quelques étrangers. M. J. R. Gregory a montré trois collections fort bien conçues pour l'enseignement élémentaire de la minéralogie et de la géologie ; l'une comprend les espèces minérales remarquables ; la seconde, les principales roches ; la troisième, les fossiles caractéristiques d'un usage essentiel pour l'étude géologique du sol de l'Angleterre. Quatre coffrets en acajou exposés par M. Bryce Wright renferment chacun une collection de minéraux, de roches, de fossiles ou de coquilles préparée pour l'enseignement, numérotée, étiquetée et munie de son catalogue classé selon le système minéralogique du professeur américain Dana, selon la méthode géologique du professeur Morris ou selon la méthode du *Manuel des Mollusques* de Woodward. Sous le nom du Dr E. Rotondo, Espagnol, figurait une coupe verticale des couches quaternaires et tertiaires des environs de Madrid. M. W. S. Goodwin, caporal au corps des Ingénieurs royaux, a envoyé un grand modèle en relief du mont Sinaï, dressé d'après des documents recueillis sur les lieux pendant l'expédition de 1868-69. De belles cartes des reliefs et des profondeurs de la mer Adriatique, aux environs du port de Lissa, ont été exposées par le bureau royal du port de Fiume (Autriche). Enfin, parmi les colonies anglaises, Queensland se révèle, au point de vue géologique, par une série de vues photographiques, des cartes géologiques, une boîte de spécimens des terrains aurifères.

Je tiens à mentionner chez les Anglais un assez grand nombre de bonnes préparations microscopiques dues à MM. A. Cole et Higgins, E. T. Newton, J. T. Norman ; et, parmi les Français, les magnifiques photographies et dessins d'anatomie microscopiques dues au talent bien connu de M. Lackerbauer. L'enseignement de l'anatomie et de la physiologie au moyen des pièces artificielles n'était pas laissé dans l'oubli. Tout en regrettant l'absence des pièces d'anatomie classique, si bien combinées et si éminemment utiles, du Dr Auzoux, de Paris, on pouvait admirer encore des reproductions de préparations anatomiques, en carton-pâte, en plâtre ou en cire, exécutées, les unes par MM. Zeiller et fils, de Munich, d'autres par le célèbre Dr Hyrtl, de Vienne.

Le matériel de l'enseignement du dessin ne présentait à l'Exposition aucun intérêt exceptionnel. Je signalerai volontiers comme de bons

ouvrages : la *Méthode élémentaire de dessin* de M. Ottin, statuaire français,
qui est une esquisse fort méthodique en effet d'un cours de dessin d'ornement; la nombreuse collection de modèles de Vere-Forster (Angleterre),
qui comprend des croquis géométriques pour le genre ornemental, des
figures d'oiseaux et d'autres animaux, des modèles coloriés de paysages
et de fleurs; le traité ou *Méthode pour apprendre la perspective* de
F. Bossuet (Belgique). Enfin, parmi les publications d'érudition artistiques
qu'on pouvait voir à l'Exposition, j'ai remarqué l'*Album de l'archéologie*
de M. Renard, de Liége; la magnifique et savante *Histoire de la faïence
de Rouen,* par feu André Pottier, dont la riche collection est devenue le
musée céramique de Rouen ; la riche publication des *Costumes historiques*
de Lévy; enfin une série d'ouvrages aussi savamment écrits que splendi-
dement édités par la maison A. Morel, de Paris, ouvrages dus à MM. L.
Sauvageot, Viollet-le-Duc, V. Baltard, Henri Revoil, F. Ravaisson, etc.

Je termine cette partie de ce rapide examen par quelques indications concernant les instruments de musique et les publications musicales, considérés au point de vue de l'enseignement. Les pianos, selon la
coutume, abondaient à l'Exposition de 1871; encore ne s'agissait-il que
des pianos destinés aux études musicales dans l'école ou dans la famille.
Beaucoup provenaient de facteurs anglais, deux ou trois de facteurs
allemands; un seul piano à queue, grand format, envoyé par la maison
Pleyel-Wolff et Cⁱᵉ, de Paris, représentait la facture française pour les
pianos proprement dits. Mais pour les orgues et harmoniums, MM. Alexandre
père et fils et surtout M. Debain maintenaient l'honneur de nos fabriques
Le premier montrait, à côté d'un coûteux harmonium wurtembergeois
de MM. J. et P. Schiedmayer, ses orgues-harmoniums d'école à
150 francs, dont l'enseignement populaire peut tirer un fort bon parti.
Le second exposait de nouveaux instruments à anches libres ayant
le son de l'orgue : l'*aspirophone* est un bel instrument à cinq jeux,
d'une puissance sonore très-satisfaisante ; il coûte 1,950 francs; l'*orga-
naspirophone* est un instrument analogue plus simple et moins cher
(1,125 francs); l'*organophone* est moins cher encore et, selon sa complication, varie de 1,100 francs à 800 francs. Ces instruments sont remarquables par les améliorations obtenues dans les effets des notes basses
et dans les moyens de produire les *diminuendo*. La maison Besson et Cⁱᵉ,
de Paris, représentait la facture française des instruments de musique
en cuivre destinés à l'enseignement, et la représentait avec honneur; il
est difficile de trouver une réunion plus heureuse de bons instruments à
des prix si peu élevés.

Je ne m'occuperai ici ni des publications musicales ni des ouvrages destinés à l'enseignement de la musique. Cette partie de l'Exposition ne m'a rien offert que nous ne connaissions en France ou qui soit supérieur à ce que nous possédons.

Avant de passer aux travaux d'élèves et pour compléter ce qui concerne les moyens d'éducation, je dirai quelques mots des jouets et appareils gymnastiques qui, au point de vue de l'éducation physique, trouvent leur place ici. Malheureusement l'Exposition de 1871 ne renfermait à peu près rien qui eût trait aux exercices gymnastiques ; mais, par compensation, la partie amusante avait un riche développement ; les jouets étaient nombreux, beaucoup étaient de véritables automates, des chefs-d'œuvre mécaniques. Le roi de cette partie élevée de la fabrication des jouets était comme toujours notre compatriote M. A. Théroude. Pendant toute la durée de l'Exposition la foule n'a pas cessé de se presser devant sa vitrine, où s'animaient à certaines heures des automates représentant des hommes, ou des animaux imitant des actions humaines. C'était là l'endroit le plus connu de toute l'Exposition et les curieux recueillaient avec soin l'annonce des heures où les oiseaux chanteraient, où le singe jouerait du violon, où le zouave sonnerait du clairon, etc. Auprès de ce légitime favori des curieux se remarquaient de beaux jouets mécaniques de M. Petit, des poupées d'une fabrication supérieure parfaitement habillées et représentant des scènes composées.

Après les méthodes et les moyens d'éducation, l'Exposition de 1871 présentait une réunion considérable de travaux d'élèves, dans le but de montrer autant que possible les résultats obtenus.

Le nombre des écoles anglaises qui ont présenté des travaux d'élèves est considérable ; ce sont d'abord les écoles primaires comprenant les écoles nationales, les écoles britanniques, les écoles de l'Église d'Angleterre, les écoles catholiques romaines, etc. ; puis viennent les écoles de grammaire et en général celles de l'enseignement secondaire, les écoles industrielles, les écoles d'art et de science et les cours du soir, enfin les écoles d'aveugles, de sourds-muets, les écoles de l'armée et celles des prisons ; tout cela fournit à peu près 407 écoles exposantes, pour le royaume-uni de Grande-Bretagne et d'Irlande et la colonie de Queensland.

Les étrangers sont moins riches : Autriche, 3 exposants de travaux d'élèves ; Hongrie, 5 ; Bade, 1 ; Belgique, 29 ; Danemark, 2 ; Prusse, 1 ; Suède, 9 ; Japon, 1 ; France, 57.

Ainsi, après l'Angleterre, la France offrait la plus riche exposition de travaux d'élèves. Au milieu des angoisses d'une guerre terrible, ses écoles n'avaient pas vaqué et elle le prouvait par les travaux de leurs élèves datés, nommés et pourvus de l'indication de l'âge des enfants. Le public semble avoir vu cet effort avec un véritable intérêt. Constamment dans la galerie française on pouvait voir de nombreux visiteurs arrêtés devant les tables où étaient exposés les cahiers, les albums, les travaux à l'aiguille. L'attention ne se lassait pas, et chaque objet a été certainement manié, examiné par plusieurs milliers de mains. Ces travaux si intéressants pour le public provenaient de neuf de nos départements : Nord, Pas-de-Calais, Saône-et-Loire, Rhône, Isère, Lot, Haute-Garonne, Var, Alpes-Maritimes.

La plus riche exposition, comme nombre d'écoles, est celle du département du Nord. C'est d'abord, pour la ville de Lille et ses faubourgs, les écoles de garçons de MM. Tilmant, Richard, Fockeu, des frères maristes; les écoles de filles de Mlles Lambret, Watteau et des sœurs de la Providence de Portieux. Puis viennent M. Faidherbe, à Roubaix; M. Damien, à Valenciennes; M. Beffe, à Douai; et enfin MM. Loridan, de Haubourdin; Delesalle, d'Ascq; Dubromelle, de Merville; Villerval, d'Onnaing; Monfroy, de Maulde; Swinghedauw, de Loon; Manier, de Watten; Sizaire, de Dourlers; Jennepin, de Consobre; Bajeux, de Maing; Dubruyser, du Cateau; parmi les écoles de filles, celles des Carmélites, de Roubaix; des filles de la Sagesse; de Haubourdin; de Mlle Nizart, de Merville; des sœurs, de Bourbourg-ville; des sœurs de Sainte-Thérèse, d'Avesne; de Mme Gillet, de Ferrières-la-Grande; de Mlle Guimbart, de Sobre-le-Château; des dames de la Sainte-Union des sacrés-cœurs, de Consobre; de Mlle Basselart, de Cambrai; de Mlle Amélie Honoré, de Solesme. Les travaux exposés par ces nombreuses écoles comprennent, pour chacune d'elles, de 10 à 35 feuilles de devoirs, de dessins, etc., plus, pour les écoles de filles, de nombreux travaux d'aiguille, couture, lingerie, tricots, confections, broderies même, selon l'âge des élèves, qui est toujours indiqué. Dans son ensemble cette abondante exposition est très-satisfaisante; on y reconnaît bien le beau développement scolaire d'un de nos départements où l'instruction est le plus répandue.

Le Pas-de-Calais est moins richement représenté, mais on trouve cependant à l'Exposition d'intéressants travaux de l'école de garçons de Norrent-Fontes tenue par M. Bleuzet; de celle d'Houdain, par M. Boulinguez; de l'école de filles de la Buissière, par Mme Lhomme; enfin ceux des écoles de garçons de Blendecques et de Ruminghem, des écoles de filles de Saint-Pierre-lès-Calais, des sœurs de Saint-Paul, etc. Dans ces dernières on remarque de beaux travaux de tulles noirs ou blancs découpés et brodés.

Le département de Saône-et-Loire n'expose que les travaux de deux écoles, mais ce sont les deux plus belles expositions de cette partie de la section française; l'une est l'école primaire communale du Creuzot, l'autre est l'école normale spéciale de Cluny.

L'école primaire du Creuzot a subdivisé son exposition en 3 catégories. La première comprend les papiers imprimés et bulletins journaliers servant à l'administration de l'école; une collection de la meilleure copie de chaque jour dans la première classe, du 10 octobre 1870 au 24 mai 1871; la même collection pour la deuxième classe; une carte teintée de l'ignorance dans Saône-et-Loire, d'après les faits constatés dans le tirage au sort de 1870; une carte teintée de la richesse ou de la pauvreté du sol, un dessin lavé d'une pompe élévatoire construite à l'usine du Creuzot. La seconde catégorie contient des volumes de devoirs d'élèves et les copies d'une dictée non corrigée faite dans la deuxième classe, devant l'inspecteur du département; des albums de dessins d'élèves. La troisième catégorie renferme des volumes de devoirs d'élèves et des documents statistiques sur le travail de l'école. L'examen de toute cette exposition prouve que l'école du Creuzot est très-bien tenue, que l'on s'y rend un compte exact du travail et qu'on y obtient des résultats satisfaisants.

L'exposition de l'école normale spéciale de Cluny révèle un établissement d'un tout autre ordre. C'est une école de l'ordre secondaire, et son rôle est de former des professeurs pour cet *enseignement spécial* dont le nom ne signifie malheureusement rien, mais qui, sans abandonner la théorie, lui allie la pratique dans la plus large part. Je ne reviendrai pas ici sur l'organisation de cette école dont il a été longuement traité dans les rapports du jury international de 1867 (tome XIII); je me bornerai à mentionner ce qu'exposait l'école normale de Cluny. C'étaient d'abord le plan de l'école et des vues photographiques; puis des travaux de classe, onze dessins pittoresques d'après la bosse et la lithographie; des cahiers de devoirs, deux de l'année préparatoire, quatre de la première année, six de la deuxième; vingt-six dessins de la troisième année; seize de la quatrième; enfin des spécimens de travaux graphiques, levés de plans, nivellements, épures de géométrie descriptive, etc. Venaient ensuite les travaux d'ateliers, instruments, appareils, produits fabriqués par les élèves eux-mêmes aux ateliers de physique, de chimie, d'histoire naturelle, de mécanique; puis des travaux de menuiserie, de tour, d'ajustage et de forge exécutés encore par les élèves à l'atelier de travaux manuels proprement dits. Cette exposition, fort étendue, fort intéressante comme spécimen de résultats obtenus, a été préparée par le directeur de l'école, M. Roux, et classée par M. Hergot, directeur des travaux d'atelier et préparateur de mécanique. Comme l'école normale de Cluny est en France un établissement unique, de même son exposition présentait dans la section française un caractère tout à fait exceptionnel. Une école seulement, celle de la Société d'enseignement professionnel dirigée par M. Lang, rappelait le nom du département du Rhône. M. Hermite, instituteur à Saint-Ismier, rappelait de son côté celui de l'Isère; il exposait un registre des écoles et un traité de comptabilité. M. J. N. Pla, professeur à l'école normale de Toulouse (Haute-Garonne), expose un traité d'arithmétique pratique élémentaire. Mais le Lot nous montre une véritable exposition de travaux scolaires intéressante à cause de l'état généralement peu avancé de la contrée. Les écoles de Castelnau-Montratier, Puy-l'Évêque, Montcuq, Limogne, Belmont ont envoyé des dessins, des pages d'écriture, des devoirs de calcul qui portent, il est vrai, le cachet d'une instruction primaire encore peu développée, mais qui témoignent d'efforts dignes de tout intérêt pour répandre l'instruction dans un pays encore quelque peu sauvage par sa nature même.

Enfin les écoles primaires du Var, celles de Toulon et de Bandol, et les écoles primaires des Alpes-Maritimes présentaient aussi des dessins, des travaux de calcul et de comptabilité, de traduction franco-italienne, des ouvrages à l'aiguille qui méritaient certainement l'attention qu'ils attiraient.

Toute cette exposition de travaux d'élèves, trop restreinte pour donner une idée des résultats de l'instruction populaire en France, soutenait cependant assez bien la comparaison avec la vaste exposition des travaux des écoles britanniques. Elle trouvait dans ceux des écoles belges une concurrence plus redoutable. Je ne puis néanmoins étendre davantage le présent rapport en parcourant cette partie des expositions étrangères, où d'ailleurs il manque trop de termes de comparaison pour qu'on en puisse tirer des conclusions suffisamment justifiées.

2° INVENTIONS ET DÉCOUVERTES SCIENTIFIQUES.

Quatre années seulement séparent l'ouverture de l'Exposition universelle de 1867 à Paris, de celle de la première série des Expositions internationales de Londres, en 1871. Les découvertes et inventions scientifiques mises au jour en 1867 sont donc encore récentes, et l'on ne sau-

rait s'attendre à recueillir en 1871 une riche moisson de nouveautés.
Néanmoins, cette nouvelle occasion de faire connaître de nouvelles
conquêtes de l'esprit humain dans le domaine des applications scientifiques
n'a pas été vainement offerte; d'intéressants progrès ont été constatés
dans diverses voies.

Les producteurs anglais ont exposé un grand nombre d'appareils ou
de produits scientifiques à titre d'inventions ou de découvertes. Cette
partie de leur Exposition nationale ne compte pas moins de 192 objets
distincts. La Belgique en présente 15; l'Autriche-Hongrie, 23; l'Allemagne, 4; le Danemark, 4; les États scandinaves, 6; la Russie, 4; etc.
Dans la série des rapports officiels, quatre savants, MM. T. M. Goodeve,
professeur de mécanique appliquée à l'École royale des mines, le professeur F. A. Abel, le lieutenant T. English, au corps des Ingénieurs royaux,
et Henry Sandham, ont examiné en détail et avec un jugement éclairé les
inventions ou découvertes dignes d'intérêt que pouvaient renfermer
toutes ces expositions. Mais en lisant leurs rapports, d'ailleurs fort
instructifs, on penserait inévitablement d'après leur silence que la
France, au milieu de ses cruelles épreuves, n'a pu prendre aucune part à
la lutte pacifique ouverte à Londres aux industriels et aux savants de
tous les pays. Il n'en est cependant point ainsi. La section française
offrait à la curiosité des visiteurs studieux quelques objets dignes de
leur attention. Intéressé plus que les rapporteurs anglais à réparer une
omission si regrettable pour plusieurs de nos exposants, je me propose
ici, non pas de recommencer ou de traduire les travaux de MM. Goodeve,
Abel, English et Sandham, mais de combler la lacune que j'y ai
reconnue au détriment de nos compatriotes.

En parcourant la section française, on pouvait remarquer le nouvel
appareil de MM. Chevallier et Belleville, de Paris, qu'ils nomment *Planchette photographique*. Cet appareil, présenté en 1869 à l'Académie des
sciences de Paris, y fut l'objet d'un rapport fort justement élogieux de
M. d'Abbadie. Là sont expliqués en détail les origines et les premiers
essais de cet ingénieux appareil, les longs travaux (douze années) de
M. Chevallier, et sa mort, en 1868, au moment où il espérait jouir d'un
succès si chèrement obtenu. Le principe sur lequel repose la planchette
photographique est celui-ci : si un objectif exécutant un mouvement
régulier de rotation sur lui-même regarde tour à tour tous les points de
l'horizon, et sert à former derrière lui une image photographique succes-
sive de ces divers points, dans ce cercle d'images photographiées, tous les
points de l'horizon sont reproduits en conservant entre eux les véritables
distances angulaires sous lesquelles on les voit de la station. Mais si ce

principe est simple, son application pratique aux levés topographiques présentait beaucoup de difficultés. On verra dans le mémoire de M. d'Abbadie comment elles ont été surmontées; je n'ai ni la mission ni le loisir de l'expliquer ici. Je dirai seulement que l'expérience a pleinement confirmé l'exactitude automatique que la théorie portait à attribuer à cet instrument. Un levé fait à la planchette photographique servira parfaitement de contrôle à tout autre plan des mêmes lieux, relevé par d'autres instruments.

La maison Dumoulin-Froment présentait à l'Exposition de beaux exemplaires des télégraphes à clavier de M. Hughes, télégraphes bien connus aujourd'hui des physiciens. Elle exposait en même temps un compas de marine pourvu d'un perfectionnement très-intéressant. Pour éviter que le pivot sur lequel repose la rose du compas ne s'émousse par l'usage et qu'ainsi la mobilité de cette partie de l'appareil ne soit gravement altérée, M. Dumoulin supprime ce pivot et place la rose en suspension dans un liquide, de l'eau alcoolisée. Pour ne rien changer d'ailleurs aux habitudes des marins qui ont coutume la nuit de lire sur la rose éclairée en dessous, l'inventeur a disposé son appareil éclairant de façon que la lumière arrive encore par-dessous à travers le liquide où flotte la rose du compas. La mobilité extrême de cette partie de l'appareil doit donner à l'instrument une grande sensibilité et celle-ci doit en outre se maintenir indéfiniment. Ne sont-ce pas là des avantages réels?

A côté de l'exposition de M. Dumoulin-Froment on pouvait jeter un coup d'œil intéressant sur celle de M. Hardy, composée d'appareils télégraphiques autographes d'une construction aussi soignée qu'ingénieuse.

Sous le nom de M. Wilfrid de Fonvielle, nom bien connu dans la presse scientifique, figure une collection intéressante d'instruments préparés en vue des observations scientifiques qu'il importe de faire durant un voyage en ballon. Plusieurs de ces instruments, nous dit l'auteur, ont été ébauchés pendant le premier investissement de Paris, pour tenter un voyage entre Paris et Lille. L'essai a été remis par suite de l'armistice. La plus grande partie de ces instruments ont été décrits devant l'Académie des sciences de Paris avant que le second investissement de Paris fût complet. Avec leur secours l'inventeur compte prendre des vues photographiques instantanées de la terre, des nuages, etc.

Voici la liste des appareils et instruments disposés par M. W. de Fonvielle pour les voyages aériens : — 1° un baromètre à deux faces ou *baromètre anéroïde aéronautique*, pourvu de deux échelles pour observer plus exactement les variations de la pression atmosphérique pendant l'ascension ; — 2° des lentilles grossissantes pour observer ces instruments et pour découvrir les fentes dans le ballon ; — 3° une boussole portative ou *compas aéronautique* pour montrer l'azimut de la projection du chemin parcouru et pour estimer approximativement la vitesse du mouvement ; — 4° un cadran solaire horizontal pour faire reconnaître immédiatement le mouvement rotatoire de l'aérostat et en déterminer la vitesse, appareil indispensable pour éviter les girations continuelles et choisir le bon moment pour faire marcher les appareils photographiques instantanés ; — 5° un tube vertical en saillie avec fils micrométriques ; le principal but de cet instrument est d'obliger l'observateur à mettre toujours son œil à la même distance des fils métalliques pour déterminer avec quelque précision la distance linéaire entre des objets donnés ; — 6° un télescope binoculaire d'une grande puissance pour observer les phénomènes astronomiques et les objets terrestres ; — 7° un baromètre aéronautique différentiel construit d'après les principes hydrostatiques ; — 8° un thermomètre différentiel aéronautique de Walferdin, avec une petite modification du réservoir ; — 9° un hygromètre aéronautique ; — 10° un thermomètre aéronautique avec boule noircie et graduation modifiée ; on a ajouté 50 au nombre des degrés de Farenheit, pour simplifier l'inscription des températures au-dessous de 0° ; — 11° un thermomètre à *maxima* gradué comme le précédent ; —12° un thermomètre à *maxima*, à boule noircie, gradué dans le vide de la même manière que les deux précédents ; 13° une boussole de main avec un cadran disposé pour récolter la plus grande somme possible de lumière.

Ce matériel aéronautique, combiné par un savant qui s'est particulièrement occupé de la navigation aérienne, mérite de fixer l'attention, jusqu'à ce qu'une expérience aéronautique ait prononcé sur la valeur pratique de ces divers instruments.

M. Cosset-Dubrulle, de Lille, expose une lampe de sûreté pour les mineurs. Pour conjurer les accidents dus à l'imprudence ordinaire des ouvriers, M. Cosset-Dubrulle a disposé sa lampe de façon qu'elle ne peut être ouverte sans s'éteindre immédiatement. Cet appareil n'est d'ailleurs pas nouveau ; il a été récompensé d'une médaille, à Paris, à l'Exposition universelle de 1855.

J'arrive enfin à la pièce capitale de l'exposition française. Sur une petite tablette de la galerie qui entourait la cour française, se voyait une modeste pendule ; en face, dans cette même galerie, un grand cadran. Dans la cour même, sur une façade d'une sorte de tourelle dépendant des constructions, s'étalait un gigantesque cadran monumental. Le visiteur risquait bien de passer là en indifférent ; mais s'il demandait par hasard ce qu'était ce cadran, il apprenait avec un étonnement bien naturel que la petite pendule réglait les deux grands cadrans. C'était l'exposition des pendules électriques de M. Mildé, de Paris.

C'est parmi les appareils scientifiques les plus intéressants de l'Exposition de 1871 qu'il faut citer ces horloges électriques construites d'après un système breveté sous le nom de MM. Bonhomme et Mildé, fabricants à Paris, 9, rue Pauquet. Ce système, qui résulte d'une longue série de tentatives expérimentales entreprises depuis des années par M. Mildé particulièrement, paraît réaliser un progrès véritable dans l'horlogerie électrique. Je vais essayer de montrer en quoi il consiste. Il faut pour cela rappeler brièvement les résultats déjà obtenus dans cette voie d'application des phénomènes électro-magnétiques.

L'horlogerie électrique est née en 1839 et 1840. A la première date, M. Steinheil, de Munich, obtint du roi de Bavière un monopole pour la construction d'horloges électriques. En 1840, M. Wheatstone et M. Bain, de Londres, se disputaient bruyamment l'honneur d'avoir découvert l'horlogerie électrique. Dans ces débuts, on bornait le rôle de l'électricité à transmettre instantanément à plusieurs cadrans l'heure marquée par une horloge-type à mouvement purement mécanique. L'horloge-type marchait et télégraphiait l'heure électriquement à un nombre plus ou moins grand de cadrans. C'est là une première phase de l'horlogerie électrique; l'électricité ne conduit pas encore l'aiguille sur le cadran régulateur. Ce système a été désigné sous les noms d'*horloges électro-télégraphiques* et de *compteurs électro-chronométriques*.

A peine ce premier système se faisait-il connaître, que M. Bain, de Londres, soumettait au public une *horloge* vraiment *électrique*, où un électro-aimant avait pour fonction d'agir directement sur le balancier pour entretenir ses oscillations. Cet agent se montra peu régulier dans l'intensité de son action. On tomba d'accord qu'il fallait renoncer à le faire agir directement sur le balancier. Il fut seulement chargé, tantôt d'armer un ressort dont la réaction rendait au pendule la vitesse perdue, tantôt de soulever d'une quantité constante une petite masse métallique qui, en retombant périodiquement, restituait sa vitesse au balancier. M. Froment, de Paris, réalisa la première de ces deux indications; M. Robert Houdin, également de Paris, mit en œuvre la deuxième. Leurs appareils ont vivement attiré l'attention publique, mais ne sont pas les seuls qui se soient produits. Quoi qu'il en soit, la force électro-magnétique était dès lors introduite dans l'horloge même, et se substituait aux mécanismes habituels où le mouvement oscillatoire du balancier est entretenu par l'action de la pesanteur ou par l'élasticité de flexion d'un ressort. L'appareil était considérablement simplifié. En même temps, comme la pile électrique devenait l'origine de la force chargée de régénérer le mouvement, on n'avait qu'à entretenir la pile au lieu d'être obligé de *remonter* l'horloge, ce qui consistait à remonter périodiquement les poids ou à armer de nouveau le ressort détendu. C'était là un progrès notable. Mais en même temps on tira un autre parti de l'agent électromagnétique.

Le balancier, avec son mouvement oscillatoire régularisé, fonctionna comme interrupteur périodique régulier du courant électrique, qui, dirigé dans une minuterie, vint agir par l'intermédiaire d'un électroaimant sur une armature dont le mouvement, transmis à un rochet, fit marcher les aiguilles sur un cadran. Ainsi fut complétée la véritable *horloge électrique*, celle où l'électro-magnétisme régénère le mouvement du balancier et fait marcher les aiguilles. Dès lors, dans le système précédemment indiqué, des *compteurs électro-chronométriques*, l'horloge-type put être indifféremment une horloge mécanique ordinaire ou une horloge électrique. L'une ou l'autre disposition fut adoptée, en effet, selon les préférences des inventeurs; mais la véritable horlogerie électrique est proprement celle où, le régulateur étant mû par l'électricité, la force électro-magnétique marque elle-même l'heure-type et la transmet aux divers compteurs.

Quelle combinaison faut-il préférer, cependant? — Celle que l'expérience a consacrée, jusqu'à ce que de nouveaux progrès accomplis nous engagent à modifier notre choix. Or voici ce que l'expérience nous apprend, jusqu'à la publication des travaux de M. Mildé, dont nous nous occupons ici. A Londres, à Leipzig, à Gand, dans plusieurs villes des États-Unis, des compteurs électro-chronométriques sont installés sur une plus ou moins grande échelle, et fonctionnent d'une façon satisfaisante. En France, Paul Garnier, à partir de 1849, a installé sur diverses lignes de chemins de fer (Ouest, Nord, Midi, Lyon) des compteurs électro-chronométriques; Vérité, vers 1853, a établi des appareils de ce genre au grand-séminaire de Beauvais; Bréguet, en 1859, a pourvu de compteurs électro-chronométriques d'un système qui lui est propre le poste central de l'administration des télégraphes; quelques années avant, il en avait établi vingt-quatre du même système dans des lanternes à gaz des rues de Lyon; Nolet a organisé à Marseille, vers la même époque, des compteurs tels que ceux dont il avait inauguré l'essai à Gand. Ces appareils ont marché, en général, d'une façon à peine satisfaisante. Hâtons-nous d'ailleurs de faire remarquer que, dans tous ces essais, l'horloge-type est une horloge mécanique, une pièce d'horlogerie ordinaire, non électrique. Ces expériences

concernent donc spécialement la transmission par l'électricité, à un grand
nombre de cadrans, de l'heure fournie par une horloge ordinaire. Ce
système, partiellement électrique, inspire une confiance médiocre à
M. Bréguet, l'un des auteurs de plusieurs des expériences citées.
En 1857, il s'avoue à lui-même et avoue au public que les compteurs
électro-chronométriques, même réglés par une horloge-type mécanique,
ont pour principal inconvénient celui-ci : « Elles sont exposées à s'arrêter
toutes à la fois si le régulateur s'arrête, si le fil conducteur se rompt,
si la pile cesse de fonctionner; de plus, la fonction de l'électricité, venant
à manquer une seule fois, produit un retard, qui se maintient aussi longtemps qu'on ne vient pas le corriger à la main. » (*Manuel de télégraphie
électrique*, par L. Bréguet.) Découragé pour ainsi dire par ces inconvénients, M. Bréguet proposait un *système* dit *de la remise à l'heure*.
L'électricité n'y était plus employée qu'à corriger toutes les 12 heures
l'avance ou le retard de chaque horloge sur l'horloge-type.

Ainsi le problème général de l'horlogerie électrique est loin d'être
résolu; il y a lieu de désirer de nouveaux progrès, car dans cette dernière
idée de M. Bréguet il y a un véritable pas en arrière, une pensée d'abandon. C'est qu'en effet le système des compteurs électro-chronométriques
réglés par une horloge-type ordinaire comporte un appareil d'horlogerie
coûteux surtout dans l'horlogerie monumentale. Si dans les expériences
citées plus haut on a continué à se servir d'une horloge-type de ce genre,
c'est qu'on ne pensait pas pouvoir se fier à une horloge électrique proprement dite; c'est qu'en un mot la force électro-motrice n'a pas encore
été mise en œuvre d'une façon satisfaisante. Le principal reproche qu'on
lui fait, c'est de manquer d'intensité et de constance; tout le monde a
indiqué comme cause principale de ces défauts l'imperfection des contacts
dans les pièces qui périodiquement viennent fermer le circuit.

En reprenant la question des horloges purement électriques,
M. Mildé s'est proposé tout d'abord de remédier à l'imperfection des contacts. Il y a réussi en imaginant une disposition mécanique dans laquelle
le contact a lieu par le frottement de deux pièces métalliques l'une sur
l'autre, et ce frottement, loin de nuire à la vitesse du balancier, l'accélère
au contraire avec une énergie que l'on peut proportionner aux besoins de
la régularisation du mouvement. L'un des pôles de la pile est attaché à
la vis de suspension du balancier; l'autre, après avoir passé par les
bobines d'un électro-aimant, va se fixer à la platine qui porte le mécanisme
de la minuterie. La vis de suspension du balancier et la partie supérieure
de sa tige sont isolées, quant à l'électricité, du reste de l'horloge, par
deux pièces d'ivoire. Le balancier oscille; il agit sur un échappement qui,

toutes les 30 secondes, déclanche la détente d'un levier. Celui-ci, devenu libre, laisse descendre un pied-de-biche en acier sur un index également en acier fixé à la partie supérieure de la tige du balancier. Le contact du pied-de-biche avec l'index ferme le circuit et lance le courant dans l'électro-aimant. Au moment où l'index du balancier vient à rencontrer ainsi le pied-de-biche, le balancier accomplit la dernière partie de son oscillation et entraîne avec lui le pied-de-biche. Celui-ci possède, dans l'axe sur lequel pivote l'autre extrémité de la tige qui le porte, un ressort antagoniste qui est armé par l'impulsion du balancier achevant son mouvement ascendant. De là résulte déjà un frottement du pied-de-biche contre l'index du balancier. Mais, lorsque celui-ci redescend, le pied-de-biche, sollicité par le ressort, redescend avec lui en le poussant pendant toute la durée de l'oscillation descendante. Ainsi le balancier récupère toute sa vitesse, et en même temps un second frottement de bas en haut maintient le contact aussi parfait que possible ; « il résulte de cet effet mécanique, dit M. Mildé, que les surfaces frottantes sont toujours parfaitement décapées ; le courant passera donc avec toute son intensité, parce qu'il y aura toujours une parfaite adhérence moléculaire. Les circonstances favorables dans lesquelles se produit le contact lui permettent de résister à l'action de l'extra-courant le plus énergique, de telle sorte que la pendule-type peut conduire une très-grande quantité de cadrans et de timbres magnétiques de quelque grandeur que l'usage l'exige. »

Les appareils que M. Mildé peut montrer marchant depuis plus de trois ans, chez lui, à Paris, ceux que j'ai vus à Londres fonctionner à l'Exposition m'ont paru justifier ces assertions de l'inventeur. Son système de contact me semble réaliser un progrès notable dans la construction de l'horloge électrique proprement dite.

Si nous revenons au mécanisme de l'horloge de M. Mildé, j'essayerai d'y signaler, parmi quelques autres dispositions heureuses, celle de l'armature mobile qu'il appelle le *répartiteur* de la force électro-magnétique. Le courant lancé dans les bobines de l'électro-aimant par la fermeture du circuit telle que je l'ai indiquée met en action cet électro-aimant ; l'armature est attirée, et elle est construite de façon qu'à mesure que l'attraction augmente en raison inverse du carré des distances, le levier qu'elle meut résiste avec une énergie qui croît suivant une loi analogue. Il en résulte une grande égalité d'action dans le mouvement des aiguilles, car ce levier, régulièrement sollicité, va pousser une dent du rochet de la minuterie et l'aiguille des secondes avance de 30 secondes. En même temps une roue dentée concentrique au rochet et solidaire de son mouvement arme le ressort de l'axe de l'échappement et lui rend ainsi ce qu'il a perdu pendant la durée des 30 secondes précédentes.

Je ne puis dans le présent rapport pousser plus loin ces indications de détail. Je me bornerai à les compléter en indiquant les principaux résultats que M. Mildé a encore obtenus. Les bonnes conditions du contact qu'il a imaginé le mettent en possession d'une force électro-magnétique proportionnée à l'énergie de la pile employée, sans aucune déperdition dans les fermetures de circuit. Il a donc pu mouvoir avec précision les aiguilles de grands cadrans monumentaux de $1^m,50$, 2 et 4 mètres de diamètre, et il ne craindrait pas d'aller jusqu'à des diamètres de 5 et 6 mètres. Ces compteurs gigantesques sont réglés par une pendule électrique de la taille d'une pendule d'appartement. C'est ce que pendant trois mois on a pu voir à l'Exposition de Londres. M. Mildé peut encore ainsi faire soulever par l'électricité des marteaux de sonnerie. Aussi a-t-il construit des horloges électriques à sonneries, à quarts et à répétition, propres à être installées dans des monuments publics et à y régler de vastes récepteurs ou compteurs, en tel nombre et à telle distance que l'on voudra. Un ingénieux commutateur à contact parfait distribue l'électricité aux divers cadrans.

En somme, si l'expérience confirme ultérieurement ce qu'elle me paraît avoir démontré jusqu'ici, M. Mildé a réalisé la construction d'un système de compteurs réglés au moyen de l'électricité par une seule horloge purement électrique, et il est parvenu à pourvoir ce système d'une sonnerie complète, mue également par l'électricité. En supprimant la pièce d'horlogerie mécanique qui habituellement règle les compteurs électriques, il réalise une grande économie de premiers frais d'établissement et de frais d'entretien. Les appareils marchent d'eux-mêmes sans aucun soin fréquent; il suffit d'alimenter la pile deux ou trois fois par an. M. Mildé a d'ailleurs tout combiné pour remédier aux principaux inconvénients signalés dans les appareils de ses devanciers; il a ainsi parfaitement réussi à mouvoir les aiguilles sans secousse ni oscillation sur elles-mêmes, à les rendre absolument indépendantes de l'action du vent et en général de toute action mécanique dirigée de façon à contrarier leur marche.

Voilà donc un progrès réel accompli, un perfectionnement important introduit dans l'horlogerie électrique. Que faut-il maintenant désirer? — Que l'inventeur trouve auprès du public l'accueil sympathique qui lui permettra de faire fonctionner sur une grande échelle des appareils si utiles et dont tout promet le succès. En 1852, Paul Garnier, avec son système de compteurs électro-chronométriques réglés par une horloge mécanique, proposait au Conseil municipal de Paris de relier électriquement l'horloge de l'Observatoire à des compteurs placés au Val-de-Grâce, à l'église Saint-Jacques-du-Haut-Pas, à la mairie de la place du Panthéon au lycée Louis-le-Grand, à la Sorbonne, à la tour de l'horloge du Palais de Justice et enfin à l'Hôtel de ville. Le Conseil consulta les architectes, qui, après une certaine résistance de prévention, en vinrent à s'éprendre du projet, lui donnèrent quelque extension et particulièrement demandèrent que l'horloge-type fût installée sur la tour Saint-Jacques-la-Boucherie avec un cadran transparent sur chacune des quatre faces. L'électricité aurait ainsi annoncé l'heure au loin à tout le centre de Paris et l'aurait transmise sur d'autres points. Malgré cet accueil favorable, jamais ce projet si digne d'intérêt ne fut mis à exécution ; il tomba dans l'oubli. M. Mildé a été naturellement conduit à la même idée ; lui aussi sollicite l'autorisation d'installer un système d'horloges électriques sur divers points de Paris ; lui aussi a songé à cette tour Saint-Jacques qui porte sa tête à près de 60 mètres au-dessus du sol. M. Mildé peut réaliser cette idée dans des conditions bien moins dispendieuses que celles du système de Paul Garnier. En quelques années l'expérience aurait prononcé définitivement ; tout porte à croire que Paris serait doté à peu de frais d'un fort bon système d'horloges annonçant aux divers quartiers une heure moyenne uniforme. Souhaitons que, plus heureux que son prédécesseur, M. Mildé ne succombe pas devant une regrettable indifférence.

Telles sont les principales inventions scientifiques que la France de 1871 exposait à Londres au lendemain de la capitulation de Paris et des horreurs de la guerre civile. Quant aux inventions scientifiques dues à des étrangers, je ne puis leur donner place ici sans étendre outre mesure les limites de ce rapport. Je renvoie le lecteur aux rapports officiels anglais que j'ai cités plus haut.

AD. FOCILLON.

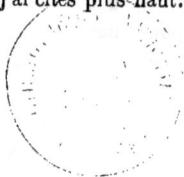

PARIS. — J. CLAYE, IMPRIMEUR, 7, RUE SAINT-BENOIT. [70]

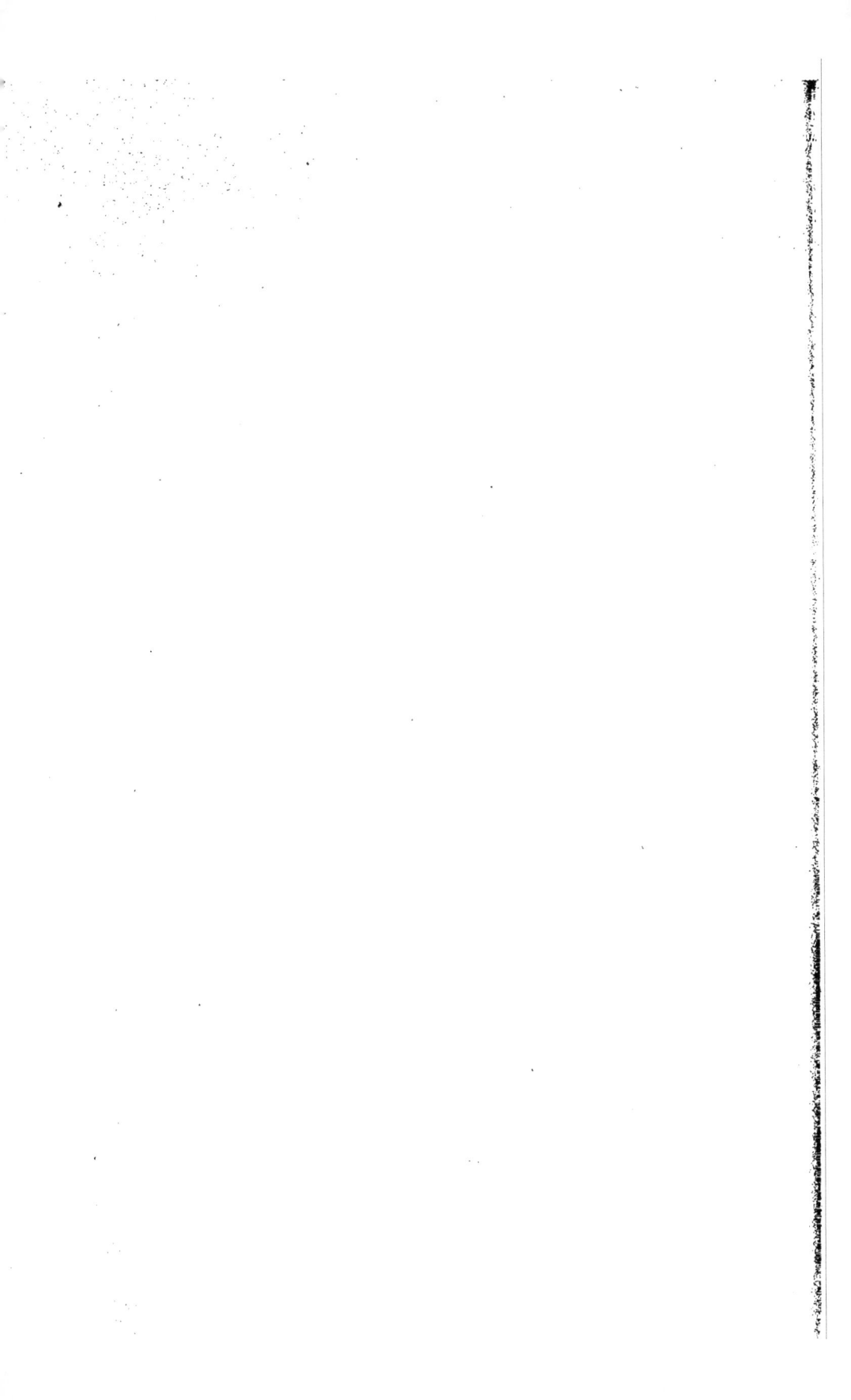

www.ingramcontent.com/pod-product-compliance
Lightning Source LLC
Chambersburg PA
CBHW071633200326

41519CB00012BA/2276